Höhere Mathematik kompakt

Georg Hoever

Höhere Mathematik kompakt

mit Erklärvideos und interaktiven
Visualisierungen

3. Auflage

 Springer Spektrum

Georg Hoever
Fachbereich Elektro- und Informationstechnik
Fachhochschule Aachen
Aachen, Deutschland

ISBN 978-3-662-62079-3   ISBN 978-3-662-62080-9   (eBook)
https://doi.org/10.1007/978-3-662-62080-9

Die Deutsche Nationalbibliothek verzeichnet diese Publikation in der Deutschen Nationalbibliografie; detaillierte bibliografische Daten sind im Internet über http://dnb.d-nb.de abrufbar.

Planung/Lektorat: Annika Denkert
Springer Spektrum ist ein Imprint der eingetragenen Gesellschaft Springer-Verlag GmbH, DE und ist ein Teil von Springer Nature.
Die Anschrift der Gesellschaft ist: Heidelberger Platz 3, 14197 Berlin, Germany

Vorwort

Dieses Buch umfasst die Standardthemen der höheren Mathematik für Ingenieure und Naturwissenschaftler. Dabei soll es nicht den Besuch einer Vorlesung oder ein Lehrbuch ersetzen, sondern soll als vorlesungsbegleitende Lektüre oder als Nachschlagewerk dienen. Ferner wird es von dem parallel erscheinenden „Arbeitsbuch höhere Mathematik" als Referenz genutzt.

Ziel der Darstellung ist das Verständnis der Mathematik als Werkzeug für Ingenieure und Naturwissenschaftler. Auf strenge Beweise wird verzichtet. Um nicht von den wesentlichen Dingen abzulenken, sind die Voraussetzungen zu Sätzen oder Definitionen oft bewusst knapp gehalten, beispielsweise wird bei Verwendung von $\sqrt{x}$ nicht immer darauf hingewiesen, dass x eine reelle Zahl mit $x \geq 0$ sein muss; solche Dinge sollten sich hoffentlich von selbst verstehen. Bei komplexeren Zusammenhängen sind Details in Fußnoten aufgeführt.

Der inhaltliche Aufbau orientiert sich an einem möglichen Aufbau einer Vorlesung zur Höheren Mathematik. Zunächst werden die Themen der Analysis in einer Variablen vorgestellt (Kapitel 1 bis 6), dann die der linearen Algebra (Kapitel 7 und 8). Abgesehen vom Gebrauch der Winkelfunktionen sind die Themen der linearen Algebra weitestgehend unabhängig von denen der Analysis und können daher auch vorgezogen werden. Die Kapitel 9 bis 11 führen dann in die Analysis von Funktionen mehrerer Veränderlicher ein.

Die wesentlichen Sachverhalte sind in Definitionen und Sätzen hervorgehoben. Bemerkungen geben weitere Erläuterungen und zeigen Querbezüge auf. Beispiele führen die konkrete Anwendung vor. Die Definitionen, Sätze, Bemerkungen und Beispiele sind durchlaufend für die einzelnen Abschnitte nummeriert (auch wenn einige Abschnitte nochmals strukturell unterteilt sind). Beispiele, die sich auf eine konkrete Bemerkung beziehen, sind eingerückt und an einer weiteren Nummerierungsebene erkennbar.

Da es für das Verständnis häufig gewinnbringend ist, Dinge aus verschiedenen Sichtweisen dargeboten zu bekommen, sind am Ende der einzelnen (Unter-) Abschnitte Verweise auf Lehrbücher abgedruckt, in denen die entsprechenden Themen ausführlich in einer teilweise ähnlichen, teilweise alternativ ergänzenden Darstellung beschrieben sind.

Ich hoffe, dass dieses Buch für die Studierenden eine hilfreiche Unterstützung darstellt und auch von manchen Dozenten als Referenz geschätzt wird. Über

Rückmeldungen freue ich mich, sowohl was die inhaltliche Darstellung oder fehlende Themen angeht, als auch einfach nur die Nennung von Druckfehlern. Eine Liste der gefundenen Fehler veröffentliche ich auf meiner Internetseite www.hoever.fh-aachen.de.

An dieser Stelle möchte ich mich bei den vielen Studierenden, Kollegen und Freunden bedanken, namentlich bei Florian Ersch und Reinhard Bodensiek, die zum Entstehen dieses Buches beigetragen haben, sei es durch Anregungen zur Darstellung, zur Digitalisierung oder zu Druckfehlern in den ersten Versionen. Ferner gebührt mein Dank dem Springer-Verlag für die komplikationslose Zusammenarbeit.

Aachen, im September 2012,

Georg Hoever

Vorwort zur dritten Auflage

Durch die digitalen Medien ändert sich auch das Lernverhalten der Studierenden. So suchen diese zunehmend mehr Hilfestellungen durch Erklärvideos im Internet an Stelle gedruckter Texte. Tatsächlich bieten Videos ja auch eine bessere Möglichkeit, Formeln zu entwickeln, Querbezüge aufzuzeigen oder Sachverhalte in Animationen zu verdeutlichen. So habe ich die Inhalte dieses Buchs in ca. 5- bis 10-minütigen Videos verfilmt, zum Teil mit Animationen visualisiert und auf Youtube zur Verfügung gestellt.

000

Die QR-Codes neben dem Text in diesem Buch (s. links) verweisen auf Internetseiten, die die entsprechenden Videos enthalten. Damit hat der Leser die Möglichkeit, das entsprechende Thema auch mündlich erklärt zu bekommen mit den erwähnten Vorteilen, dass Formeln allmählich entwickelt und Querbezüge besser dargestellt werden können. Ich kann mir vorstellen, dass die Videos in dieser Hinsicht für das Verstehen hilfreich sind, während der gedruckte Text zur Wiederholung oder Rekapitulation der Themen genutzt werden kann.

Auf der Internetseite **www.hm-kompakt.de** gibt es eine Zusammenstellung aller Videos geordnet entsprechend der (Unter-)Kapitelstruktur dieses Buches. Dort gibt es auch die Möglichkeit, durch Eingabe der dreistelligen Nummer unter dem QR-Code (also „000" für den QR-Code oben) direkt zu dem Video zu gelangen.

001

Für die in den Videos gezeigten Visualisierungen nutze ich Geogebra-Dateien. Diese sind auch über die Internetseite **www.hm-kompakt.de** verfügbar und ermöglichen dem Leser, selbst damit zu experimentieren und damit die Inhalte noch besser zu verinnerlichen. Die Dateien können durch den an entsprechender Stelle neben dem Text platzierten QR-Code mit Koordinatensystem-Symbol wie links bzw. durch die Eingabe der dreistelligen Nummer im Schnellzugriffsfeld der Homepage direkt erreicht werden.

Ich bedanke mich bei Herrn Prof. Frank Hartung und René Hess, die mich mit dem Video-Equipement und hilfreichen Tipps tatkräftig unterstützt haben. Ferner gebührt mein Dank Lukas Schnittcher, Finn-Moritz Knoop, Alexander Jodlauk, Lara Schober und Vitali Altuchow, die die Rohaufnahmen der Videos in sorgfältiger Weise geschnitten, bearbeitet und in die Webseite integriert haben, Justin Lehnen, der die Geogebra-Visualisierungen programmiert hat, und Calvin Köcher, der sich mit guten Anregungen um den Internetauftritt kümmert.

In der vorliegenden Auflage wurden die Tipp- oder Druckfehler, die mittlerweile noch entdeckt wurden, berichtigt. Darüber hinaus gibt es inhaltlich kleinere Modifikationen und Ergänzungen gegenüber der vorigen Auflage.

Ich hoffe, dass das kombinierte Angebot von schriftlichem Text und mündlichen Erklärungen in Verbindung mit der Möglichkeit, die dargestellten Themen mittels Aufgaben im entsprechend strukturierten „Arbeitsbuch höhere Mathematik" zu üben, für viele Studierende den Zugang zur Höheren Mathematik erleichtert.

Aachen, im Mai 2020,

Georg Hoever

Inhaltsverzeichnis

1 Funktionen

In diesem Kapitel werden die elementaren Funktionen eingeführt: Polynome –
insbesondere lineare und quadratische Funktionen –, gebrochen rationale Funktionen, die trigonometrischen und Exponentialfunktionen sowie die Betrags-
funktion. Damit können dann einige Eigenschaften von Funktionen illustriert
werden. Die Umkehrbarkeit führt zu weiteren Funktionen: Wurzel-, Arcus- und
Logarithmusfunktionen. Schließlich wird dargestellt, wie man Funktionen mo-
difiziert (verschiebt, skaliert und spiegelt), um sie beispielsweise an konkrete
Gegebenheiten anzupassen.

Bemerkung 1.0.1 (Funktionen)

100

Eine Funktion zwischen zwei Mengen M und N wird beschrieben durch

$$f : M \to N, \ x \mapsto f(x).$$

Die Angabe „$M \to N$" kennzeichnet, um welche Mengen es sich handelt.
Dabei heißt

- die Menge M *Definitionsmenge* oder *Definitionsbereich*,

- die Menge N *Zielmenge* oder *Zielbereich*.

Die Funktion f ordnet jedem Element aus M genau ein Element aus N zu.
Die Zuordnung wird durch die Abbildungsvorschrift „$x \mapsto f(x)$" beschrieben. Dabei muss nicht jeder Wert aus N angenommen werden, s. Abb. 1.1.

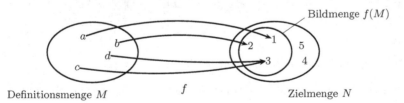

Abb. 1.1 Eine Funktion $f : M \to N$ mit Definitions-, Ziel- und Bildmenge.

Die *Bildmenge* $f(M)$ ist die Menge aller Werte aus N, die tatsächlich als
Funktionswert angenommen werden:

$$f(M) \ = \ \{f(x) | x \in M\}.$$

In der Formel liest man den senkrechten Strich als „für die gilt", hier also
„$f(M)$ ist die Menge aller $f(x)$, für die $x \in M$ gilt", was bedeutet, dass man
alle Funktionswerte $f(x)$ aufsammelt, während x die Menge M durchläuft.

Der Begriff *Wertemenge* bezeichnet in der Literatur manchmal die Zielmenge und manchmal die Bildmenge und wird hier nicht weiter verwendet.

Oft ist klar, um welche Mengen es sich handelt; dann reicht allein die Angabe
von $f(x)$ aus. Im Folgenden ist meistens $M = N = \mathbb{R}$.

Beispiel 1.0.1.1

Durch

$$f : \mathbb{R} \to \mathbb{R}, \quad x \mapsto x^2$$

wird jeder reellen Zahl x die reelle Zahl x^2 zugeordnet. Statt „$x \mapsto x^2$" schreibt man auch
„$f(x) = x^2$".

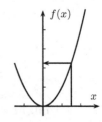

Abb. 1.2 Parabel.

Bei der Darstellung von f als Parabel stellt man die Definitionsmenge
$\mathbb{R}$ als waagerechte Achse dar und die Zielmenge $\mathbb{R}$ als senkrechte Achse.
Durch die Punkte der Parabel wird die Zuordnung beschrieben.

Die Bildmenge ist $f(\mathbb{R}) = \mathbb{R}^{\geq 0}$.

1.1 Elementare Funktionen

1.1.1 Lineare Funktionen

101

Definition 1.1.1 (lineare Funktion/Gerade)

Eine Funktion der Form $f : \mathbb{R} \to \mathbb{R}$, $f(x) = mx + a$ heißt *lineare
Funktion* oder *Gerade*.

Bemerkung 1.1.2 zur Bezeichnungsweise

Genau genommen bezeichet *Gerade* den Funktionsgrafen zu einer linearen
Funktion.

Bemerkungen 1.1.3 (Bedeutung der Parameter a und m)

102

1. Bei $f(x) = mx + a$ gibt m die *Steigung* und a den *y-Achsenabschnitt* an.

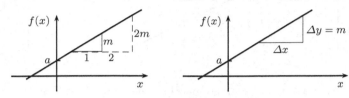

Abb. 1.3 Gerade mit y-Achsenabschnitt a und Steigungsdreiecken.

2. Der *y-Achsenabschnitt a* ist der Wert, in dem die Gerade die y-Achse schneidet:

   - $a > 0$: Der Schnittpunkt liegt *oberhalb* der x-Achse.
   - $a < 0$: Der Schnittpunkt liegt *unterhalb* der x-Achse.
   - $a = 0$: Die Gerade geht durch den *Ursprung* (es ist $f(x) = mx$).

   Abb. 1.4 und 1.5 zeigen Geraden mit unterschiedlichen y-Achsenabschnitten.

3. Die *Steigung m* gibt an, um wieviel die Gerade bei der Erhöhung von x um 1 steigt. Bei der Erhöhung von x auf $x + \Delta x$ steigt die Gerade um $\Delta y = m \cdot \Delta x$, s. Abb. 1.3; es ist also

$$m = \frac{\Delta y}{\Delta x}.$$

   - $m > 0$: Die Gerade *steigt*.
   - $m < 0$: Die Gerade *fällt*.
   - $m = 0$: Die Gerade ist *parallel* zur x-Achse (es ist $f(x) = a$).
   - $|m| = 1$, d.h. $m = \pm 1$: Die Gerade hat eine „*diagonale*" Steigung aufwärts bzw. abwärts.
   - $|m| > 1$: Die Gerade besitzt eine *steilere* als diagonale Steigung.
   - $|m| < 1$: Die Gerade besitzt eine *flachere* als diagonale Steigung.

   Abb. 1.4 und 1.5 zeigen Geraden mit unterschiedlichen Steigungen.

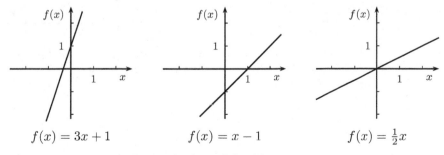

$$f(x) = 3x + 1 \qquad f(x) = x - 1 \qquad f(x) = \tfrac{1}{2}x$$

Abb. 1.4 Geraden mit verschiedenen Achsenabschnitten und positiven Steigungen.

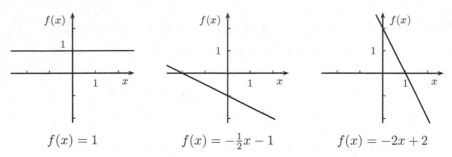

$$f(x) = 1 \qquad\qquad f(x) = -\tfrac{1}{2}x - 1 \qquad\qquad f(x) = -2x + 2$$

Abb. 1.5 Geraden mit Steigung 0 und negativen Steigungen.

Bemerkung 1.1.4 (Nullstellen)

Die *Nullstelle* einer Funktion f, also den Schnittpunkt mit der x-Achse, erhält man durch Auflösen der Gleichung $f(x) = 0$.

Beispiel 1.1.4.1

Die Nullstelle von $f(x) = 3x + 1$ (vgl. Abb. 1.4 links) erhält man durch

$$3x + 1 = 0 \quad \Leftrightarrow \quad 3x = -1 \quad \Leftrightarrow \quad x = -\tfrac{1}{3}.$$

Bemerkungen 1.1.5 (Festlegung einer Geraden)

103

1. Eine Gerade wird durch zwei Punkte eindeutig festgelegt, s. Abb. 1.6.

   Den funktionalen Zusammenhang $f(x) = mx + a$ erhält man bei der Vorgabe der Punkte $P_1 = (x_1, y_1)$ und $P_2 = (x_2, y_2)$ wie folgt:

   Die Steigung m ergibt sich durch

   $$m = \frac{y_2 - y_1}{x_2 - x_1}.$$

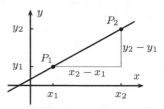

Abb. 1.6 Gerade durch zwei Punkte.

Den Wert von a kann man dann durch Einsetzen eines der beiden Punkte berechnen, z.B. durch $y_2 = mx_2 + a$, also $a = y_2 - mx_2$.

Beispiel 1.1.5.1

Die Gerade durch $P_1 = (-1, 3)$ und $P_2 = (2, 1)$, s. Abb. 1.7, besitzt die Steigung

$$m = \frac{1 - 3}{2 - (-1)} = \frac{-2}{3} = -\frac{2}{3}.$$

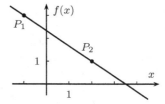

Abb. 1.7 Gerade durch zwei konkrete Punkte.

Den Wert von a in der Funktionsvorschrift $f(x) = mx + a$ kann man durch Einsetzen von P_2 bestimmen:

$$1 \overset{!}{=} f(2) = -\frac{2}{3} \cdot 2 + a \quad \Leftrightarrow \quad a = 1 + \frac{4}{3} = \frac{7}{3}.$$

Die Geradengleichung ist also $f(x) = -\frac{2}{3}x + \frac{7}{3}$.

2. Eine Gerade wird durch einen Punkt $P = (x_0, y_0)$ und die Steigung m eindeutig festgelegt, s. Abb. 1.8.

Den Wert von a bei einer Funktionsdarstellung $f(x) = mx + a$ könnte man durch Einsetzen des Punktes bestimmen.

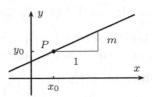

Abb. 1.8 Gerade durch einen Punkt mit vorgegebener Steigung.

Man kann die Geradengleichung aber auch mit der Punkt-Steigungsformel aus dem folgenden Satz 1.1.6 direkt hinschreiben.

Satz 1.1.6 (Punkt-Steigungs-Formel)

Die Gerade durch den Punkt (x_0, y_0) mit Steigung m wird beschrieben durch

$$f(x) = y_0 + m \cdot (x - x_0).$$

104

Beispiel 1.1.7

Die Gerade durch den Punkt $(1, 2)$ mit Steigung $\frac{1}{2}$ (s. Abb. 1.9) wird beschrieben durch

$$f(x) = 2 + \frac{1}{2} \cdot (x - 1) = 2 + \frac{1}{2}x - \frac{1}{2}$$
$$= \frac{1}{2}x + \frac{3}{2}.$$

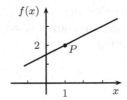

Abb. 1.9 Gerade durch P mit Steigung $\frac{1}{2}$.

Bemerkung 1.1.8

Die Punkt-Steigungs-Formel kann man auch nutzen, wenn eine Gerade durch zwei Punkte $P_1 = (x_1, y_1)$ und $P_2 = (x_2, y_2)$ vorgegeben ist:

Die Steigung berechnet man durch $m = \frac{y_2 - y_1}{x_2 - x_1}$ und nutzt dann die Punkt-Steigungs-Formel mit einem der beiden Punkte.

Beispiel 1.1.8.1 (vgl. Beispiel 1.1.5.1)

Gesucht ist die Funktionsvorschrift der Geraden durch $P_1 = (-1, 3)$ und $P_2 = (2, 1)$.

Mit der Steigung $m = \frac{1-3}{2-(-1)} = -\frac{2}{3}$ erhält man durch die Punkt-Steigungs-Formel angewendet auf P_1:

$$f(x) = 3 + \left(-\frac{2}{3}\right) \cdot (x - (-1)) = 3 - \frac{2}{3}x - \frac{2}{3}$$
$$= -\frac{2}{3}x + \frac{7}{3}.$$

Bemerkung 1.1.9 (stückweise lineare Funktionen)

Manchmal ist eine Funktion für verschiedene Argumente x durch unterschiedliche Terme definiert.

Beispiel 1.1.9.1

Die sogenannte *Heaviside-Funktion* $H(x)$ ist eine stückweise lineare Funktion, die für negative Werte gleich 0 und für positive Werte gleich 1 ist, s. Abb. 1.10:

$$H : \mathbb{R} \to \mathbb{R}, \quad x \mapsto \begin{cases} 0, & \text{für } x \leq 0, \\ 1, & \text{für } x > 0. \end{cases}$$

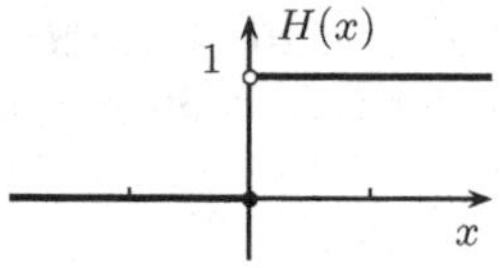

Abb. 1.10 Die Heaviside-Funktion.

Die Definition an der Stelle 0 ist in der Literatur uneinheitlich. Hier wird $H(0) = 0$ gesetzt; es ist aber auch $H(0) = 1$ und $H(0) = \frac{1}{2}$ üblich.

Bemerkung 1.1.10 (zueinander senkrechte Geraden)

Man kann sich überlegen (s. 7.5.5, 4.), dass zwei Geraden mit den Steigungen m_1 und m_2 genau dann senkrecht zueinander stehen, wenn gilt

$$m_1 \cdot m_2 = -1.$$

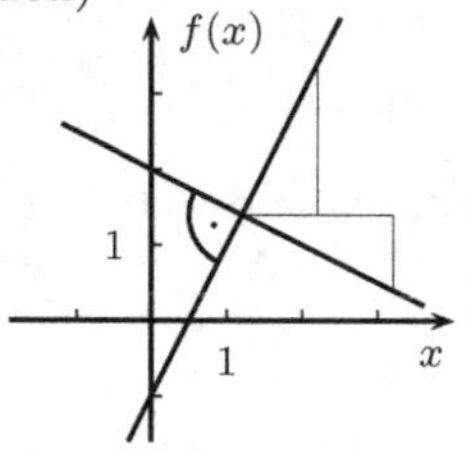

Beispiel 1.1.10.1

Die Geraden zu

Abb. 1.11 Zueinander senkrechte Geraden.

$$f_1(x) = 2x - 1 \quad \text{und} \quad f_2(x) = -\frac{1}{2}x + 2$$

stehen senkrecht aufeinander, s. Abb. 1.11.

1.1.2 Quadratische Funktionen

105

Definition 1.1.11 (quadratische Funktion/Parabel)

Eine Funktion der Form $f : \mathbb{R} \to \mathbb{R}$, $f(x) = ax^2 + bx + c$ heißt *quadratische Funktion* oder *Parabel(-funktion)*.

Bemerkung 1.1.12 zur Bezeichnungsweise

Genau genommen bezeichet *Parabel* den Funktionsgrafen zu einer quadratischen Funktion.

Bemerkung 1.1.13 (Bedeutung der Parameter)

106

Der Vorfaktor a vor x^2 heißt auch *führender Koeffizient*. Er bestimmt die Form der Parabel:

- $a > 0$: Die Parabel ist nach oben geöffnet.
- $a < 0$: Die Parabel ist nach unten geöffnet.
- $|a|$ groß: Die Parabel hat eine spitze/steile Form.
- $|a|$ klein: Die Parabel hat eine flache/stumpfe Form.

Abb. 1.12 zeigt typische Bilder von Parabeln bei verschiedenen Werten a.

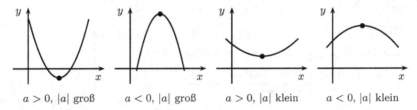

$a > 0, |a|$ groß $a < 0, |a|$ groß $a > 0, |a|$ klein $a < 0, |a|$ klein

Abb. 1.12 Parabeln mit verschiedenen führenden Koeffizienten a und markierten Scheitelpunkten.

Der Parameter c in der Darstellung $f(x) = ax^2 + bx + c$ kennzeichnet den Schnittpunkt mit der y-Achse: $f(0) = c$. Die Bedeutung des Parameters b ist nicht so transparent.

Häufig ist der führende Koeffizient gleich 1. Dann benutzt man üblicherweise die Parameterbuchstaben p statt b und q statt c, also $x^2 + px + q$ statt $1 \cdot x^2 + bx + c$.

Bemerkungen 1.1.14 (Scheitelpunkt(-form) und quadratische Ergänzung)

1. Der *Scheitelpunkt* einer Parabel ist der oberste bzw. unterste Punkt der Kurve, s. die markierten Punkte in Abb. 1.12.

2. Ist eine quadratische Funktion in der *Scheitelpunktform*

$$f(x) = a(x - d)^2 + e.$$

dargestellt, kann man den Scheitelpunkt $P = (d, e)$ direkt ablesen.

Der Parameter a ist dabei derselbe wie in der Darstellung

$$f(x) = ax^2 + bx + c,$$

nämlich der Vorfaktor vor x^2. Die in Bemerkung 1.1.13 dargestellte Bedeutung für die Form der Parabel gilt also entsprechend.

107

3. Aus einer Darstellung entsprechend der Definition 1.1.11 erhält man die Scheitelpunktform durch eine *quadratische Ergänzung*:

Ist der führende Koeffizient gleich 1, besitzt die Funktion f also die Darstellung

$$f(x) \;=\; x^2 + px + q,$$

ist das Ziel eine Umformung zu

$$f(x) \;=\; (x-d)^2 + e \;=\; x^2 - 2xd + d^2 \;+ e.$$

Ein Vergleich der Koeffizienten von x zeigt, dass $p = -2d$, also $d = -\frac{p}{2}$ sein muss.

Um das vollständige Binom $x^2 - 2xd + d^2$ zu erhalten, ergänzt man $d^2 = \left(\frac{p}{2}\right)^2$ und zieht den Ausdruck wieder ab (das ist die namensgebende *quadratische Ergänzung*).

Beispiel 1.1.14.1

Zur Funktion $f(x) = x^2 - 6x + 8$ erhält man

$$f(x) = \underbrace{x^2 - 6x + 3^2}_{x^2 - 2dx + d^2} \; \underbrace{-3^2 + 8}_{+e}$$

$$= \quad (x-3)^2 \quad\;\; -1.$$

Der Scheitelpunkt ist also $(3, -1)$, s. Abb. 1.13.

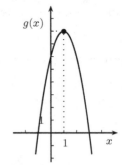

Abb. 1.13 Funktionsgraf zu f.

108

Ist der führende Koeffizient $a \neq 1$, kann man a ausklammern, dann wie oben beschrieben quadratisch ergänzen und schließlich wieder ausmultiplizieren.

Beispiel 1.1.14.2

Zur Funktion $g(x) = -2x^2 + 4x + 6$ erhält man

$$g(x) = -2 \cdot (x^2 - 2x - 3)$$
$$= -2 \cdot (x^2 - 2x + 1 - 1 \; - 3)$$
$$= -2 \cdot ((x-1)^2 \; - 1 - 3)$$
$$= -2 \cdot ((x-1)^2 - 4)$$
$$= -2 \cdot (x-1)^2 + 8.$$

Der Scheitelpunkt ist $(1, 8)$, s. Abb. 1.14.

Abb. 1.14 Funktionsgraf zu g.

Nullstellenbestimmung bei quadratischen Funktionen

Zur Bestimmung der Nullstellen einer quadratischen Funktion gibt es mehrere Möglichkeiten. Die ersten beiden im folgenden vorgestellten Möglichkeiten beziehen sich dabei auf den Fall, dass der führende Koeffizient gleich 1 ist, also die Funktion in der Form $f(x) = x^2 + px + q$ vorliegt.

1. Nullstellenbestimmung mit Hilfe der p-q-Formel.

Satz 1.1.15 (*p-q*-Formel)

Die Funktion $f(x) = x^2 + px + q$ besitzt die Nullstellen

$$x_{1/2} = -\frac{p}{2} \pm \sqrt{\left(\frac{p}{2}\right)^2 - q},$$

falls der Ausdruck unter der Wurzel ≥ 0 ist.

Bemerkung 1.1.16 zur *p-q*-Formel

Den Ausdruck $\left(\frac{p}{2}\right)^2 - q$, der bei der *p-q*-Formel unter der Wurzel steht, nennt man auch *Diskriminante*.

Beispiele 1.1.17

1. Die Funktion $f(x) = x^2 - 6x + 8$ besitzt die Nullstellen

$$x = -\frac{-6}{2} \pm \sqrt{\left(\frac{-6}{2}\right)^2 - 8} = 3 \pm \sqrt{9 - 8} = 3 \pm 1,$$

also die Nullstellen 2 und 4 (vgl. Abb. 1.13).

2. Bei der Funktion $f(x) = x^2 + 2x + 3$ liefert Satz 1.1.15

$$x = -\frac{2}{2} \pm \sqrt{\left(\frac{2}{2}\right)^2 - 3} = -1 \pm \sqrt{-2},$$

also keine Lösung in den reellen Zahlen.

Bemerkung 1.1.18 (*p-q*-Formel bei führendem Koeffizienten ungleich 1)

Ist der führende Koeffizient ungleich 1, so kann man ihn ausklammern bzw. durch ihn dividieren und dann die *p-q*-Formel anwenden.

Beispiel 1.1.18.1

Gesucht sind die Nullstellen von $g(x) = -2x^2 + 4x + 6$. Es ist

$$0 \overset{!}{=} g(x) = -2 \cdot (x^2 - 2x - 3)$$
$$\Leftrightarrow \quad 0 = x^2 - 2x - 3.$$

Mit der *p-q*-Formel erhält man

$$x = -\frac{-2}{2} \pm \sqrt{\left(\frac{-2}{2}\right)^2 - (-3)} = +1 \pm \sqrt{1 + 3} = 1 \pm 2,$$

also die Nullstellen -1 und 3 (vgl. Abb. 1.14).

2. Nullstellenraten mit Hilfe des Satzes von Vieta.

Satz 1.1.19 (Satz von Vieta)

Besitzt die Funktion $f(x) = x^2 + px + q$ zwei Nullstellen x_1 und x_2, so gilt

$$x_1 + x_2 = -p \quad \text{und} \quad x_1 \cdot x_2 = q.$$

Bemerkungen 1.1.20 zur Anwendung des Satzes von Vieta

1. Die Tatsache $x_1 \cdot x_2 = q$ kann in zweierlei Hinsicht ausgenutzt werden:

   1. Ist q ganzzahlig, und vermutet man, dass die Nullstellen ganze Zahlen sind, so müssen sie Teiler von q sein.
   2. Ist eine Nullstelle x_1 bekannt, so erhält man $x_2 = \frac{q}{x_1}$.

   Beispiel 1.1.20.1 (vgl. Beispiel 1.1.17, 1.)

   Vermutet man, dass die Funktion $f(x) = x^2 - 6x + 8$ ganzzahlige Nullstellen hat, so kommen nur ± 1, ± 2, ± 4 und ± 8 in Frage.

   Ausprobieren zeigt, dass $+2$ eine Nullstelle ist. Nach Satz 1.1.19 gilt dann für die zweite Nullstelle $2 \cdot x_2 = 8$, also $x_2 = 4$.

2. Ist der führende Koeffizient ungleich 1, so kann man den Satz von Vieta nach Ausklammern bzw. Dividieren durch diesen Koeffizienten anwenden.

   Beispiel 1.1.20.2 (vgl. Beispiel 1.1.18.1)

   Gesucht sind die Nullstellen von $g(x) = -2x^2 + 4x + 6$. Es ist

   $$0 \stackrel{!}{=} g(x) = -2 \cdot (x^2 - 4x + 3) \quad \Leftrightarrow \quad 0 = x^2 - 4x + 3.$$

   Rät man $x = -1$ als Nullstelle, so erhält mit dem Satz von Vieta direkt als andere Nullstelle 3.

3. Nullstellenbestimmung mit der abc-Formel.

110

Satz 1.1.21 (*abc*-Formel)

Die Funktion $f(x) = ax^2 + bx + c$ besitzt die Nullstellen

$$x = -\frac{b}{2a} \pm \sqrt{\left(\frac{b}{2a}\right)^2 - \frac{c}{a}},$$

falls der Ausdruck unter der Wurzel ≥ 0 ist.

Bemerkungen 1.1.22 zur *abc*-Formel

1. Eine alternative Formulierung der *abc*-Formel, die man dadurch erhält, dass man alles auf einen Bruchstrich schreibt, ist

$$x = \frac{-b \pm \sqrt{b^2 - 4ac}}{2a}.$$

2. Den Ausdruck $\left(\frac{b}{2a}\right)^2 - \frac{c}{a}$ bzw. $b^2 - 4ac$, der bei der *abc*-Formel unter der Wurzel steht, nennt man auch *Diskriminante*.

3. Die *abc*-Formel erhält man wegen

$$ax^2 + bx + c = 0 \quad \Leftrightarrow \quad x^2 + \frac{b}{a}x + \frac{c}{a} = 0$$

aus der *p-q*-Formel (Satz 1.1.15) mit $p = \frac{b}{a}$ und $q = \frac{c}{a}$.

Beispiel 1.1.23 (vgl. Beispiel 1.1.18.1)

Gesucht sind die Nullstellen von $f(x) = -2x^2 + 4x + 6$. Mit der *abc*-Formel erhält man als Nullstellen

$$x = -\frac{4}{2 \cdot (-2)} \pm \sqrt{\left(\frac{4}{2 \cdot (-2)}\right)^2 - \frac{6}{-2}} = +1 \pm \sqrt{1 + 3} = 1 \pm 2,$$

also -1 und 3.

4. Nullstellenbestimmung durch Auflösen der Scheitelpunktform.

Ausgehend von der Scheitelpunktform kann man Nullstellen durch elementare Umformungen bestimmen.

Beispiele 1.1.24

1. Gesucht sind die Nullstellen der Funktion

$$g(x) = -2x^2 + 4x + 6 = -2 \cdot (x - 1)^2 + 8$$

(s. Beispiel 1.1.14.2). Es ist

$$
\begin{aligned}
& -2 \cdot (x - 1)^2 + 8 && = && 0 \\
\Leftrightarrow \quad & -2 \cdot (x - 1)^2 && = && -8 \\
\Leftrightarrow \quad & (x - 1)^2 && = && 4 \\
\Leftrightarrow \quad & x - 1 && = && \pm 2 \\
\Leftrightarrow \quad & x && = && 1 \pm 2 \\
\Leftrightarrow \quad & x = -1 \quad \text{oder} \quad x = 3. &&&&
\end{aligned}
$$

2. Gesucht sind die Nullstellen der Funktion

$$f(x) = x^2 + 2x + 3$$

(vgl. Beispiel 1.1.17, 2.).

Eine quadratische Ergänzung liefert

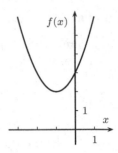

$$\begin{aligned} f(x) &= x^2 + 2x + 3 \\ &= (x+1)^2 - 1 + 3 \\ &= (x+1)^2 + 2, \end{aligned}$$

also

Abb. 1.15 Parabel ohne Nullstellen.

$$f(x) = 0 \quad \Leftrightarrow \quad (x+1)^2 + 2 = 0 \quad \Leftrightarrow \quad (x+1)^2 = -2.$$

In der letzten Gleichung ist das Quadrat links für reelle Zahlen immer größer oder gleich Null, die Zahl rechts aber negativ, so dass man sieht, dass es keine Lösung in den reellen Zahlen gibt.

Der Funktionsgraf schneidet die x-Achse nicht, s. Abb. 1.15.

Zusammenfassung 1.1.25 zur Nullstellenbestimmung

Nullstellen einer quadratischen Funktion kann man bestimmen

1. durch die p-q-Formel (Satz 1.1.15), ggf. muss vorher der Koeffizient von x^2 ausgeklammert bzw. durch ihn dividiert werden,

2. durch Raten und mit Hilfe des Satzes von Vieta (Satz 1.1.19), ggf. muss vorher der Koeffizient von x^2 ausgeklammert bzw. durch ihn dividiert werden,

3. durch die abc-Formel (Satz 1.1.21),

4. durch quadratische Ergänzung und Auflösen.

Bei bekannten Nullstellen gibt es eine weitere Darstellungsmöglichkeit einer quadratischen Funktion:

111

Satz 1.1.26 (Faktorisierung durch Nullstellen)

Besitzt die Funktion $f(x) = ax^2 + bx + c$ zwei Nullstellen x_1 und x_2, so ist

$$f(x) = a(x - x_1)(x - x_2).$$

Bemerkung 1.1.27 (Faktorisierung und der Satz von Vieta)

Ist der führende Koeffizient gleich 1, also $f(x) = x^2 + px + q$, so ergibt sich bei zwei Nullstellen x_1 und x_2

$$f(x) = (x - x_1)(x - x_2).$$

Durch Ausmultiplizieren erhält man dann

$$f(x) = (x - x_1)(x - x_2) = x^2 - xx_2 - x_1 x + x_1 x_2$$
$$= x^2 - (x_1 + x_2)x + x_1 x_2.$$

Ein Koeffizientenvergleich mit der ursprünglichen Funktion liefert nun den Satz von Vieta (Satz 1.1.19), nämlich

$$p = -(x_1 + x_2) \quad \text{und} \quad q = x_1 x_2.$$

Beispiele 1.1.28

1. Die Funktion $f(x) = x^2 - 6x + 8$ besitzt die Nullstellen $x = 2$ und $x = 4$ (s. Beispiel 1.1.17, 1.). Es ist dann (wie man durch Ausmultiplizieren überprüfen kann)

$$f(x) = x^2 - 6x + 8 = (x - 2)(x - 4).$$

2. Die Funktion $g(x) = -2x^2 + 4x + 6$ besitzt die Nullstellen $x = -1$ und $x = 3$ (s. Beispiel 1.1.18.1). Es gilt also

$$g(x) = -2 \cdot (x - (-1)) \cdot (x - 3) = -2 \cdot (x + 1) \cdot (x - 3).$$

Bemerkungen 1.1.29 (Festlegung einer Parabel)

1. Drei Punkte mit unterschiedlichen x-Werten legen eindeutig eine Parabel fest.

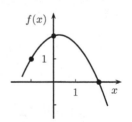

112

113

Beispiel 1.1.29.1

Gesucht ist die Funktionsvorschrift $f(x) = ax^2 + bx + c$ zu einer Parabel durch $(-1, 1)$, $(0, 2)$ und $(2, 0)$, s. Abb. 1.16.

Einsetzen der Punkte liefert

$$1 \overset{!}{=} f(-1) = a - b + c$$
$$2 \overset{!}{=} f(0) = c$$
$$0 \overset{!}{=} f(2) = 4a + 2b + c$$

Abb. 1.16 Parabel durch drei Punkte.

Setzt man $c = 2$ aus der mittleren Gleichung in die erste und letzte

Gleichung ein, erhält man

$$a - b = -1 \quad \text{und} \quad 4a + 2b = -2 \quad \Leftrightarrow \quad 2a + b = -1$$

Durch Addition der Gleichungen folgt $3a = -2$, also $a = -\frac{2}{3}$, und dann

$$b = a + 1 = -\frac{2}{3} + 1 = \frac{1}{3}.$$

Die Parabelgleichung ist also

$$f(x) = -\frac{2}{3}x^2 + \frac{1}{3}x + 2.$$

2. Kennt man weitere Eigenschaften der Parabel, so bieten sich ggf. andere Ansätze für die Funktionsgleichung an:

- Kennt man den Scheitelpunkt (d_0, e_0), so kann man

$$f(x) = a(x - d_0)^2 + e_0$$

mit unbekanntem a ansetzen.

- Kennt man Nullstellen x_1 und x_2, bietet sich eine Ansatzfunktion

$$f(x) = a(x - x_1)(x - x_2)$$

entsprechend Satz 1.1.26 an.

Beispiel 1.1.29.2

Gesucht ist eine Funktionsvorschrift f für eine Parabel mit den Nullstellen -1 und 4, die durch den Punkt $(1, 2)$ führt, s. Abb. 1.17.

Auf Grund der Nullstellen hat f die Gestalt

$$f(x) = a \cdot (x - (-1)) \cdot (x - 4) = a \cdot (x + 1) \cdot (x - 4).$$

Einsetzen des Punktes $(1, 2)$ liefert

$$2 \overset{!}{=} f(1)$$
$$= a \cdot (1 + 1) \cdot (1 - 4) = -6a$$
$$\Leftrightarrow a = -\frac{1}{3}.$$

Eine Funktionsvorschrift ist also

$$f(x) = -\frac{1}{3} \cdot (x + 1) \cdot (x - 4).$$

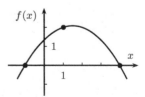

Abb. 1.17 Parabel mit vorgegebenen Nullstellen.

1.1.3 Polynome

Definition 1.1.30 (Polynom)

Eine Funktion der Form

$$f : \mathbb{R} \to \mathbb{R}, \; f(x) = a_n x^n + a_{n-1} x^{n-1} + \cdots + a_1 x + a_0$$

heißt *Polynom(-funktion)* (vom Grad n, falls $a_n \neq 0$ ist).

114

Bemerkung 1.1.31 zu Bezeichnungsweisen

Die Zahlen $a_k \in \mathbb{R}$ heißen *Koeffizienten* des Polynoms; a_0 nennt man auch den *absoluten* Koeffizienten, a_n den *führenden* Koeffizienten.

Beispiele 1.1.32

1. Die Funktion $f(x) = 2x^3 - 5x^2 + 1$ ist ein Polynom vom Grad 3.

2. Polynome vom Grad 2 bzw. 1 sind quadratische bzw. lineare Funktionen.

Satz 1.1.33 (Festlegung eines Polynoms)

Die Vorgabe von $n + 1$ Punkten mit unterschiedlichen x-Werten legt eindeutig ein Polynom vom Grad kleiner oder gleich n fest.

115

116

Bemerkung 1.1.34

Satz 1.1.33 verallgemeinert die Aussage, dass zwei Punkte eine Gerade (s. Bemerkung 1.1.5, 1.) und drei Punkte eine Parabel (s. Bemerkung 1.1.29, 1.) eindeutig festlegen.

Satz 1.1.35 (Abspaltung eines Linearfaktors)

Ist p ein Polynom vom Grad $n \geq 1$ und $p(a) = 0$, so gibt es ein Polynom $q(x)$ vom Grad $n - 1$ mit $p(x) = (x - a) \cdot q(x)$.

117

Bemerkungen 1.1.36

1. Der Faktor $(x - a)$ heißt *Linearfaktor*.

2. Bei bekannter Nullstelle a kann man q mittels *Polynomdivision* berechnen.

Beispiel 1.1.36.1

Das Polynom $p(x) = x^3 - 5x^2 + 2x + 8$ besitzt die Nullstelle $x_1 = -1$.
Bei einer Polynomdivision durch $(x - (-1)) = (x+1)$ erhält man

$$
\begin{array}{l}
(x^3 - 5x^2 + 2x + 8\ ) : (x+1)\ = x^2 - 6x + 8, \\
\underline{-(x^3 + x^2)} \\
\qquad -6x^2 + 2x \\
\qquad \underline{-(-6x^2 - 6x)} \\
\qquad\qquad 8x + 8 \\
\qquad\qquad \underline{-(8x + 8)} \\
\qquad\qquad\qquad 0
\end{array}
$$

also $p(x) = (x+1) \cdot q(x)$ mit $q(x) = x^2 - 6x + 8$.

Statt einer Polynomdivision kann man auch das *Horner-Schema* nutzen, auf
das hier aber nicht weiter eingegangen wird.

118

Bemerkung 1.1.37 (Abspaltung mehrerer Linearfaktoren)

Ist x_1 eine Nullstelle eines Polynoms $p(x)$ und $p(x) = (x - x_1) \cdot q(x)$, so sind
Nullstellen von q auch Nullstellen von p. Man kann weitere Linearfaktoren
abspalten und erhält

$$
\begin{aligned}
p(x) &= (x - x_1) \cdot (x - x_2) \cdot \ldots \cdot (x - x_n) \cdot a_n \qquad \text{oder} \\
p(x) &= (x - x_1) \cdot \ldots \cdot (x - x_k) \cdot r(x)
\end{aligned}
$$

mit einem *nullstellenfreien* Polynom $r(x)$.

Beispiele 1.1.37.1

1. Das Polynom $p(x) = x^3 - 5x^2 + 2x + 8$ besitzt die Nullstelle $x_1 = -1$,
   und nach Beispiel 1.1.36.1 ist

   $$ p(x) = (x+1) \cdot (x^2 - 6x + 8). $$

   Das Restpolynom $q(x) = x^2 - 6x + 8$ kann man mittels seiner Nullstellen
   2 und 4 weiter faktorisieren, s. Bsp. 1.1.28, 1.: $q(x) = (x-2) \cdot (x-4)$.

   Damit ist

   $$ p(x) = (x+1) \cdot (x-2) \cdot (x-4). $$

2. Das Polynom $p(x) = x^3 - x^2 + 2x - 2$ besitzt die Nullstelle $x_1 = 1$. Man
   erhält (beispielsweise mit Polynomdivision)

   $$ p(x) = (x-1) \cdot q(x) \quad \text{mit} \quad q(x) = x^2 + 2. $$

   Das Restpolynom q ist nullstellenfrei.

Ist der führende Koeffizient a_n des Polynoms gleich 1, und gelingt eine vollständige Zerlegung in Linearfaktoren, so ist das Produkt der Nullstellen ggf. bis auf das Vorzeichen gleich dem absoluten Koeffizienten.

Durch Ausmultiplizieren sieht man beispielsweise bei

$$x^3 + ax^2 + bx + c = (x - x_1)(x - x_2)(x - x_3),$$

dass sich $c = -x_1 \cdot x_2 \cdot x_3$ ergibt.

Beispiel 1.1.37.2 (vgl. Beispiel 1.1.37.1, 1.)

Das Polynom $p(x) = x^3 - 5x^2 + 2x + 8$ besitzt die Nullstellen -1, 2 und 4 mit Produkt gleich -8. Den Zusammenhang zum absoluten Koeffizienten 8 von p sieht man durch Ausmultiplizieren der Darstellung

$$\begin{aligned} x^3 - 5x^2 + 2x + 8 &= (x + 1) \cdot (x - 2) \cdot (x - 4) \\ &= (x - (-1))(x - 2)(x - 4). \end{aligned}$$

Beim „Nullstellenraten" kann man daher zunächst die Teiler dieses absoluten Koeffizienten testen.

Satz 1.1.38

Jedes Polynom kann dargestellt werden als Produkt von linearen und nullstellenfreien quadratischen Polynomen.

Beispiel 1.1.39

Das Polynom $p(x) = x^4 + 1$ ist nullstellenfrei. Es lässt sich als Produkt von zwei nullstellenfreien quadratischen Polynomen ausdrücken:

$$x^4 + 1 = (x^2 + \sqrt{2}x + 1) \cdot (x^2 - \sqrt{2}x + 1).$$

Man kann leicht nachrechnen, dass diese Zerlegung richtig ist; die Berechnung einer solchen Zerlegung ist allerdings schwierig, wenn man nicht komplexe Zahlen (s. Kapitel 2) nutzt.

Manchmal kann man mehrfach den gleichen Linearfaktor ausklammern:

Definition 1.1.40 (mehrfache Nullstelle)

Ist

$$p(x) = (x - a)^k \cdot q(x), \quad q(a) \neq 0,$$

so heißt a auch *k-fache Nullstelle*; k heißt *Vielfachheit* der Nullstelle.

Beispiel 1.1.41

Die Funktion

$$f(x) = (x-1)^2 \cdot (x+3)$$

besitzt in 1 eine doppelte und in -3 eine einfache Nullstelle.

Bemerkung 1.1.42 (Nullstellen und Funktionsverlauf)

Das Verhalten der Nullstelle 0 bei den Funktionen $f(x) = x^n$ (s. Abb. 1.18) entspricht dem einer n-fachen Nullstelle x_0 einer beliebigen Funktion:

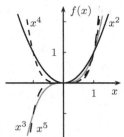

- Ist n gerade, so wird die x-Achse bei x_0 nur berührt; es findet kein Vorzeichenwechsel statt.

- Ist n ungerade, so gibt es bei x_0 einen Vorzeichenwechsel.

Abb. 1.18 Funktionsgrafen zu $f(x) = x^n$.

Kennt man sämtliche Nullstellen eines Polynoms inklusive Vielfachheit, so kann man den Funktionsverlauf grob skizzieren:

Das Vorzeichen des führenden Koeffizienten kennzeichnet den Verlauf für große x (gegen $+\infty$). Bei den Nullstellen ändert sich dann jeweils das Vorzeichen entsprechend obiger Regel.

Beispiele 1.1.42.1

Abb. 1.19 zeigt Funktionsskizzen zu

1. $f(x) = (x-1)^2 \cdot (x+3)$ (Abb. 1.19 links)

   mit doppelter Nullstelle bei 1 und einfacher Nullstelle bei -3,

2. $p(x) = (x+1) \cdot (x-2) \cdot (x-4)$ (Abb. 1.19 Mitte)

   mit einfachen Nullstellen bei -1, 2 und 4,

3. $g(x) = -(x+1)^2 \cdot (x-2)$ (Abb. 1.19 rechts)

   mit doppelter Nullstelle bei -1, einfacher Nullstelle bei 2 und negativem Vorfaktor.

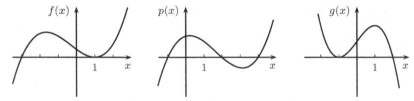

Abb. 1.19 Funktionsskizzen anhand des Nullstellen-Verhaltens.

1.1.4 Gebrochen rationale Funktionen

Definition 1.1.43 (gebrochen rationale Funktion)

Der Quotient zweier Polynome heißt *(gebrochen) rationale Funktion.*

121

Beispiel 1.1.44

Die Funktion

$$f(x) \;=\; \frac{x^3 + x^2 - 2x + 1}{x^2 + 2x + 1}$$

ist eine gebrochen rationale Funktion.

Bemerkung 1.1.45 (echt gebrochen rational)

Ist der Zählergrad kleiner als der Nennergrad, so heißt die Funktion *echt gebrochen rational.* Ist der Zählergrad größer oder gleich dem Nennergrad, so kann (beispielsweise durch Polynomdivision) ein Polynom abgespalten werden.

Beispiel 1.1.45.1

Die Funktion

$$f(x) \;=\; \frac{x^3 + x^2 - 2x + 1}{x^2 + 2x + 1}$$

ist nicht echt gebrochen rational. Es ist

$$
\begin{array}{l}
(x^3 \; \vert \; x^2 - 2x + 1 \;) : (x^2 + 2x + 1) \;-\; x - 1 + \frac{-x+2}{x^2+2x+1}, \\
\underline{-(x^3 + 2x^2 + \; x)} \\
\quad -\; x^2 - 3x + 1 \\
\quad \underline{-(-\; x^2 - 2x - 1)} \\
\qquad\qquad -x + 2
\end{array}
$$

also

$$f(x) \;=\; x - 1 + \underbrace{\frac{-x + 2}{x^2 + 2x + 1}}_{\text{echt gebrochen rational}} \quad .$$

Bemerkung 1.1.46 (**Partialbruchzerlegung**)

Echt gebrochen rationale Funktionen kann man entsprechend der linearen und quadratischen Anteile des Nennerpolynoms $n(x)$ nach Satz 1.1.38 in die Summe einfacher Brüche (sogenannter *Partialbrüche*) zerlegen:

122

123

124

a) Eine einfache Nullstelle a von $n(x)$ führt zu einem Partialbruch $\frac{A}{x-a}$.

b) Eine k-fache Nullstelle a von $n(x)$ führt zu Partialbrüchen $\frac{A_1}{x-a}$, $\frac{A_2}{(x-a)^2}$, $\dots$, $\frac{A_k}{(x-a)^k}$.

c) Ein quadratischer nullstellenfreier Anteil $x^2 + px + q$ von $n(x)$ führt zu einem Partialbruch $\frac{Ax+B}{x^2+px+q}$ mit linearem Zähler.

Dabei sind A, A_i und B Konstanten, die man berechnen kann, indem man die Partialbrüche wieder auf einen Nenner schreibt und dann in den Zählern einen Koeffizientenvergleich durchführt oder spezielle x-Werte einsetzt.

Beispiel 1.1.46.1

Die Funktion

$$f(x) \;=\; \frac{x+5}{x^2 - 2x - 3}$$

besitzt einen Nenner mit Nullstellen -1 und 3; es ist $x^2 - 2x - 3 = (x+1)(x-3)$. Nach a) gibt es dann eine Darstellung

$$\frac{x+5}{x^2 - 2x - 3} \;=\; \frac{A}{x+1} + \frac{B}{x-3}$$

mit noch zu bestimmenden Konstanten A und B.

Zur Bestimmung von A und B bringt man die rechte Seite durch entsprechende Erweiterungen auf einen Bruchstrich:

$$\frac{x+5}{x^2 - 2x - 3} \;=\; \frac{A}{x+1} + \frac{B}{x-3} \;=\; \frac{A(x-3) + B(x+1)}{(x+1)(x-3)}.$$

Da die Nenner gleich sind, müssen auch die Zähler übereinstimmen. Man kann nun A und B bestimmen durch

1. Koeffizientenvergleich im Zähler bei der ausmultiplizierten Form

$$x + 5 \;=\; A(x-3) + B(x+1) \;=\; (A+B)x - 3A + B.$$

Dies führt

- für den Koeffizienten von „x" zu $1 = A + B$,
- für den absoluten Koeffizienten zu $5 = -3A + B$.

Durch Subtraktion der Gleichungen erhält man $-4 = 4A$, also $A = -1$ und damit dann $B = 1 - A = 2$.

2. Einsetzen geschickter x-Werte im Zähler. Dabei bietet es sich an, die ursprünglichen Nullstellen in die Zähler

$$x + 5 \;=\; A(x-3) + B(x+1)$$

einzusetzen:

- $x = 3$ führt zu $8 = B \cdot 4$, also $B = 2$,
- $x = -1$ führt zu $4 = A(-1-3) = -4A$, also $A = -1$.

Man erhält also

$$\frac{x+5}{x^2 - 2x - 3} = -\frac{1}{x+1} + \frac{2}{x-3}.$$

Beispiel 1.1.46.2

Der Nenner von

$$f(x) = \frac{-x+2}{x^2 + 2x + 1}$$

besitzt die doppelte Nullstelle -1, denn es ist $x^2 + 2x + 1 = (x+1)^2$. Nach b) gibt es dann eine Darstellung

$$\frac{-x+2}{x^2 + 2x + 1} = \frac{A_1}{x+1} + \frac{A_2}{(x+1)^2}$$

mit noch zu bestimmenden Konstanten A_1 und A_2.

Zur Bestimmung von A_1 und A_2 bringt man die rechte Seite wieder auf einen Bruchstrich:

$$\frac{-x+2}{x^2 + 2x + 1} = \frac{A_1}{x+1} + \frac{A_2}{(x+1)^2} = \frac{A_1(x+1) + A_2}{(x+1)^2}$$

$$= \frac{A_1 x + A_1 + A_2}{(x+1)^2}.$$

Zur Bestimmung der Konstanten kann man die in Beispiel 1.1.46.1 erwähnten Verfahren auch mischen:

- Koeffizientenvergleich der Zähler bei „x" bringt $-1 = A_1$.
- Einsetzen von $x = -1$ in die Zähler bringt $-(-1) + 2 = A_2$, also $A_2 = 3$.

Damit ist

$$\frac{-x+2}{x^2 + 2x + 1} = \frac{-1}{x+1} + \frac{3}{(x+1)^2}.$$

Beispiel 1.1.46.3

Der Nenner von

$$f(x) = \frac{x^2 + 3x + 5}{x^3 - x^2 + 2x - 2}.$$

besitzt die faktorisierte Darstellung $x^3 - x^2 + 2x - 2 = (x - 1)(x^2 + 2)$ (s. Beispiel 1.1.37.1, 2.).

Die Ansatz-Funktion zur Partialbruchzerlegung ist also nach a) und c)

$$\frac{x^2 + 3x + 5}{x^3 - x^2 + 2x - 2} = \frac{A}{x - 1} + \frac{Bx + C}{x^2 + 2}.$$

Die Berechnung von A, B und C ist hier schon recht mühsam. Man kann wieder den rechten Ausdruck auf einen Bruchstrich bringen und dann in einer Mischung von Koeffizientenvergleich und Einsetzen geschickter x-Werte Gleichungen für A, B und C aufstellen. Nach einiger Rechnung erhält man $A = 3$, $B = -2$ und $C = 1$, also

$$f(x) = \frac{3}{x - 1} + \frac{-2x + 1}{x^2 + 2}.$$

125

126

Bemerkungen 1.1.47 (Polstellen und Funktionsverlauf)

1. Bei einer Nullstelle x_0 des Nenners, die nicht Nullstelle des Zählers ist, besitzt die Funktion eine *Polstelle*[1]. Der Funktionswert nähert sich in der Nähe dieser Stelle dem Wert $+\infty$ oder $-\infty$. Entsprechend der Vielfachheit der Nullstelle des Nenners spricht man auch von der *Vielfachheit der Polstelle*.

Ähnlich wie bei den Polynomen (s. Bemerkung 1.1.42) gilt bei einer n-fachen Polstelle x_0 einer Funktion:

- Ist n gerade, so findet an der Polstelle kein Vorzeichenwechsel statt.

- Ist n ungerade, so gibt es bei x_0 einen Vorzeichenwechsel.

Beispiele 1.1.47.1

Abb. 1.20 zeigt Funktionsskizzen zu

1. $f_1(x) = \dfrac{1}{x - 1}$

   mit einfacher Polstelle bei 1 (Abb. 1.20 links),

2. $f_2(x) = \dfrac{1}{(x - 1)^2}$

   mit doppelter Polstelle bei 1 (Abb. 1.20 Mitte),

3. $f_3(x) = -\dfrac{3}{x + 2}$

   mit einfacher Polstelle bei -2 und negativem Vorfaktor (Abb. 1.20 rechts).

---

[1] Ist x_0 Nullstelle von Zähler und Nenner mit größerer Vielfachheit im Nenner als im Zähler, so gilt entsprechendes. Die Vielfachheit der Polstelle ist dann gleich der Differenz der Nullstellen-Vielfachheit von Nenner und Zähler.

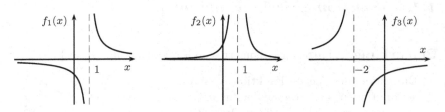

Abb. 1.20 Funktionen mit einfacher und doppelter Polstelle.

2. Die Partialbruchzerlegung ermöglicht damit oft schon eine grobe Skizze des Funktionsverlaufs.

Beispiel 1.1.47.2

Bei der Funktion

$$f(x) = \frac{x+5}{x^2 - 2x - 3} = -\frac{1}{x+1} + \frac{2}{x-3}$$

(s. Beispiel 1.1.46.1) betrachtet man die beiden Partialfunktionen

$$f_1(x) = -\frac{1}{x+1} \quad \text{und} \quad f_2(x) = \frac{2}{x-3}.$$

Diese haben einfache Polstellen bei -1 bzw. 3, also dort jeweils einen Vorzeichenwechsel.

Werte knapp über -1 liefern bei f_1 große negative Funktionswerte, Werte knapp über 3 liefern bei f_2 stark positive Funktionswerte. Damit kann man den Verlauf der beiden Partialfunktionen skizzieren: In Abb. 1.21 ist der Funktionsgraf zu f_1 gepunktet und der zu f_2 gestrichelt dargestellt.

Das Verhalten der Funktion f entspricht in der Nähe der Polstellen der Partialfunktionen dem entsprechenden Verlauf, also in der Nähe von -1 dem von f_1 und in der Nähe von 3 dem von f_2. Damit kann man dann den gesamten Funktionsgrafen zu f skizzieren.

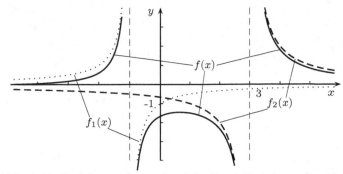

Abb. 1.21 Funktionsgrafen zu f und den Partialfunktionen f_1 und f_2.

1.1.5 Trigonometrische Funktionen

127

Bemerkung 1.1.48 (trigonometrische Funktionen im Dreieck)

Die trigonometrischen Funktionen (Winkelfunktionen) beschreiben Seitenverhältnisse in einem rechtwinkligen Dreieck in Abhängigkeit eines Winkels α des Dreiecks. Dabei heißt die Seite gegenüber dem Winkel *Gegenkathete*, die am Winkel liegende Seite *Ankathete*. Die Seite gegenüber dem rechten Winkel heißt *Hypotenuse*, s. Abb. 1.22.

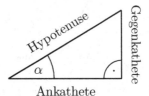

Abb. 1.22 Seitenbezeichnungen im rechtwinkligen Dreieck.

Definition 1.1.49 (trigonometrische Funktionen im Dreieck)

Bei einem rechtwinkligen Dreieck mit einem Winkel α ist

$$\sin\alpha = \frac{\text{Gegenkathete}}{\text{Hypotenuse}} \qquad\qquad\qquad\text{(Sinus)},$$

$$\cos\alpha = \frac{\text{Ankathete}}{\text{Hypotenuse}} \qquad\qquad\qquad\text{(Cosinus)},$$

$$\tan\alpha = \frac{\text{Gegenkathete}}{\text{Ankathete}} = \frac{\sin\alpha}{\cos\alpha} \qquad\text{(Tangens)},$$

$$\cot\alpha = \frac{\text{Ankathete}}{\text{Gegenkathete}} = \frac{1}{\tan\alpha} = \frac{\cos\alpha}{\sin\alpha} \quad\text{(Cotangens)}.$$

Beispiele 1.1.50

1. Ein gleichschenkliges rechtwinkliges Dreieck besitzt 45°-Winkel.

   Besitzen die Katheten die Länge 1, so hat die Hypotenuse nach dem Satz des Pythagoras die Länge $\sqrt{2}$, s. Abb. 1.23. Also ist

   $$\sin 45° = \frac{1}{\sqrt{2}},$$

   $$\cos 45° = \frac{1}{\sqrt{2}},$$

   $$\tan 45° = \frac{1}{1} = 1 \quad\text{und}\quad \cot 45° = \frac{1}{1} = 1.$$

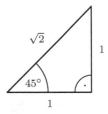

Abb. 1.23 Rechtwinkliges gleichschenkliges Dreieck.

2. Bei einem gleichseitigen Dreieck betragen die Innenwinkel 60°.

   Halbiert man ein solches Dreieck wie in Abb. 1.24, so erhält man ein rechtwinkliges Dreieck, an dem man sieht:

   $$\sin 30° = \frac{\frac{c}{2}}{c} = \frac{1}{2},$$

   $$\cos 60° = \frac{\frac{c}{2}}{c} = \frac{1}{2}.$$

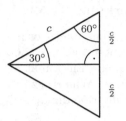

Abb. 1.24 Halbiertes gleichseitiges Dreieck.

Bemerkungen 1.1.51 (Winkel im Bogenmaß)

1. Neben der Angabe von Winkeln in Grad ist insbesondere im Zusammenhang mit trigonometrischen Funktionen das *Bogenmaß* (*Radiant*) üblich. Dies entspricht der Länge des Kreisbogens im Einheitskreis (einem Kreis mit Radius 1) bei entsprechendem Winkel, s. Abb. 1.25.

   Ein Winkel von 360° entspricht damit dem Bogenmaß 2π, also ein Winkel von 1° dem Bogenmaß $\frac{2\pi}{360} = \frac{\pi}{180}$.

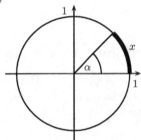

Abb. 1.25 Winkel im Bogenmaß.

Allgemein entspricht dem Winkel α in Grad der Wert $x = \frac{\pi}{180} \cdot \alpha$ im Bogenmaß.

2. Wichtige Werte sind:

$$30° \quad \text{entspr.} \quad \frac{\pi}{180°} \cdot 30° = \frac{\pi}{6},$$

$$45° \quad \text{entspr.} \quad \frac{\pi}{180°} \cdot 45° = \frac{\pi}{4},$$

$$60° \quad \text{entspr.} \quad \frac{\pi}{180°} \cdot 60° = \frac{\pi}{3},$$

$$90° \quad \text{entspr.} \quad \frac{\pi}{180°} \cdot 90° = \frac{\pi}{2},$$

$$180° \quad \text{entspr.} \quad \frac{\pi}{180°} \cdot 180° = \pi,$$

$$360° \quad \text{entspr.} \quad \frac{\pi}{180°} \cdot 360° = 2\pi.$$

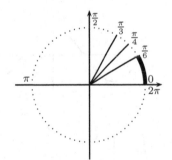

Abb. 1.26 Wichtige Winkelwerte im Bogenmaß.

3. Üblicherweise wird ein Winkel x gegen den Uhrzeigersinn gedreht (mathematisch positiv). Dreht man im Uhrzeigersinn (mathematisch negativ), so kann man dies durch einen entsprechend negativen Winkel ausdrücken.

Im Folgenden wird fast ausschließlich das Bogenmaß verwendet.

Bemerkung 1.1.52 (trigonometrische Funktionen im Allgemeinen)

129

130

Die Sinus- und Cosinus-Funktionen stellen entspr. Abb. 1.27 Größen im Einheitskreis dar. Ein Punkt P auf dem Einheitskreis im Winkel x zur horizontalen Achse hat die Koordinaten

$$P = (\cos x, \sin x).$$

Damit, und mit $\tan x = \frac{\sin x}{\cos x}$ und $\cot x = \frac{\cos x}{\sin x}$ kann man die Definition der trigonometrischen Funktionen auf beliebige Argumente x erweitern.

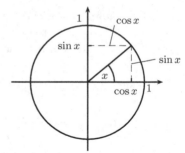

Abb. 1.27 Winkelfunktionen im Einheitskreis.

Definition 1.1.53 (trigonometrische Funktionen)

Die entsprechend Bemerkung 1.1.52 definierten Funktionen $\sin x$, $\cos x$, $\tan x$ und $\cot x$ heißen *Winkelfunktionen* oder *trigonometrische Funktionen*.

131

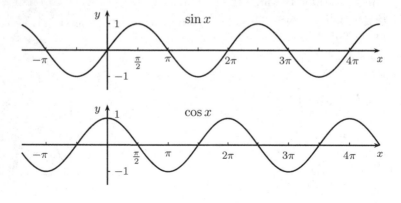

132

133

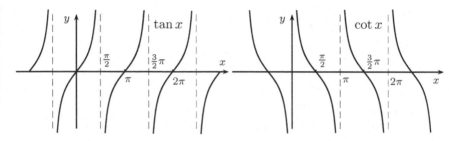

Abb. 1.28 Grafen der Winkelfunktion.

Bemerkungen 1.1.54 zu den trigonometrischen Funktionen

1. Die Funktionen $\sin x$ und $\cos x$ sind 2π-periodisch, $\tan x$ und $\cot x$ π-periodisch.

2. Wichtige Winkel und Werte:

$x \stackrel{\wedge}{=} \alpha$	0	$\frac{\pi}{6} \stackrel{\wedge}{=} 30°$	$\frac{\pi}{4} \stackrel{\wedge}{=} 45°$	$\frac{\pi}{3} \stackrel{\wedge}{=} 60°$	$\frac{\pi}{2} \stackrel{\wedge}{=} 90°$	$\pi \stackrel{\wedge}{=} 180°$	$\frac{3}{2}\pi \stackrel{\wedge}{=} 270°$
$\sin x$	0	$\frac{1}{2}$	$\frac{1}{\sqrt{2}}$	$\frac{\sqrt{3}}{2}$	1	0	-1
$\cos x$	1	$\frac{\sqrt{3}}{2}$	$\frac{1}{\sqrt{2}}$	$\frac{1}{2}$	0	-1	0

Statt $\frac{1}{\sqrt{2}}$ schreibt man oft auch $\sqrt{\frac{1}{2}}$.

Die wichtigen Winkel und Werte zwischen 0 und $\frac{\pi}{2}$ sind in Abb. 1.29 verdeutlicht.

3. Die Funktion $\sin x$ beseitzt als Nullstellen genau alle Vielfachen von π, also $x = k\pi$ mit $k \in \mathbb{Z}$. Dies sind Polstellen von $\cot x$.

Die Nullstellen der Funktion $\cos x$ und damit die Polstellen von $\tan x$ sind genau die Werte $x = k\pi + \frac{\pi}{2}$ mit $k \in \mathbb{Z}$.

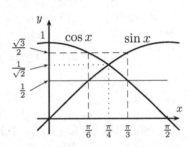

Abb. 1.29 Wichtige Werte.

Häufig treten Quadrate von Winkelfunktionen auf. Statt $(\sin x)^2$ schreibt man dabei auch $\sin^2 x$, entsprechend $\cos^2 x$.

Satz 1.1.55 (Eigenschaften der trigonometrischen Funktionen)

1. Es gelten die Symmetrien

$$\sin(-x) = -\sin(x) \quad \text{und} \quad \cos(-x) = \cos(x).$$

134

2. Es gilt

$$\sin^2 x + \cos^2 x = 1. \qquad (\textit{trigonometrischer Pythagoras})$$

135

3. Es gelten die *Additionstheoreme*

$$\sin(x + y) = \sin x \cdot \cos y + \cos x \cdot \sin y,$$
$$\cos(x + y) = \cos x \cdot \cos y - \sin x \cdot \sin y,$$

insbesondere:

$$\sin(2x) = 2 \sin x \cos x,$$
$$\cos(2x) = \cos^2 x - \sin^2 x = 2 \cos^2 x - 1.$$

136

Bemerkungen 1.1.56 zu Satz 1.1.55

137

138

1. Die Symmetrien der Sinus- und Cosinus-
   Funktion kann man gut an Hand der Definition am Einheitskreis sehen, s. Abb.
   1.30:

   Der Winkel $-x$ ist gegenüber dem Winkel x an der horizontalen Achse gespiegelt: Positive Winkel werden gegen den
   Uhrzeigersinn gedreht, negative im Uhrzeigersinn.

   Durch die Spiegelung spiegeln sich auch
   die Sinus-Werte, während die Cosinus-
   Werte unverändert bleiben.

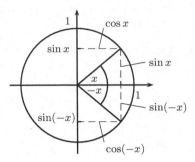

Abb. 1.30 Symmetrien der Winkelfunktionen.

2. Den „trigonometrischen Pythagoras"

   $$\sin^2 x + \cos^2 x = 1$$

   erhält man, indem man den gewöhnli-
   chen Satz des Pythagoras auf das den Sinus und Cosinus definierende rechtwink-
   lige Dreieck anwendet, s. Abbildung 1.31.

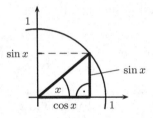

Abb. 1.31 Satz des Pythagoras.

3. Unter Ausnutzung der Symmetrien und der Additionstheoreme erhält man:

$$
\begin{aligned}
\sin(x - y) = \sin(x + (-y)) &= \sin x \cdot \cos(-y) + \cos x \cdot \sin(-y) \\
&= \sin x \cdot \cos y + \cos x \cdot (-\sin y) \\
&= \sin x \cdot \cos y - \cos x \cdot \sin y
\end{aligned}
$$

und

$$
\begin{aligned}
\cos(x - y) = \cos(x + (-y)) &= \cos x \cdot \cos(-y) - \sin x \cdot \sin(-y) \\
&= \cos x \cdot \cos y - \sin x \cdot (-\sin y) \\
&= \cos x \cdot \cos y + \sin x \cdot \sin y.
\end{aligned}
$$

1.1.6 Potenzregeln und Exponentialfunktionen

Bemerkung 1.1.57 (Definition von Exponentialausdrücken)

Für $n \in \mathbb{N}$ und beliebiges a ist

$$a^n = \underbrace{a \cdot \ldots \cdot a}_{n-\text{mal}}.$$

Allgemein kann man a^x für $a > 0$ und beliebige $x \in \mathbb{R}$ definieren, z.B. als Umkehrung zur Quadrat-Funktion $\sqrt{a} = a^{0.5}$.

Allerdings macht beispielsweise $(-1)^{0.5} = \sqrt{-1}$ in den reellen Zahlen keinen Sinn; für $a < 0$ und $x \notin \mathbb{Z}$ ist a^x nicht definiert.

Für $a \geq 0$ ist $a^0 = 1$; insbesondere definiert man auch $0^0 = 1$.

139

Satz 1.1.58 (Potenzregeln)

Es gilt[1]

140

  1.a) $a^x \cdot b^x = (a \cdot b)^x$,   1.b) $\dfrac{a^x}{b^x} = \left(\dfrac{a}{b}\right)^x$,

  2.a) $a^x \cdot a^y = a^{x+y}$,   2.b) $\dfrac{a^x}{a^y} = a^{x-y}$,

  3. $(a^x)^y = a^{xy}$,   4. $a^{-x} = \dfrac{1}{a^x} = \left(\dfrac{1}{a}\right)^x$.

Beispiele 1.1.59

  1.a) $2^3 \cdot 5^3 = 2 \cdot 2 \cdot 2 \cdot 5 \cdot 5 \cdot 5 = 2 \cdot 5 \cdot 2 \cdot 5 \cdot 2 \cdot 5 = (2 \cdot 5)^3$.

  1.b) $\dfrac{2^3}{5^3} = \dfrac{2 \cdot 2 \cdot 2}{5 \cdot 5 \cdot 5} = \dfrac{2}{5} \cdot \dfrac{2}{5} \cdot \dfrac{2}{5} = \left(\dfrac{2}{5}\right)^3$.

  2.a) $4^2 \cdot 4^3 = 4 \cdot 4 \cdot 4 \cdot 4 \cdot 4 = 4^{2+3} = 4^5$.

  2.b) $\dfrac{4^5}{4^3} = \dfrac{4 \cdot 4 \cdot \cancel{4} \cdot \cancel{4} \cdot \cancel{4}}{\cancel{4} \cdot \cancel{4} \cdot \cancel{4}} = 4^{5-3} = 4^2$.

  3. $(4^3)^2 = 4^3 \cdot 4^3 = 4 \cdot 4 \cdot 4 \cdot 4 \cdot 4 \cdot 4 = 4^{3 \cdot 2}$.

  4. $3^{-2} = \dfrac{1}{3^2} = \left(\dfrac{1}{3}\right)^2$.

Bemerkungen 1.1.60 (Zusammenspiel der Potenzregeln)

1. Die Formeln aus Satz 1.1.58 sind in sich „stimmig"; beispielsweise erhält man die zweite Gleichung von 4. durch 1.b):

$$\frac{1}{a^x} = \frac{1^x}{a^x} \stackrel{1.b)}{=} \left(\frac{1}{a}\right)^x,$$

oder 2.b) aus 4. und 2.a):

$$\frac{a^x}{a^y} = a^x \cdot \frac{1}{a^y} \stackrel{4.}{=} a^x \cdot a^{-y} \stackrel{2.a)}{=} a^{x-y}.$$

---

[1] falls die Ausdrücke definiert sind, vgl. Bemerkung 1.1.57

2. Man kann Potenzen manchmal auf verschiedene Weisen umrechnen.

Beispiel 1.1.60.1

a) $3^{-2} \cdot 3^2 \overset{4.}{=} \dfrac{1}{3^2} \cdot 3^2 = 1$,

b) $3^{-2} \cdot 3^2 \overset{4.}{=} \left(\dfrac{1}{3}\right)^2 \cdot 3^2 \overset{1.a)}{=} \left(\dfrac{1}{3} \cdot 3\right)^2 = 1^2 = 1$,

c) $3^{-2} \cdot 3^2 \overset{2.a)}{=} 3^{-2+2} = 3^0 = 1$.

3. Achtung: Im Allgemeinen ist $\left(a^b\right)^c \neq a^{\left(b^c\right)}$.

Beispiel 1.1.60.2

Es ist $\left(4^2\right)^3 = 4^{2 \cdot 3} = 4^6$, aber $4^{\left(2^3\right)} = 4^8 \neq 4^6$.

Ohne Klammerung ist der rechte Ausdruck gemeint: $a^{b^c} = a^{\left(b^c\right)}$, denn den linken Ausdruck kann man immer einfacher schreiben als $a^{b \cdot c}$.

141

Definition 1.1.61 (Exponentialfunktion)

Zu einer festen Zahl $a \in \mathbb{R}^{>0}$ heißt die Funktion $f : \mathbb{R} \to \mathbb{R}$, $f(x) = a^x$ *Exponentialfunktion*.

Die Zahl a heißt *Basis*, x heißt *Exponent*. Besonders ausgezeichnet ist die e-Funktion $\exp(x) = \mathrm{e}^x$ mit der *Eulerschen Zahl*[1] $\mathrm{e} \approx 2.718282$.

Beispiel 1.1.62

Die Funktionen $f(x) = 2^x$ und $g(x) = \left(\frac{1}{2}\right)^x = \frac{1}{2^x} = 2^{-x}$ sind Exponentialfunktionen.

Bemerkungen 1.1.63 (Verlauf der Exponentialfunktionen)

1. Abb. 1.32 zeigt typische Funktionsverläufe von Exponentialfunktionen:

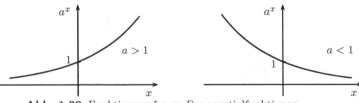

Abb. 1.32 Funktionsgrafen zu Exponentialfunktionen.

Wegen $a^0 = 1$ schneiden alle Exponentialfunktionen die y-Achse bei 1.

2. Für $a > 1$ wächst a^x für $x \to \infty$ sehr schnell; für $x \to -\infty$ nähert sich der Ausdruck sehr schnell der Null.

---

[1] zur genauen Definition s. Bemerkung 3.1.23, 1., oder Bemerkung 3.3.5, 1.

Definition 1.1.64 (hyperbolische Funktionen)

Die *hyperbolischen Funktionen* sind definiert durch

$$\sinh x \ := \ \frac{1}{2}(e^x - e^{-x}) \qquad (\textit{sinus hyperbolicus}),$$

$$\cosh x \ := \ \frac{1}{2}(e^x + e^{-x}) \qquad (\textit{cosinus hyperbolicus}).$$

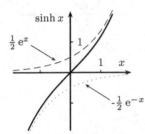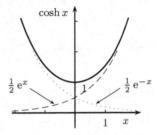

Abb. 1.33 Funktionsgrafen zu den hyperbolischen Funktionen.

Bemerkungen 1.1.65 zu den hyperbolischen Funktionen

1. Die Funktion $\cosh x$ heißt auch *Kettenlinien-Funktion*. Sie beschreibt die Form frei aufgehängter Ketten, Kabel oder Seile, s. Abb. 1.33, rechts.

2. Während bei den trigonometrischen Funktionen die Punktemenge $\{(\cos x, \sin x) | x \in \mathbb{R}\}$ einen Kreis bildet, beschreibt

$$\{(\cosh x, \sinh x) | x \in \mathbb{R}\}$$

eine Hyperbel, s. Abb. 1.34. Daher rührt der Name „hyperbolische Funktionen".

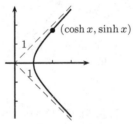

Abb. 1.34 Hyperbel.

3. Wie bei den Winkelfunktionen schreibt man auch hier $(\sinh x)^2 = \sinh^2 x$ und $(\cosh x)^2 = \cosh^2 x$.

Satz 1.1.66

Es gilt $\cosh^2 x - \sinh^2 x = 1$.

Bemerkung 1.1.67

Für die hyperbolischen Funktionen gelten noch weitere Additionstheoreme ähnlich wie bei den Winkelfunktionen (s. Satz 1.1.55).

1.1.7 Betrags-Funktion

Häufig interessiert nur der Absolutwert, nicht das Vorzeichen einer Zahl:

143

Definition 1.1.68 (Betrags-Funktion)

Die Funktion $f : \mathbb{R} \to \mathbb{R}$, $x \mapsto |x|$ mit

$$|x| = \begin{cases} x, & \text{falls } x \geq 0, \\ -x, & \text{falls } x < 0, \end{cases}$$

heißt *Betrags-Funktion*.

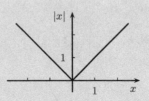

Abb. 1.35 Die Betragsfunktion.

Beispiel 1.1.69

Es ist $|3| = 3$ und $|-3| = -(-3) = 3$.

Bemerkung 1.1.70 (Betrag als Abstand)

Häufig treten Ausdrücke wie $|x - x_0| < a$ auf. Dies bedeutet, dass der Abstand von x zu x_0 (nach rechts oder links) kleiner als a sein muss.

Beispiel 1.1.70.1

Durch $|x - 2| < 1$ werden die Werte x charakterisiert, die zu 2 einen Abstand kleiner als 1 haben, also das Intervall $]1, 3[$, s. Abb. 1.36.

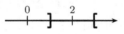

Abb. 1.36 Die Menge der x mit $|x - 2| < 1$.

Satz 1.1.71 (Eigenschaften des Betrags)

Für $x, y \in \mathbb{R}$ gilt

1. $|x \cdot y| = |x| \cdot |y|$,

2. $|x + y| \leq |x| + |y|$ (Dreiecksungleichung).

Beispiel 1.1.72

Für $x = 1$ und $y = -4$ ergibt sich

$$3 = |-3| = |1 + (-4)| \leq |1| + |-4| = 5.$$

1.2 Einige Eigenschaften von Funktionen

1.2.1 Symmetrie

Definition 1.2.1 (gerade und ungerade)

Eine Funktion f mit symmetrischer Definitionsmenge D heißt

$$\begin{matrix} gerade \\ ungerade \end{matrix} \;:\Leftrightarrow\; \text{für alle } x \in D \text{ gilt } \begin{matrix} f(-x) = f(x) \\ f(-x) = -f(x) \end{matrix}.$$

144

Bemerkung 1.2.2 (achsen-/punktsymmetrisch und (un-)gerade)

Abb. 1.37 zeigt typische Funktionsgrafen bei (un-)geraden Funktionen:

Bei einer geraden Funktion ist er achsensymmetrisch zur y-Achse.

Bei einer ungerade Funktion ist er punktsymmetrisch zum Ursprung.

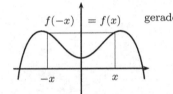 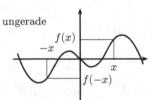

Abb. 1.37 Eine gerade und eine ungerade Funktion.

Beispiele 1.2.3

Gerade Funktionen (s. Abb. 1.38) sind

1. $f(x) = x^2$, denn $f(-x) = (-x)^2 = x^2 = f(x)$,

2. $f(x) = \cos x$, denn $\cos(-x) = \cos(x)$, s. Satz 1.1.55, 1.,

3. $f(x) = \cosh x$, denn

$$\cosh(-x) = \frac{1}{2}(e^{-x} + e^{-(-x)}) = \frac{1}{2}(e^{-x} + e^{x}) = \frac{1}{2}(e^{x} + e^{-x})$$
$$= \cosh(x),$$

4. Polynome mit nur geraden x-Potenzen, z.B. $f(x) = x^6 - 4x^4 + 3x^2 + 1$.

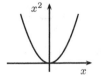

Abb. 1.38 Beispiele gerader Funktionen.

Ungerade Funktionen (s. Abb. 1.39) sind

1. $f(x) = x^3$, denn $f(-x) = (-x)^3 = -x^3 = -f(x)$,

2. $f(x) = \sin x$, denn $\sin(-x) = -\sin(x)$, s. Satz 1.1.55, 1.,

3. $f(x) = \sinh x$, denn

$$\sinh(-x) = \frac{1}{2}(\mathrm{e}^{-x} - \mathrm{e}^{-(-x)}) = \frac{1}{2}(\mathrm{e}^{-x} - \mathrm{e}^{x}) = -\frac{1}{2}(\mathrm{e}^{x} - \mathrm{e}^{-x})$$
$$= -\sinh(x),$$

4. Polynome mit nur ungeraden x-Potenzen, z.B. $f(x) = x^5 - 4x^3 + 2x$.

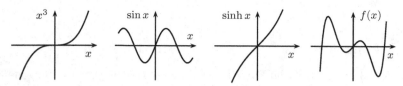

Abb. 1.39 Beispiele ungerader Funktionen.

1.2.2 Monotonie

146

Definition 1.2.4 (Monotonie)

Sei $D \subseteq \mathbb{R}$. Eine Funktion $f : D \to \mathbb{R}$ heißt

monoton fallend,		$f(x_1) \geq f(x_2)$
monoton wachsend,	:⟺ für alle $x_1, x_2 \in D$	$f(x_1) \leq f(x_2)$
streng monoton fallend,	mit $x_1 < x_2$ gilt	$f(x_1) > f(x_2)$
streng monoton wachsend,		$f(x_1) < f(x_2)$

Bemerkung 1.2.5 zur (strengen) Monotonie

Bei monotonen Funktionen sind konstante Bereich erlaubt, bei streng monotonen Funktionen nicht.

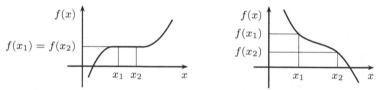

Abb. 1.40 Monoton wachsende (links) und streng monoton fallende (rechts) Funktion.

Beispiele 1.2.6

1. Die Funktion $f(x) = x^3$ ist streng monoton wachsend auf $\mathbb{R}$, s. Abb. 1.41 links.

2. Die Funktion $f(x) = x^2$ ist streng monoton fallend auf $\mathbb{R}^{\leq 0}$ und streng monoton wachsend auf $\mathbb{R}^{\geq 0}$, s. Abb. 1.41 rechts.

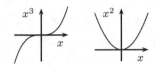

Abb. 1.41 x^3- und x^2-Funktion.

1.2.3 Umkehrbarkeit

147

Definition 1.2.7 (injektiv, surjektiv und bijektiv)

Sei $f : M \to N$ eine Funktion.

f heißt *injektiv* $\ :\Leftrightarrow\ $ für alle $x_1, x_2 \in M$ mit $x_1 \neq x_2$ gilt $f(x_1) \neq f(x_2)$.

f heißt *surjektiv* $\ :\Leftrightarrow\ $ zu jedem $y \in N$ gibt es ein $x \in M$ mit $f(x) = y$.

f heißt *bijektiv* $\ :\Leftrightarrow\ $ f ist sowohl injektiv als auch surjektiv.

Bemerkung 1.2.8 (anschauliche Beschreibung der Begriffe)

Stellt man sich die Funktion f bildlich durch Pfeile zwischen den $x \in M$ und den $f(x) \in N$ vor, so gilt

- f ist injektiv $\ \Leftrightarrow\ $ an jedem $y \in N$ kommt *höchstens* ein Pfeil an,
- f ist surjektiv $\ \Leftrightarrow\ $ an jedem $y \in N$ kommt *mindestens* ein Pfeil an,
- f ist bijektiv $\ \Leftrightarrow\ $ an jedem $y \in N$ kommt *genau* ein Pfeil an.

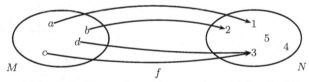

Abb. 1.42 Eine weder injektive noch surjektive Funktion.

Beispiel 1.2.8.1

Die in Abb. 1.42 dargestellte Funktion $f : M \to N$ ist

- nicht injektiv, denn bei $3 \in N$ kommen zwei Pfeile an:

  Für $c, d \in M$ ist $c \neq d$, aber $f(c) = f(d)$,

- nicht surjektiv, denn bei $4 \in N$ kommt kein Pfeil an:

  Es gibt kein $x \in M$ mit $f(x) = 4$.

148

Definition 1.2.9 (Umkehrfunktion)

Ist die Funktion $f : M \to N$ bijektiv, so heißt sie auch *umkehrbar*.

Dann heißt die Funktion $f^{-1} : N \to M$, die jedem $y \in N$ das (eindeutige) $x \in M$ mit $f(x) = y$ zuordnet, *Umkehrfunktion* zu f.

Bemerkungen 1.2.10 zur Umkehrfunktion

1. Die Bezeichnung f^{-1} ist nur ein Symbol; damit ist *nicht* $\frac{1}{f}$ gemeint!

2. Ist $f : M \to N$ injektiv, aber nicht surjektiv, so kann man den Zielbereich auf den Bildbereich $f(M)$ einschränken und erhält eine bijektive, also umkehrbare Funktion, s. Abb 1.43. Oft wird die entsprechende Umkehrfunktion auch mit f^{-1} bezeichnet.

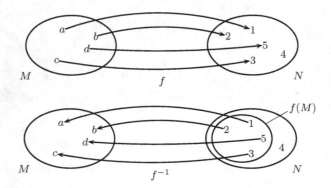

Abb. 1.43 Eine injektive Funktion f und deren Umkehrfunktion $f^{-1} : f(M) \to M$.

3. Ist die Funktion f nicht injektiv, so gibt es verschiedene x Werte mit gleichem Funktionswert, s. Abb. 1.44.

Die Funktion f ist dann nicht umkehrbar.

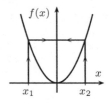

Abb. 1.44 Nicht-umkehrbare Funktion.

4. Bei einer umkehrbaren Funktion f ordnet die Umkehrfunktion f^{-1} den Funktionswerten $y = f(x)$ ihr Urbild x zu, also $f^{-1}(y) = x$. Grafisch kann man dies durch Umkehrung der Zuordnungsrichtung darstellen, s. Abb. 1.45 die beiden Bilder links.

Geht man vom üblichen Bild einer Funktion $f : \mathbb{R} \to \mathbb{R}$ aus, bei der die unabhängige Variable x nach rechts und die Funktionswerte $y = f(x)$ nach oben gezeichnet werden, so ist dann die Achse der unabhängigen Variablen

y nach oben gerichtet. Die übliche Darstellung mit der unabhängigen Variablen nach rechts gezeichnet erhält man durch Spiegelung des Grafen an der Winkelhalbierenden, s. Abb. 1.45 rechts.

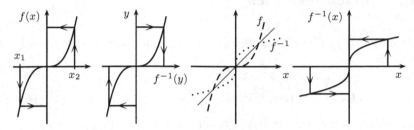

Abb. 1.45 Umkehrbare Funktion f mit Umkehrfunktion f^{-1} durch Pfeilumkehr und übliche Darstellung von f^{-1} durch Spiegelung an der Winkelhalbierenden.

5. Rechnerisch erhält man die Umkehrfunktion zur Funktion f durch Auflösen der Gleichung $y = f(x)$ nach x. Üblicherweise tauscht man anschließend die Variablenbezeichnungen x und y.

149

Beispiel 1.2.10.1

Gesucht ist die Umkehrfunktion zu $f(x) = 2x + 1$.

$$y = f(x) = 2x + 1$$
$$\Rightarrow \quad y - 1 = 2x$$
$$\Rightarrow \quad x = \frac{1}{2}y - \frac{1}{2}.$$

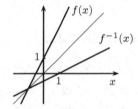

Abb. 1.46 Funktion und Umkehrfunktion.

Die Umkehrfunktion (mit dem Variablennamen x statt y) ist also

$$f^{-1}(x) = \frac{1}{2}x - \frac{1}{2}.$$

Abb. 1.46 zeigt, dass die Grafen zu f und f^{-1} an der Winkelhalbierenden gespiegelt sind.

Satz 1.2.11

Streng monotone Funktionen sind umkehrbar.

1.3 Umkehrfunktionen

1.3.1 Wurzelfunktionen

Die Funktionen $f(x) = x^n$ sind für $x \geq 0$ streng monoton wachsend und damit umkehrbar.

Definition 1.3.1 (Wurzelfunktion)

Die Umkehrfunktion zur Potenz-Funktion

$$f : \mathbb{R}^{\geq 0} \to \mathbb{R}^{\geq 0}, \; x \mapsto x^a,$$

wird mit $\sqrt[n]{x}$ bezeichnet (Wurzelfunktion).

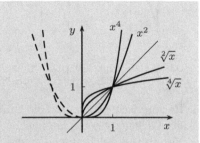

Abb. 1.47 Wurzelfunktionen.

Beispiele 1.3.2

1. Es ist $\sqrt[3]{8} = 2$, da $2^3 = 8$ gilt.

2. Will man den Wert von $a = \sqrt[4]{20}$, also der Lösung von $a^4 = 20$, abschätzen, so erhält man wegen $2^4 = 16$ und $3^4 = 81$, dass a knapp über 2 liegt.

   Tatsächlich ist $a \approx 2.11$.

Bemerkungen 1.3.3 zur Wurzelfunktion

1. Statt $\sqrt[2]{x}$ schreibt man meist $\sqrt{x}$ und nennt diese Wurzel auch Quadratwurzel.

2. Statt $\sqrt[n]{x}$ schreibt man auch $x^{\frac{1}{n}}$.

   Damit gelten auch die Potenzregeln (Satz 1.1.58).

   Beispiel 1.3.3.1

   Als Umkehrfunktion zu x^n ist $\sqrt[n]{x^n} = x$. Mit den Potenzregeln ist

   $$\sqrt[n]{x^n} \;=\; \left(x^n\right)^{\frac{1}{n}} \;=\; x^{n \cdot \frac{1}{n}} \;=\; x^1 \;=\; x.$$

3. Für negative x ist $\sqrt{x}$ nicht definiert, und durch Quadrieren und Wurzelziehen erhält man nicht x zurück:

   $$\sqrt{(-1)^2} \;=\; \sqrt{1} \;=\; 1 \;\neq\; -1.$$

   Es gilt $\sqrt{x^2} = |x|$ für alle $x \in \mathbb{R}$.

4. Bei ungeradem $n \in \mathbb{N}$ ist $\sqrt[n]{x}$ ausnahmsweise auch für $x < 0$ definiert, da die Funktion

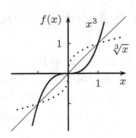

$$f : \mathbb{R} \to \mathbb{R}, \; x \mapsto x^n$$

dann auf ganz $\mathbb{R}$ streng monoton wachsend und damit umkehrbar ist, s. Abb. 1.48.

Beispiel 1.3.3.2

Es gilt $\sqrt[3]{-8} = -2$, da $(-2)^3 = -8$ ist.

Abb. 1.48 $\sqrt[3]{x}$ als Umkehrfunktion zu x^3.

5. Beim Auflösen von Wurzel-Gleichungen können sich durch das Quadrieren falsche Lösungen einschleichen.

Beispiel 1.3.3.3

Die Gleichung

$$\sqrt{2x + 3} \;=\; x$$

wird durch Quadrieren zu

$$2x + 3 \;=\; x^2 \qquad \Leftrightarrow \qquad x^2 - 2x - 3 \;=\; 0$$

mit der Lösung $x = -1$ oder $x = 3$.

Allerdings erfüllt nur $x = 3$ die ursprüngliche Gleichung.

6. Mit Hilfe der Wurzelfunktion kann man einen Halbkreis als Funktion darstellen:

Bei einem Radius R gilt nach dem Satz des Pythagoras (s. Abb. 1.49)

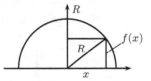

$$x^2 + f(x)^2 \;=\; R^2.$$

Abb. 1.49 Halbkreis als Funktion.

Der obere Halbkreis mit positiven Funktionswerten $f(x)$ wird also dargestellt durch

$$f(x) \;=\; \sqrt{R^2 - x^2}.$$

Speziell stellt $f(x) = \sqrt{1 - x^2}$ einen Halbkreis mit Radius 1 dar.

1.3.2 Arcus-Funktionen

Auf $\mathbb{R}$ sind die Winkelfunktionen nicht umkehrbar. Man kann sie aber auf bestimmte Intervalle einschränken, auf denen sie umkehrbar sind.

Ist allgemein $M_1 \subseteq M$ und $f : M \to N$ eine Funktion, so schreibt man $f\big|_{M_1}$ für die auf M_1 eingeschränkte Funktion: $f\big|_{M_1} : M_1 \to N$.

151

Definition 1.3.4 (Arcus-Funktionen)

Die Umkehrfunktionen der Winkelfunktionen heißen *Arcus-Funktionen*:

$$\arcsin := \left(\sin\big|_{[-\frac{\pi}{2}, \frac{\pi}{2}]}\right)^{-1} : \quad [-1, 1] \to \quad [-\tfrac{\pi}{2}, \tfrac{\pi}{2}] \quad (\textit{Arcussinus}),$$

$$\arccos := \left(\cos\big|_{[0, \pi]}\right)^{-1} : \quad [-1, 1] \to \quad [0, \pi] \quad (\textit{Arcuscosinus}),$$

$$\arctan := \left(\tan\big|_{]-\frac{\pi}{2}, \frac{\pi}{2}[}\right)^{-1} : \quad \mathbb{R} \quad \to\,]-\tfrac{\pi}{2}, \tfrac{\pi}{2}[\quad (\textit{Arcustangens}),$$

$$\mathrm{arccot} := \left(\cot\big|_{]0, \pi[}\right)^{-1} : \quad \mathbb{R} \quad \to \quad]0, \pi[\quad (\textit{Arcuscotangens}).$$

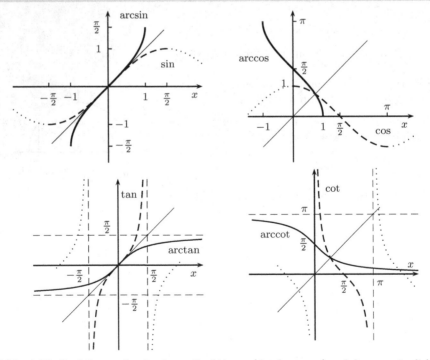

Abb. 1.50 Funktionsgrafen der Arcus-Funktionen (durchgezogen) und der ursprünglichen Funktionen (gepunktet bzw. in dem Intervall, das zur Umkehrung dient, gestrichelt).

Bemerkung 1.3.5

Sucht man zu gegebenem Wert $y \in [-1, 1]$ Lösungen x zu $y = \sin x$, so liefert der Arcus-sinus nur *eine* Lösung $x_0 = \arcsin y$.

Weitere Lösungen erhält man durch Symmetriebetrachtung, wie Abb. 1.51 verdeutlicht:

$$x_1 = \pi - x_0, \qquad x_2 = 2\pi + x_0, \qquad \dots .$$

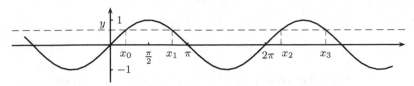

Abb. 1.51 Verschiedene Stellen mit gleichem Sinus-Wert.

1.3.3 Logarithmus

Die Exponentialfunktionen

$$f : \mathbb{R} \to \mathbb{R}^{>0}, \, f(x) = a^x,$$

zu einer Basis $a \in \mathbb{R}^{>0}$, $a \neq 1$ sind streng monoton, also umkehrbar, s. Abb. 1.52.

Die Zahl x, für die

$$a^x = c$$

gilt, heißt Logarithmus zur Basis a von c:

$$x = \log_a c.$$

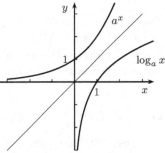

152

Abb. 1.52 Logarithmus als Umkehrfunktion der Exponentialfunktion.

Definition 1.3.6 (Logarithmus)

Die Umkehrfunktion zu $f : \mathbb{R} \to \mathbb{R}^{>0}$, $f(x) = a^x$, ($a \in \mathbb{R}^{>0}$, $a \neq 1$), wird mit $\log_a x$ bezeichnet. („Logarithmus zur Basis a von x").

Beispiele 1.3.7

1. Es ist $\log_2 8 = 3$, da $2^3 = 8$.

2. Will man den Wert von $b = \log_3 5$, also der Lösung von $3^b = 5$, abschätzen, so erhält man wegen $3^1 = 3$ und $3^2 = 9$, dass $b \in]1, 2[$ ist.

   Tatsächlich ist $b \approx 1.465$.

3. Der Wert $b = \log_3 (0.1)$ ist die Lösung zu $3^b = 0.1$.

   Wegen $3^{-2} = \frac{1}{3^2} = \frac{1}{9} \approx 0.11$ ist $b \approx -2$.

   Tatsächlich ist $b \approx -2.096$.

4. Der Ausdruck $\log_3 (-2)$ ist nicht definiert, da es kein b mit $3^b = (-2)$ gibt.

   Auch $\log_3 0$ ist nicht definiert, da es kein b mit $3^b = 0$ gibt.

Bemerkungen 1.3.8 zu den Logarithmus-Funktionen

1. Der Ausdruck $\log_a x$ ist nur für $x > 0$ definiert.

2. Für jedes a ist $a^0 = 1$, also $\log_a 1 = 0$.

3. Die Logarithmus-Funktion $\log_a x$ zu $a > 1$ wächst sehr langsam.

4. Spezielle Basen sind ausgezeichnet:

$$\ln x \; := \; \log_e x \qquad \text{(Logarithmus naturalis)},$$
$$\operatorname{ld} x \; := \; \operatorname{lb} x \; := \; \log_2 x \quad \text{(Logarithmus dualis/binärer Logarithmus)},$$
$$\lg x \; := \; \log_{10} x.$$

Der Logarithmus ohne Angabe der Basis bezieht sich je nach Zusammenhang auf den natürlichen Logarithmus (also $\log x = \ln x$, z.B. oft in Programmiersprachen) oder auf den Zehner-Logarithmus (also $\log x = \lg x$, z.B. oft bei Taschenrechnern).

153

Satz 1.3.9 (Logarithmen-Regeln)

Es gelten die folgenden Logarithmenregeln[1]:

1. $\quad \log_a(a^x) \; = \; x \qquad \text{und} \qquad a^{\log_a x} \; = \; x,$

2. $\quad \log_a(x \cdot y) \; = \; \log_a x + \log_a y,$

3. $\quad \log_a \left(\dfrac{x}{y} \right) \; = \; \log_a x - \log_a y,$

4. $\quad \log_a(x^y) \; = \; y \cdot \log_a x,$

5. $\quad \log_b x \; = \; \log_b a \cdot \log_a x \quad \text{bzw.} \quad \log_a x \; = \; \dfrac{\log_b x}{\log_b a}.$

Beispiel 1.3.10

Nach 2. ist $\ln 4 + \ln 2 = \ln(4 \cdot 2) = \ln 8$.

---

[1] falls die entsprechenden Ausdrücke definiert sind

Bemerkungen 1.3.11 zu den Logarithmen-Regeln

1. Die Regel 1. besagt, dass der Logarithmus die Umkehrfunktion zur Exponentialfunktion ist.

   Die weiteren Regeln kann man sich aus den Potenzregeln (s. Satz 1.1.58) herleiten, z.B. folgendermaßen für die zweite Regel:

   Setzt man $s = \log_a x$ und $t = \log_a y$, so gilt $a^s = x$ und $a^t = y$. Der Wert $u = \log_a(x \cdot y)$ ist der Wert, so dass $a^u = x \cdot y$ gilt. Mit der Potenzregel 1.1.58, 2.a) folgt

   $$a^u = x \cdot y = a^s \cdot a^t = a^{s+t}.$$

   Also ist $u = s + t$.

2. Die Regel 5. besagt, dass die Logarithmus-Funktionen zu verschiedenen Basen einfach nur Vielfache voneinander sind:

   $$\log_b x = c \cdot \log_a x \quad \text{mit } c = \log_b a$$

   In der Form $\log_a x = \frac{\log_b x}{\log_b a}$ kann man die Regel nutzen, um mit dem Taschenrechner Logarithmen zu Basen a zu berechnen, die nicht direkt als Funktion vorhanden sind.

   Beispiel 1.3.11.1

   Den Wert von $\log_3 5$ kann man beispielsweise mit der ln-Funktion oder durch den 10er-Logarithmus berechnen als

   $$\log_3 5 = \frac{\ln 5}{\ln 3} = \frac{\log_{10} 5}{\log_{10} 3}.$$

3. Man kann die Formeln untereinander umrechnen, z.B. erhält man 3. durch

   $$\log_a\left(\frac{x}{y}\right) = \log_a\left(x \cdot \frac{1}{y}\right)$$
   $$\overset{2.}{=} \log_a x + \log_a \frac{1}{y} = \log_a x + \log_a\left(y^{-1}\right)$$
   $$\overset{4.}{=} \log_a x + (-1) \cdot \log_a y = \log_a x - \log_a y$$

   oder 5. durch

   $$\log_b x \overset{1.}{=} \log_b\left(a^{\log_a x}\right) \overset{4.}{=} \log_a x \cdot \log_b a.$$

4. Für $\log_a(x+y)$ oder $\log_a(x-y)$ gibt es keine Formeln.

154

Bemerkung 1.3.12 (logarithmische Skalierung)

Bei der grafischen Darstellung von Zusammenhängen, die sich über mehrere Größenordnungen erstrecken, nutzt man häufig logarithmische Skalen: Statt des Funktionswerts $f(x)$ bzw. des Arguments x wird $\log_a f(x)$ bzw. $\log_a x$ dargestellt.

Beispiel 1.3.12.1

Die Funktion $f(x) = \mathrm{e}^x$ wird wegen

$$\log_a f(x) \;=\; \log_a \mathrm{e}^x \;=\; x \cdot \log_a \mathrm{e}$$

in logarithmischer Darstellung zu einer Geraden.

Im Diagramm notiert man dabei an der y-Achse in entsprechender Höhe den originalen Wert, s. Abb. 1.54.

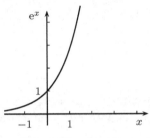

Abb. 1.53 e-Funktion.

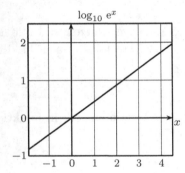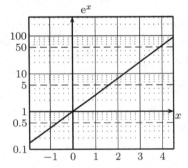

Abb. 1.54 Darstellung mit logarithmischer Skala.

Bemerkung 1.3.13 (Area-Funktionen)

Die Umkehrfunktionen zu den hyperbolischen Funktionen $\sinh x$ und $\cosh x$ nennt man *Area-Funktionen*: arsinh (Areasinus-hyperbolicus) und arcosh (Areacosinus-hyperbolicus).

Diese Funktionen kann man mit Hilfe des Logarithmus ausdrücken. Beispielsweise ist

$$\operatorname{arsinh} x \;=\; \ln(x + \sqrt{x^2 + 1}).$$

1.4 Modifikation von Funktionen

1.4.1 Verkettung

Das Hintereinander-Ausführen bzw. Ineinander-Einsetzen von Funktionen bezeichnet man als *Verkettung*.

Definition 1.4.1 (Verkettung)

Seien $f : M \to N$, $g : S \to T$ Funktionen und $N \subseteq S$.

Dann bezeichnet $g \circ f$ („g kringel f", „g nach f") die Funktion

$$g \circ f : M \to T,\ g \circ f(x) = g\big(f(x)\big)$$

(*Verkettung/ Komposition* von f und g).

155

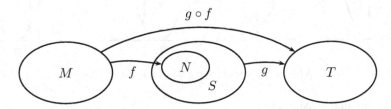

Abb. 1.55 Verkettung von Funktionen.

Bemerkung 1.4.2 zur Schreibweise

Man beachte die Reihenfolge bei der Schreibweise:

Bei der Darstellung von $g \circ f$ in Abb. 1.55 wird zunächst die Funktion f (links) und dann die Funktion g (rechts) angewendet. Das Ergebnis wird mit $g \circ f$ (und *nicht* mit $f \circ g$, s. auch Bem. 1.4.4) beschrieben.

Die Sprechweise „g nach f" für $g \circ f$ verdeutlicht die Reihenfolge.

Beispiel 1.4.3

Sei $f : \mathbb{R} \to \mathbb{R}$, $f(x) = x^2$ und $g : \mathbb{R} \to \mathbb{R}$, $g(x) = x + 1$. Dann ist

$$g \circ f(x) = g\big(f(x)\big) = g(x^2) = x^2 + 1$$

und

$$f \circ g(x) = f\big(g(x)\big) = f(x + 1) = (x + 1)^2 = x^2 + 2x + 1.$$

Bemerkung 1.4.4

An Beispiel 1.4.3 sieht man, dass im Allgemeinen $f \circ g \neq g \circ f$ ist.

1.4.2 Verschiebung

Die Verkettung einer Funktion $f : \mathbb{R} \to \mathbb{R}$ mit $x \mapsto x + a$ bewirkt eine Verschiebung des Funktionsgrafen:

156

157

- $f(x) + a$: Verschiebung des Funktionsgrafen um a nach oben,
- $f(x + a)$: Verschiebung des Funktionsgrafen um a nach links,
- $f(x - a)$: Verschiebung des Funktionsgrafen um a nach rechts.

Beispiele 1.4.5

1. Abb. 1.56 zeigt verschiedene Verschiebungen der Normalparabel.

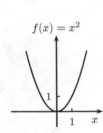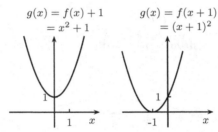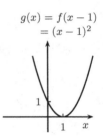

Abb. 1.56 Verschiebung von Funktionsgrafen.

2. Die Sinus- und Cosinus-Funktionen sind gegeneinander verschoben, s. Abb. 1.57:

$$\cos\left(x - \frac{\pi}{2}\right) = \sin x.$$

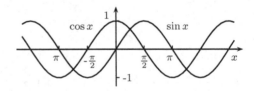

Abb. 1.57 sin- und cos-Funktion.

1.4.3 Skalierung

Die Verkettung von $f : \mathbb{R} \to \mathbb{R}$ mit $x \mapsto a \cdot x$, $a > 0$, bewirkt eine Stauchung oder Streckung des Funktionsgrafen.

158

159

- $a \cdot f(x)$: Stauchung ($a \in {]}0,1{[}$) bzw. Streckung ($a > 1$) in y-Richtung,
- $f(a \cdot x)$: Stauchung ($a > 1$) bzw. Streckung ($a \in {]}0,1{[}$) in x-Richtung.

Beispiel 1.4.6

Abb. 1.58 zeigt verschiedene Skalierungen der Sinus-Funktion.

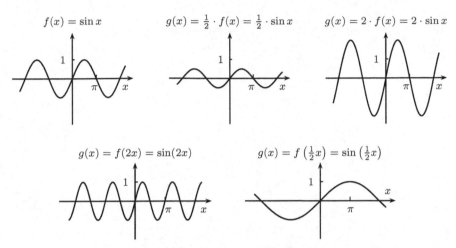

Abb. 1.58 Stauchungen und Streckungen.

1.4.4 Spiegelung

Die Verkettung von $f : \mathbb{R} \to \mathbb{R}$ mit $x \mapsto -x$ bewirkt eine Spiegelung des Funktionsgrafen.

160

- $-f(x)$: Spiegelung an der x-Achse,
- $f(-x)$: Spiegelung an der y-Achse.

161

Beispiel 1.4.7

Abb. 1.59 zeigt Spiegelungen der Exponentialfunktion.

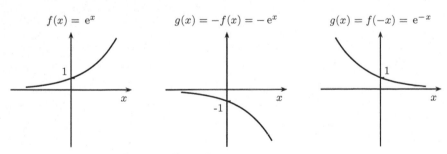

Abb. 1.59 Spiegelungen.

2 Komplexe Zahlen

Dieses Kapitel widmet sich den komplexen Zahlen. Die in den folgenden Kapiteln dargestellten Themen können damit „komplex" gelesen werden. Allerdings ist diese Sichtweise nicht unbedingt nötig; die meisten Darstellungen können auch „reell" verstanden werden.

Entsprechend des Gebrauchs in der Elektrotechnik wird die imaginäre Einheit mit „j" gekennzeichnet; in anderen Disziplinen ist die Schreibweise „i" gebräuchlich.

2.1 Grundlagen

Die Gleichung $x^2 = -1$ hat in den reellen Zahlen keine Lösung. Daher wird eine neue Zahl, die imaginäre Einheit j (oft auch als „i" geschrieben), eingeführt, die $j^2 = -1$ erfüllen soll.

Definition 2.1.1 (komplexe Zahlen)

200

Die Menge $\mathbb{C} := \{a + bj \mid a, b \in \mathbb{R}\}$ heißt Menge der *komplexen Zahlen*.

Zwei komplexe Zahlen addiert, subtrahiert und multipliziert man wie üblich mit j als Parameter unter Berücksichtigung von $j^2 = -1$.

Bemerkung 2.1.2 zur Schreibweise

Bei komplexen Zahlen wird standardmäßig der Variablen-Buchstabe z verwendet, während x meist für eine reelle Variable steht. In der Literatur wird manchmal ein Variablenname auch unterstrichen, um kenntlich zu machen, dass es sich um einen komplexen Wert handelt.

© Springer-Verlag GmbH Deutschland, ein Teil von Springer Nature 2020
G. Hoever, *Höhere Mathematik kompakt*,
https://doi.org/10.1007/978-3-662-62080-9_2

Bemerkungen 2.1.3 (Gaußsche Zahlenebene)

1. Die komplexen Zahlen kann man in der *Gaußschen Zahlenebene* darstellen (s. Abb. 2.1):

   Die Zahl $z = a + b\mathrm{j}$ zeichnet man als Punkt (a, b) oder als Pfeil (oft *Zeiger* genannt) vom Ursprung zu (a, b).

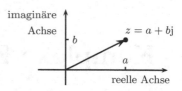

Abb. 2.1 Gaußsche Zahlenebene.

2. Die Addition komplexer Zahlen geschieht in der Gaußschen Zahlenebene durch Aneinandersetzen der Zeiger, $-z$ wird durch den am Ursprung gespiegelten Zeiger repräsentiert; entsprechend kann man $z_1 - z_2$ als $z_1 + (-z_2)$ durch Zeiger veranschaulichen (s. Abb. 2.2 links).

3. Bei der Multiplikation werden die Längen der Zeiger multipliziert und die Winkel zwischen Zeiger und reeller positiver Achse addiert (s. Abb. 2.2 rechts).

Beispiel 2.1.4

Die Summe und Differenz der komplexen Zahlen $3 + 2\mathrm{j}$ und $-1 + \mathrm{j}$ ist

$$(3 + 2\mathrm{j}) + (-1 + \mathrm{j}) \;=\; 3 + 2\mathrm{j} - 1 + \mathrm{j} \;=\; 3 - 1 + (2 + 1)\mathrm{j} \;=\; 2 + 3\mathrm{j},$$
$$(3 + 2\mathrm{j}) - (-1 + \mathrm{j}) \;=\; 3 + 2\mathrm{j} + 1 - \mathrm{j} \;=\; 3 + 1 + (2 - 1)\mathrm{j} \;=\; 4 + \mathrm{j}.$$

Die Multiplikation ergibt

$$\begin{aligned}
(3 + 2\mathrm{j}) \cdot (-1 + \mathrm{j}) &= 3 \cdot (-1 + \mathrm{j}) + 2\mathrm{j} \cdot (-1 + \mathrm{j}) \\
&= -3 + 3\mathrm{j} - 2\mathrm{j} + 2\mathrm{j}^2 \\
&= -3 + (3 - 2)\mathrm{j} + 2 \cdot (-1) \\
&= -5 + \mathrm{j}.
\end{aligned}$$

Abb. 2.2 veranschaulicht die Rechnungen in der Gaußschen Zahlenebene.

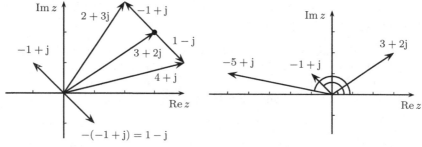

Abb. 2.2 Addition, Subtraktion und Multiplikation in der Gaußschen Zahlenebene.

Satz 2.1.5

In den komplexen Zahlen gelten bzgl. $+, -$ und $\cdot$ die gleichen Gesetze wie in den reellen Zahlen.

Definition 2.1.6 (Real-, Imaginärteil und Betrag/Länge)

205

Zu einer komplexen Zahl $z = a + bj \in \mathbb{C}$ mit $a, b \in \mathbb{R}$ heißt

- a Realteil ($\operatorname{Re} z$) und b Imaginärteil ($\operatorname{Im} z$),

- $|z| = \sqrt{a^2 + b^2}$ Betrag (oder Länge) von z.

Bemerkung 2.1.7 zum Betrag

Wie man an Abb. 2.3 sieht, entspricht der Betrag einer komplexen Zahl nach dem Satz des Pythagoras der Länge des entsprechenden Zeigers.

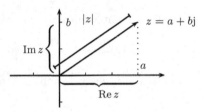

Beispiele 2.1.8

Abb. 2.3 Realteil, Imaginärteil und Betrag zu z.

1. Zu der Zahl $z = 3 + 2j$ ist

$$\operatorname{Re} z = 3, \qquad \operatorname{Im} z = 2 \qquad \text{und} \qquad |z| = \sqrt{3^2 + 2^2} = \sqrt{13}.$$

2. Man kann nachrechnen, dass sich bei der Multiplikation

$$(3 + 2j) \cdot (-1 + j) = -5 + j$$

(s. Beispiel 2.1.4) tatsächlich die Längen multiplizieren:

Mit $|3 + 2j| = \sqrt{13}$ (s. 1.) und $|-1 + j| = \sqrt{(-1)^2 + 1^2} = \sqrt{2}$ ist

$$|-5 + j| = \sqrt{(-5)^2 + 1^2} = \sqrt{26}$$
$$= \sqrt{13} \cdot \sqrt{2} = |3 + 2j| \cdot |-1 + j|.$$

Im folgenden Satz 2.1.9 wird dies auch allgemein festgehalten.

Satz 2.1.9 (Eigenschaften des Betrags)

Für $z_1, z_2 \in \mathbb{C}$ gilt

1. $|z_1 \cdot z_2| = |z_1| \cdot |z_2|$,

2. $|z_1 + z_2| \leq |z_1| + |z_2|$ (Dreiecksungleichung).

Bemerkungen 2.1.10 zu den Eigenschaften des Betrags

1. Die Eigenschaften des Betrags bei komplexen Zahlen sind identisch mit denen bei reellen Zahlen, s. Satz 1.1.71.

2. Der Name „Dreiecksungleichung" zur Ungleichung von Satz 2.1.9, 2., wird in der Gaußschen Zahlenebene plausibel, wie Abb. 2.4
zeigt:

   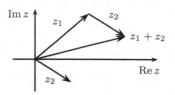

   Die Länge des Zeigers zu $z_1 + z_2$ ist kleiner
   oder gleich der Summe der Länge der Zeiger
   zu z_1 und z_2.

   Abb. 2.4 Dreiecksungleichung.

206

Definition 2.1.11 (konjugiert komplexe Zahl)

Zu einer komplexen Zahl $z = a + bj \in \mathbb{C}$ mit $a, b \in \mathbb{R}$ heißt

$$z^* := a - bj$$

die zu z *konjugiert* komplexe Zahl.

Bemerkungen 2.1.12 zur konjugiert komplexen Zahl

1. Die konjugiert komplexe Zahl z^* erhält man
in der Gaußschen Zahlenebene durch Spiegelung von z an der reellen Achse (s. Abb. 2.5).
Sie besitzt also den entsprechend negativen
Winkel bzgl. der reellen Achse.

   Beispiel 2.1.12.1

   Zu der Zahl $z = 3 + 2j$ ist

   $$z^* = 3 - 2j.$$

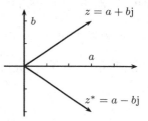

Abb. 2.5 Konjugiert komplexe
Zahl.

2. Die zu z konjugiert komplexe Zahl wird in der Literatur manchmal auch
mit $\bar{z}$ bezeichnet.

Satz 2.1.13 (Rechenregeln für konjugiert komplexe Zahlen)

Für $z, z_1, z_2 \in \mathbb{C}$ gilt

1. $|z| = |z^*|$,
2. $z \cdot z^* = |z|^2$,
3. $z + z^* = 2 \cdot \operatorname{Re} z$ und $z - z^* = 2j \cdot \operatorname{Im} z$,
4. $(z_1 \pm z_2)^* = z_1^* \pm z_2^*$ und $(z_1 \cdot z_2)^* = z_1^* \cdot z_2^*$.

Bemerkungen 2.1.14 zu den Rechenregeln für konjugiert komplexe Zahlen

1. Dass $|z| = |z^*|$ gilt, sieht man auch an Abb. 2.5.

2. Die Beziehung $z \cdot z^* = |z|^2$ ergibt sich rechnerisch für $z = a + b\mathrm{j}$ wegen

$$z \cdot z^* = (a + b\mathrm{j}) \cdot (a - b\mathrm{j}) \overset{\substack{\text{3. binomische} \\ =}}{\underset{\text{Formel}}{}} a^2 - (b\mathrm{j})^2 = a^2 - b^2\mathrm{j}^2$$

$$= a^2 - b^2 \cdot (-1)$$

$$= a^2 + b^2 = |z|^2.$$

Da z und z^* zueinander gespiegelte Winkel haben, ist $z \cdot z^* = |z|^2$ auch mit Bemerkung 2.1.3, 3., klar.

Die beiden Beziehungen von Satz 2.1.13, 3., lassen sich ähnlich nachrechnen, sind aber auch in der Gaußschen Zahlenebene plausibel (s. Abb. 2.6).

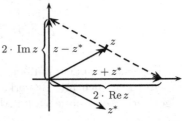

Abb. 2.6 Addition und Subtraktion von z und z^*.

Mit Hilfe der konjugiert komplexen Zahl kann man nun auch die Division von komplexen Zahlen durchführen:

Satz 2.1.15 (Division durch komplexe Zahlen)

Für $z \neq 0$ ist $\dfrac{1}{z} = \dfrac{z^*}{|z|^2}$.

207

Bemerkungen 2.1.16 zur Division durch komplexe Zahlen

1. Satz 2.1.15 erhält man durch Erweiterung mit der konjugiert komplexen Zahl z^* unter Ausnutzung von $z \cdot z^* = |z|^2$ (s. Satz 2.1.13, 2.):

$$\frac{1}{z} = \frac{z^*}{z \cdot z^*} = \frac{z^*}{|z|^2}.$$

Merkregel:

> *Man dividiert durch eine komplexe Zahl, indem man*
> *mit der konjugiert komplexen Zahl erweitert.*

Beispiel 2.1.16.1

Es ist (vgl. Abb. 2.7)

$$\frac{1}{2 + \mathrm{j}} = \frac{2 - \mathrm{j}}{(2 + \mathrm{j})(2 - \mathrm{j})} = \frac{2 - \mathrm{j}}{2^2 + 1^2} = \frac{2 - \mathrm{j}}{5} = \frac{2}{5} - \frac{1}{5}\mathrm{j}.$$

Mit der Merkregel kann man auch den Bruch zweier komplexer Zahlen berechnen.

Beispiel 2.1.16.2

Durch Erweitern mit $(1 - 2\mathrm{j})^* = 1 + 2\mathrm{j}$ erhält man

$$\begin{aligned}
\frac{1+\mathrm{j}}{1-2\mathrm{j}} &= \frac{(1+\mathrm{j})(1+2\mathrm{j})}{(1-2\mathrm{j})(1+2\mathrm{j})} \\
&= \frac{1+2\mathrm{j}+\mathrm{j}-2}{1^2+2^2} = \frac{-1+3\mathrm{j}}{5} = -\frac{1}{5}+\frac{3}{5}\mathrm{j}.
\end{aligned}$$

208

2. Die Lage von $\frac{1}{z}$ in der Gaußschen Zahlenebene kann man sich mit Bemerkung 2.1.3, 3.,
folgendermaßen überlegen (s. Abb. 2.7):

Die Multiplikation von $\frac{1}{z}$ mit z ergibt 1, also den Winkel 0 zur reellen positiven Ach-
se. Der Winkel des Zeigers zu $\frac{1}{z}$ muss also
zu dem von z gespiegelt sein, und somit dem
von z^* entsprechen. Die Längen müssen mul-
tipliziert 1 ergeben, also $\left|\frac{1}{z}\right| = \frac{1}{|z|}$ (vgl. auch
Satz 2.1.17).

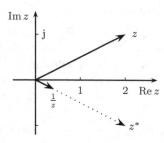

Abb. 2.7 Kehrwert einer komplexen Zahl.

Satz 2.1.17

Für $z_1, z_2 \in \mathbb{C}$, $z_2 \neq 0$, gilt $\left|\dfrac{z_1}{z_2}\right| = \dfrac{|z_1|}{|z_2|}$ und $\left(\dfrac{z_1}{z_2}\right)^* = \dfrac{z_1^*}{z_2^*}$.

Bemerkung 2.1.18

Auf $\mathbb{C}$ gibt es keine größer- oder kleiner-Relationen. Aussagen wie „$\mathrm{j} < 1$"
sind sinnlos.

2.2 Eigenschaften

209

Satz 2.2.1 („Wurzeln" aus komplexen Zahlen)

Für jedes $w \in \mathbb{C}$ gibt es ein $z \in \mathbb{C}$ mit $z^2 = w$.

Bemerkungen 2.2.2 zu „Wurzeln" aus komplexen Zahlen

1. Grafisch erhält man ein solches z mit $z^2 = w$ durch Halbierung des Winkels und Wurzel-Nehmen des Betrags.

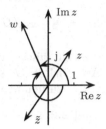

210

Mit z gilt dann auch für $\tilde{z} = -z$, dass $\tilde{z}^2 = (-z)^2 = z^2 = w$ ist. Man erhält $-z$ auch, indem man den Winkel zu w in negativer Richtung (im Uhrzeigersinn) betrachtet und halbiert.

Abb. 2.8 Lösungen zu $z^2 = w$.

Beispiel 2.2.2.1

Zu $w = -2$ gilt für

$$z = \sqrt{2} \cdot \mathrm{j} \quad \text{und}$$
$$\tilde{z} = -z = -\sqrt{2} \cdot \mathrm{j},$$

dass $z^2 = \tilde{z}^2 = w$ ist.

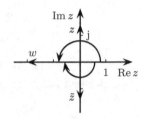

Abb. 2.9 Lösungen zu $z^2 = -2$.

Beispiel 2.2.2.2

Zu $z^2 = \mathrm{j}$ erhält man eine Lösung in diagonaler Richtung mit Länge 1, also $z = \frac{1}{\sqrt{2}} + \frac{1}{\sqrt{2}}\mathrm{j}$. Tatsächlich ist

$$
\begin{aligned}
z^2 &= \left(\frac{1}{\sqrt{2}} + \frac{1}{\sqrt{2}}\mathrm{j}\right)^2 \\
&= \left(\frac{1}{\sqrt{2}}\right)^2 + 2 \cdot \frac{1}{\sqrt{2}} \cdot \frac{1}{\sqrt{2}}\mathrm{j} + \left(\frac{1}{\sqrt{2}}\mathrm{j}\right)^2 \\
&= \tfrac{1}{2} + 2 \cdot \tfrac{1}{2}\mathrm{j} + \tfrac{1}{2}\mathrm{j}^2 \\
&= \tfrac{1}{2} + \mathrm{j} - \tfrac{1}{2} = \mathrm{j}.
\end{aligned}
$$

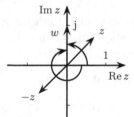

Damit gilt auch $(-z)^2 = z^2 = \mathrm{j}$.

Abb. 2.10 Lösungen zu $z^2 = \mathrm{j}$.

2. Da man nicht festlegen will, welche der beiden Lösungen zu $z^2 = w$ als Wurzel aus w gemeint sein soll, ist die $\sqrt{}$-Funktion weiterhin nur für reelle Zahlen $x \geq 0$ definiert.

Umgangssprachlich sagt man oft „$\mathrm{j} = \sqrt{-1}$", aber genauso könnte man $\sqrt{-1} = -\mathrm{j}$ sagen. Ein zu unbekümmerter Umgang mit Wurzeln aus negativen Zahlen kann zu Fehlschlüssen führen, z.B.

$$-1 = \mathrm{j} \cdot \mathrm{j} = \sqrt{-1} \cdot \sqrt{-1} = \sqrt{(-1) \cdot (-1)} = \sqrt{1} = 1.$$

3. Die „Wurzel" aus negativen oder komplexen Zahlen kommt bei der üblichen Anwendung der p-q-Formel (Satz 1.1.15) zur Lösung quadratischer Gleichungen $x^2 + px + q = 0$ vor.

211

Die Lösungsformel

$$x = -\frac{p}{2} \pm \sqrt{D} \quad \text{mit} \quad D = \left(\frac{p}{2}\right)^2 - q,$$

ist weiterhin gültig (auch bei komplexen Koeffizienten p und q), wenn man den Ausdruck $\pm\sqrt{D}$ so interpretiert, dass hier beide Lösungen (z und $-z$) zu $z^2 = D$ zu nehmen sind.

Beispiel 2.2.2.3

Die Gleichung $x^2 + 2x + 3 = 0$ hat nach der p-q-Formel die Lösungen

$$x = -\frac{2}{2} \pm \sqrt{\left(\frac{2}{2}\right)^2 - 3} = -1 \pm \sqrt{-2}.$$

Mit $\pm\sqrt{-2}$ sind die beiden Lösungen zu $z^2 = -2$, also $z = \pm\sqrt{2}\,\mathrm{j}$ gemeint (vgl. Beispiel 2.2.2.1), also

$$x = -1 \pm \sqrt{2}\,\mathrm{j}.$$

Man erhält also das richtige Ergebnis, wenn man (mathematisch nicht ganz sauber) rechnet

$$\pm\sqrt{-2} = \pm\sqrt{2 \cdot (-1)} = \pm\sqrt{2} \cdot \sqrt{-1} = \pm\sqrt{2}\,\mathrm{j}.$$

Die p-q-Formel gilt auch für komplexe Koeffizienten p und q. Dann ist D gegebenenfalls komplex; $\pm\sqrt{D}$ sind dann weiter die beiden Lösungen (z und $-z$) zu $z^2 = D$.

Beispiel 2.2.2.4

Die Gleichung $z^2 - 2\mathrm{j}z + (-1 - \mathrm{j}) = 0$ hat die Lösungen

$$z = -\frac{-2\mathrm{j}}{2} \pm \sqrt{\left(\frac{2\mathrm{j}}{2}\right)^2 - (-1 - \mathrm{j})} = \mathrm{j} \pm \sqrt{-1 + 1 + \mathrm{j}} = \mathrm{j} \pm \sqrt{\mathrm{j}}.$$

Nach Beispiel 2.2.2.2, sind $\pm\left(\frac{1}{\sqrt{2}} + \frac{1}{\sqrt{2}}\mathrm{j}\right)$ die beiden Lösungen, die quadriert j ergeben. Also ist weiter

$$z = \mathrm{j} \pm \left(\frac{1}{\sqrt{2}} + \frac{1}{\sqrt{2}}\mathrm{j}\right).$$

Die beiden Lösungen der quadratischen Gleichung sind also

$$z = \frac{1}{\sqrt{2}} + \left(1 + \frac{1}{\sqrt{2}}\right)\mathrm{j} \quad \text{und} \quad z = -\frac{1}{\sqrt{2}} + \left(1 - \frac{1}{\sqrt{2}}\right)\mathrm{j}.$$

Satz 2.2.3 (Fundamentalsatz der Algebra)

In $\mathbb{C}$ besitzt jedes Polynom $p(z) = a_n z^n + a_{n-1} z^{n-1} + \cdots + a_1 z + a_0$ mit $a_n \neq 0$ genau n Nullstellen (inklusive Vielfachheit) $z_1, z_2, \ldots, z_n$.

Es gilt dann $p(z) = a_n(z - z_1)(z - z_2) \cdot \ldots \cdot (z - z_n)$.

212

Man sagt auch: In $\mathbb{C}$ kann man jedes Polynom in Linearfaktoren zerlegen.

Beispiele 2.2.4

1. Das Polynom $p(z) = z^2 + 1$ besitzt die Nullstellen $\pm j$. Es ist

$$p(z) \;=\; z^2 + 1 \;=\; (z - j)(z + j).$$

2. Das Polynom $p(z) = z^3 + z^2 + z - 3$ besitzt $z = 1$ als Nullstelle. Eine Polynomdivision oder Anwendung des Horner-Schemas bringt

$$p(z) \;=\; (z - 1)(z^2 + 2z + 3).$$

Die Nullstellen von $z^2 + 2z + 3$ sind nach Beispiel 2.2.2.3 $z = -1 \pm \sqrt{2}j$. Damit ist

$$p(z) = (z - 1)\big(z - (-1 + \sqrt{2}j)\big)\big(z - (-1 - \sqrt{2}j)\big).$$

Satz 2.2.5

Ist $p(z)$ ein Polynom mit reellen Koeffizienten, so gilt:

1. Für alle $z \in \mathbb{C}$ ist $p(z^*) = \big(p(z)\big)^*$.

213

2. Ist z_0 eine Nullstelle von p, so ist auch $z_0{}^*$ Nullstelle von p.

214

Bemerkungen 2.2.6 zu Satz 2.2.5

1. Das folgende Beispiel verdeutlicht, warum bei Polynomen mit reellen Koeffizienten $p(z^*) = \big(p(z)\big)^*$ gilt:

Beispiel 2.2.6.1

Sei $p(z) = z^3 - 2z + 4$.

Mehrfache Anwendung von Satz 2.1.13, 4., ergibt $(z^*)^3 = (z^3)^*$ und damit

$$p(z^*) \;=\; (z^*)^3 - 2z^* + 4 \;=\; (z^3)^* - 2z^* + 4.$$

Für reelle Zahlen $a \in \mathbb{R}$ gilt $a^* = a$, so dass man die reellen Koeffizienten auch konjugiert komplex schreiben kann. Entsprechend Satz 2.1.13, 4., kann man dann die komplexe Konjugation auf den gesamten Ausdruck beziehen:

$$p(z^*) \;=\; (z^3)^* - 2^* z^* + 4^* \;=\; \left(z^3 - 2z + 4\right)^* \;=\; \left(p(z)\right)^*.$$

2. Die zweite Aussage von Satz 2.2.5 folgt direkt aus der ersten: Ist z_0 eine Nullstelle von p, so gilt $p(z_0{}^*) = (p(z_0))^* = 0^* = 0$.

3. Ist $z_0 \notin \mathbb{R}$, so führt die Zusammenfassung der Linearfaktoren $(z - z_0)$ und $(z - z_0{}^*)$ zu einem reellen quadratischen Polynom:

$$\begin{aligned}
(z - z_0) \cdot (z - z_0{}^*) \;&=\; z^2 - (z_0 + z_0{}^*) \cdot z + z_0 \cdot z_0{}^* \\
&=\; z^2 - 2 \cdot \operatorname{Re}(z_0) \cdot z + |z_0|^2.
\end{aligned}$$

Dieses quadratische Polynom ist in den reellen Zahlen nullstellenfrei.

Beispiel 2.2.6.2

Das Polynom $p(z) = z^4 + 1$ besitzt als Nullstellen die Lösungen zu $z^4 = -1$, also zu $z^2 = \pm j$:

$$z_{1/2} \;=\; \tfrac{1}{\sqrt{2}} \pm \tfrac{1}{\sqrt{2}} j,$$

$$z_{3/4} \;=\; -\tfrac{1}{\sqrt{2}} \pm \tfrac{1}{\sqrt{2}} j.$$

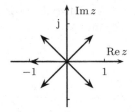

Abb. 2.11 Die Lösungen von $z^4 = -1$.

Nach Satz 2.2.3 ist damit

$$z^4 + 1 \;=\; (z - z_1)(z - z_2)(z - z_3)(z - z_4).$$

Die Zusammenfassung der Linearfaktoren zu den zueinander konjugiert komplexen Nullstellen z_1 und z_2 führt nach Bemerkung 2.2.6, 3., zu

$$\begin{aligned}
(z - z_1)(z - z_2) \;&=\; z^2 - 2 \cdot \operatorname{Re}(z_1) \cdot z + |z_1|^2 \\
&=\; z^2 - 2 \cdot \tfrac{1}{\sqrt{2}} \cdot z + 1 \;=\; z^2 - \sqrt{2} \cdot z + 1,
\end{aligned}$$

und die zu z_3 und z_4 entsprechend zu

$$(z - z_3)(z - z_4) \;=\; z^2 - 2 \cdot \operatorname{Re}(z_3) \cdot z + |z_3|^2 \;=\; z^2 + \sqrt{2} \cdot z + 1.$$

Damit erhält man (vgl. Beispiel 1.1.39)

$$p(z) \;=\; z^4 + 1 \;=\; \left(z^2 - \sqrt{2} z + 1\right) \cdot \left(z^2 + \sqrt{2} z + 1\right).$$

2.3 Polardarstellung

Die Exponentialfunktion $x \mapsto e^x$ kann man in natürlicher Weise auf komplexe Werte erweitern (s. Bemerkung 3.1.23 und Bemerkung 3.3.5, 1.) und so e^z für $z \in \mathbb{C}$ definieren. Es gilt dann weiterhin $e^{z_1 + z_2} = e^{z_1} \cdot e^{z_2}$. Insbesondere gilt also für $a, b \in \mathbb{R}$: $e^{a+jb} = e^a \cdot e^{jb}$; dabei ist e^a durch die reelle Exponentialfunktion bekannt. Der folgende Satz 2.3.1 klärt die Bedeutung von e^{jb}.

Satz 2.3.1 (Euler-Formel)

Es gilt   215

$$e^{jx} = \cos x + j \sin x \quad \text{und} \quad e^{-jx} = \cos x - j \sin x.$$

Bemerkungen 2.3.2 zur Euler-Formel

1. Die komplexe Zahl $e^{jx} = \cos x + j \sin x$ zu $x \in \mathbb{R}$ liegt also in der Gaußschen Zahlenebene auf dem Einheitskreis im Winkel x zur reellen positiven Achse, s. Abb. 2.12. Insbesondere gilt $|e^{jx}| = 1$ für jedes $x \in \mathbb{R}$.

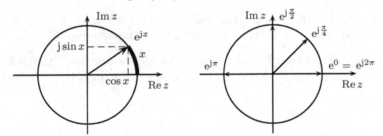

Abb. 2.12 Die komplexe Exponentialfunktion in der Gaußschen Zahlenebene.

Beispiele 2.3.2.1

Es ist

$$
\begin{aligned}
e^0 &= e^{j \cdot 0} & &= \cos 0 + j \sin 0 &= 1, \\
e^{j\frac{\pi}{4}} &= \cos \tfrac{\pi}{4} + j \sin \tfrac{\pi}{4} & &= \tfrac{1}{\sqrt{2}} + j \cdot \tfrac{1}{\sqrt{2}}, \\
e^{j\frac{\pi}{2}} &= \cos \tfrac{\pi}{2} + j \sin \tfrac{\pi}{2} & &= 0 + j \cdot 1 &= j, \\
e^{j\pi} &= \cos \pi + j \sin \pi & &= -1 + j \cdot 0 &= -1, \\
e^{j2\pi} &= \cos(2\pi) + j \sin(2\pi) & &= 1 + j \cdot 0 &= 1.
\end{aligned}
$$

2. Eigentlich heißt nur die erste Formel ($e^{jx} = \cos x + j \sin x$) *Euler-Formel*

3. Die zweite Gleichung folgt direkt aus der Euler-Formel wegen

$$
\begin{aligned}
e^{-jx} = e^{j(-x)} &= \cos x + j \sin(-x) \\
&= \cos x + j(-\sin x) = \cos x - j \sin x.
\end{aligned}
$$

Bemerkung 2.3.3

Jedes $z \in \mathbb{C}$ ist eindeutig beschrieben durch den Abstand r zu 0 und den Winkel φ zur reellen Achse, s. Abb. 2.13.

Es besitzt also die Darstellung

$$
\begin{aligned}
z &= r \cdot e^{j\varphi} \\
&= r \cdot (\cos \varphi + j \cdot \sin \varphi) \\
&= r \cdot \cos \varphi + j \cdot r \cdot \sin \varphi.
\end{aligned}
$$

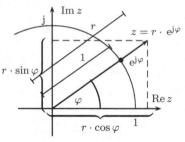

Abb. 2.13 Polardarstellung.

Satz 2.3.4 (Polardarstellung)

Zu jeder komplexen Zahl $z \in \mathbb{C}$ gibt es eine *Polardarstellung*

$$
z = r \cdot e^{j\varphi} \quad \text{mit } r \in \mathbb{R}^{\geq 0} \text{ und } \varphi \in \mathbb{R}.
$$

Bemerkungen 2.3.5 zur Polardarstellung

1. Manchmal nennt man die Darstellung $z = r \cdot e^{j\varphi}$ auch *Exponentialdarstellung* und nur $z = r \cdot \cos \varphi + j \cdot r \cdot \sin \varphi$ Polardarstellung.

2. Der Winkel φ in der Polardarstellung ist nicht eindeutig: Statt φ kann man auch $\varphi \pm 2\pi$, $\varphi \pm 4\pi$ u.s.w. nehmen. Dies sieht man beispielsweise auch an

$$
e^{j(\varphi+2\pi)} = e^{j\varphi+j\cdot 2\pi} = e^{j\varphi} \cdot e^{j\cdot 2\pi} = e^{j\varphi} \cdot 1 = e^{j\varphi}.
$$

Bemerkung 2.3.6 (Bestimmung von r und φ)

Ist $z = a + bj$ mit $a, b \in \mathbb{R}$ gegeben, so ist

$$
r = |z| = \sqrt{a^2 + b^2}.
$$

Den Winkel φ kann man mit Hilfe des Arcustangens berechnen.

Dabei ist zu beachten, dass der Arcustangens nur den Tangens im Intervall $]-\frac{\pi}{2}, \frac{\pi}{2}[$ umkehrt. Es gilt (vgl. Abb. 2.14)

$$
\text{für } a > 0: \quad \varphi = \arctan \frac{b}{a}
$$

$$
\text{für } a < 0: \quad \varphi = \pi + \arctan \frac{b}{a}
$$

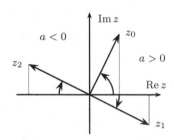

Abb. 2.14 Bestimmung von φ.

$$
\text{für } a = 0: \text{ falls } b > 0: \ \varphi = \frac{\pi}{2} \quad \text{und} \quad \text{falls } b < 0: \ \varphi = -\frac{\pi}{2}.
$$

Beispiel 2.3.6.1

Zu $z_1 = 2 - \mathrm{j}$ ist

$$\varphi = \arctan\frac{-1}{2} = \arctan(-0.5) \approx -0.46.$$

Zu $z_2 = -2 + \mathrm{j}$ ist

$$\varphi = \pi + \arctan\frac{1}{-2} = \pi + \arctan(-0.5) \approx 3.14 - 0.46 = 2.68.$$

(Zur Lage von z_1 und z_2 vgl. Abb. 2.14.)

Bemerkung 2.3.7

Mittels der Polardarstellung wird die geometrische Interpretation einiger Rechenoperationen klarer:

218

1. Bei der Multiplikation komplexer Zahlen werden die Beträge multipliziert und die Winkel addiert (vgl. Bemerkung 2.1.3, 3.):

   Für $z_1 = r_1 \cdot \mathrm{e}^{\mathrm{j}\varphi_1}$ und $z_2 = r_2 \cdot \mathrm{e}^{\mathrm{j}\varphi_2}$ gilt:

   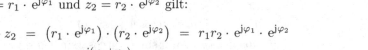

   219

   $$z_1 \cdot z_2 = \left(r_1 \cdot \mathrm{e}^{\mathrm{j}\varphi_1}\right) \cdot \left(r_2 \cdot \mathrm{e}^{\mathrm{j}\varphi_2}\right) = r_1 r_2 \cdot \mathrm{e}^{\mathrm{j}\varphi_1} \cdot \mathrm{e}^{\mathrm{j}\varphi_2}$$
   $$= r_1 r_2 \cdot \mathrm{e}^{\mathrm{j}(\varphi_1 + \varphi_2)}.$$

2. Die konjugiert komplexe Zahl erhält man durch Spiegelung des Winkels (vgl. Bemerkung 2.1.12):

   $$\left(r \cdot \mathrm{e}^{\mathrm{j}\varphi}\right)^* = \left(r(\cos\varphi + \mathrm{j}\sin\varphi)\right)^*$$
   $$= \left(r\cos\varphi + \mathrm{j}\cdot r\sin\varphi\right)^*$$
   $$= r\cos\varphi - \mathrm{j}\cdot r\sin\varphi$$
   $$= r\cdot \mathrm{e}^{-\mathrm{j}\varphi}.$$

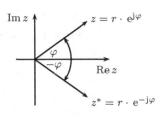

Abb. 2.15 Konjugiert komplexe Zahl in Polardarstellung.

3. Der Winkel des Zeigers zu $\frac{1}{z}$ ist zu dem von z gespiegelt, und für die Beträge gilt $\left|\frac{1}{z}\right| = \frac{1}{|z|}$ (vgl. Bemerkung 2.1.16, 2.):

   Für $z = r \cdot \mathrm{e}^{\mathrm{j}\varphi}$ gilt:

   $$\frac{1}{z} = \frac{1}{r\cdot \mathrm{e}^{\mathrm{j}\varphi}} = \frac{1}{r}\cdot \mathrm{e}^{-\mathrm{j}\varphi}.$$

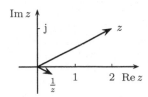

220

Abb. 2.16 Kehrwert einer komplexen Zahl.

221

4. Lösungen zu $z^2 = w$ erhält man durch Halbierung des Winkels und Wurzel-Nehmen des Betrags (vgl. Bemerkung 2.2.2, 1.):

Für $w = r \cdot e^{j\varphi}$ und $z = \sqrt{r} \cdot e^{j\frac{\varphi}{2}}$ gilt

$$z^2 = \left(\sqrt{r} \cdot e^{j\frac{\varphi}{2}}\right)^2 = \sqrt{r}^2 \cdot \left(e^{j\frac{\varphi}{2}}\right)^2$$
$$= r \cdot e^{j\frac{\varphi}{2} \cdot 2} = r \cdot e^{j\varphi} = w.$$

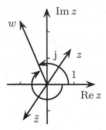

Abb. 2.17 Lösungen zu $z^2 = w$.

222

Bemerkung 2.3.8

Die Euler-Formel (Satz 2.3.1) erlaubt die Herleitung der Additionstheoreme (s. Satz 1.1.55, 3.):

Einerseits gilt

$$e^{j(x+y)} = \cos(x+y) + j\sin(x+y).$$

Andererseits ist

$$e^{j(x+y)} = e^{jx+jy} = e^{jx} \cdot e^{jy}$$
$$= (\cos x + j\sin x) \cdot (\cos y + j\sin y)$$
$$= \cos x \cos y - \sin x \sin y + j(\cos x \sin y + \sin x \cos y).$$

Der Vergleich von Real- und Imaginärteil liefert

$$\cos(x+y) = \cos x \cos y - \sin x \sin y$$
$$\text{und} \quad \sin(x+y) = \cos x \sin y + \sin x \cos y.$$

3 Folgen und Reihen

Folgen und deren Grenzwerte sind fundamental für das Verständnis von Funktionsgrenzwerten und Ableitungen.

Reihen und Potenzreihen sind spezielle Folgen, mit denen die trigonometrischen Funktionen und die Funktion $f(x) = e^x$ nochmal auf eine solide Basis gestellt werden können. Die weiteren Kapitel sind davon weitestgehend unabhängig, auch wenn die Potenzreihen-Darstellungen an der ein oder anderen Stelle hilfreich sind.

Die vorkommenden Variablen und Sachverhalte können – falls nichts anderes erwähnt ist – in den komplexen Zahlen $\mathbb{C}$ aufgefasst werden. Es reicht aber auch ein Verständnis allein innerhalb der reellen Zahlen $\mathbb{R}$.

3.1 Folgen

Beispiel 3.1.1

Herr Meyer bringt ein Guthaben G zur Bank, das dort mit dem Zinssatz p verzinst wird. Sein Guthaben wächst nach

300

$$\text{einem Jahr auf } G_1 = (1+p) \cdot G,$$
$$\text{zwei Jahren auf } G_2 = (1+p) \cdot G_1$$
$$= (1+p) \cdot (1+p) \cdot G = (1+p)^2 \cdot G,$$
$$\text{drei Jahren auf } G_3 = (1+p) \cdot G_2$$
$$= (1+p) \cdot (1+p)^2 \cdot G = (1+p)^3 \cdot G,$$
$$\ldots$$
$$\text{allgemein: } G_n = (1+p) \cdot G_{n-1} = (1+p)^n \cdot G.$$

Durch $G_1, G_2, G_3, \ldots$ erhält man eine *Folge*.

Die Definition der Folgenglieder mittels Rückgriff auf den vorherigen Wert $(G_n = (1+p) \cdot G_{n-1}, G_1 = (1+p) \cdot G)$ nennt man *rekursive* Definition.

© Springer-Verlag GmbH Deutschland, ein Teil von Springer Nature 2020
G. Hoever, *Höhere Mathematik kompakt*,
https://doi.org/10.1007/978-3-662-62080-9_3

Definition 3.1.2 (Folge)

Eine Abbildung, die jeder natürlichen Zahl n einen Wert a_n zuordnet, heißt *Folge*, Schreibweise: $(a_n)_{n \in \mathbb{N}}$.

Bemerkungen 3.1.3 zur Definition einer Folge

1. Die einzelnen Werte a_n nennt man *Folgenglieder*

2. Der Definitions- bzw. Indexbereich kann statt $\mathbb{N}$ auch $\mathbb{N}_0$, also mit einem Folgenglied a_0, oder ähnlich sein. Im Beispiel 3.1.1 ist $G_0 = G$ sinnvoll, so dass man eine Folge G_0, G_1, G_2, ... erhält.

3. Sind alle $a_n \in \mathbb{R}$, so spricht man von einer *reellen Folge*.

4. Eine Folge kann man als Funktionsgraf oder als Werte auf der Zahlengerade darstellen.

Beispiel 3.1.3.1

Abb. 3.1 zeigt die Folge $(\frac{1}{n})_{n \in \mathbb{N}}$ mit den Folgegliedern $\frac{1}{n}$ einerseits als Funktionsgraf $\mathbb{N} \to \mathbb{R}$ (links) und andererseits als Werte auf der Zahlengeraden, die man als Funktionswert-Achse nach oben orientieren kann (Mitte) oder üblicherweise nach rechts orientiert (rechts).

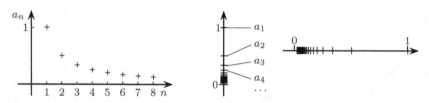

Abb. 3.1 Verschiedene Darstellungen einer reellen Folge.

301

Definition 3.1.4 (Monotonie und Beschränktheit)

1. Eine reelle Folge $(a_n)_{n \in \mathbb{N}}$ heißt

$$
\begin{array}{lll}
\textit{monoton fallend,} & & a_n \geq a_{n+1} \\
\textit{monoton wachsend,} & :\Leftrightarrow \text{ für alle } n \in \mathbb{N} \text{ ist} & a_n \leq a_{n+1} \\
\textit{streng monoton fallend,} & & a_n > a_{n+1} \\
\textit{streng monoton wachsend,} & & a_n < a_{n+1}
\end{array}.
$$

2. Eine Folge $(a_n)_{n \in \mathbb{N}}$ heißt *beschränkt*

$:\Leftrightarrow$ es gibt ein $C \in \mathbb{R}$ mit $|a_n| \leq C$ für alle $n \in \mathbb{N}$.

Beispiel 3.1.5

Die Folge $(\frac{1}{n})_{n \in \mathbb{N}}$ (s. Beispiel 3.1.3.1) ist offensichtlich streng monoton fallend und beschränkt.

Bemerkung 3.1.6 (Beschränktheit nach oben/unten)

Man nennt eine reelle Folge auch nach oben bzw. unten beschränkt, wenn es ein C gibt, so dass $a_n \leq C$ bzw. $a_n \geq C$ für alle $n \in \mathbb{N}$ ist.

Beispiele 3.1.6.1

1. Die Folge $(a_n)_{n \in \mathbb{N}}$ mit $a_n = n$ ist nach unten beschränkt (beispielsweise durch $C = 1$ oder $C = 0$), aber nicht nach oben beschränkt.

2. Die Folge $(a_n)_{n \in \mathbb{N}}$ mit $a_n = (-1)^n \cdot n$ ist weder nach oben noch nach unten beschränkt.

Offensichtlich ist eine reelle Folge genau dann beschränkt, wenn sie sowohl nach oben als auch nach unten beschränkt ist.

Beispiel 3.1.6.2

Nimmt die Folge $(a_n)_{n \in \mathbb{N}}$ immer abwechselnd die Werte -1 und 3 an, so ist sie durch $C = -1$ nach unten beschränkt und durch $C = 3$ nach oben beschränkt.

Eine untere Schranke ist aber auch $C = -3$. Die Folge ist beschränkt durch $C = 3$, denn für alle Folgenglieder gilt $|a_n| \leq 3$.

Definition 3.1.7 (Konvergenz)

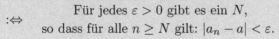

302

Eine Folge $(a_n)_{n \in \mathbb{N}}$ heißt *konvergent gegen den Grenzwert* a, Schreibweise: $\lim\limits_{n \to \infty} a_n = a$ oder $a_n \overset{n \to \infty}{\longrightarrow} a$,

$$:\Leftrightarrow \quad \begin{array}{l} \text{Für jedes } \varepsilon > 0 \text{ gibt es ein } N, \\ \text{so dass für alle } n \geq N \text{ gilt: } |a_n - a| < \varepsilon. \end{array}$$

Bemerkungen 3.1.8 zur Definition der Konvergenz

1. Eine Folge, die nicht konvergiert, heißt *divergent*.

2. Statt „$n \geq N$" könnte man äquivalent auch „$n > N$" und statt „$|a_n - a| < \varepsilon$" könnte man auch „$|a_n - a| \leq \varepsilon$" in der Definition schreiben.

3. Zu $\varepsilon > 0$ und einem Wert a definiert man die ε-*Umgebung* von a als

$$U_\varepsilon(a) = \{x \mid |x - a| < \varepsilon\}.$$

Konvergenz gegen a bedeutet, dass für jedes $\varepsilon > 0$ die Folgenglieder a_n ab einem bestimmten Index N in $U_\varepsilon(a)$ liegen. Dabei hängt N meist von ε ab.

In Abb. 3.2 liegen die Folgenglieder a_n ab $n \geq 8$ in der angedeuteten ε-Umgebung von a.

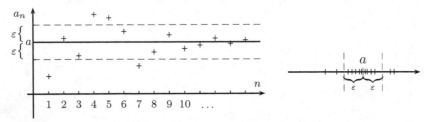

Abb. 3.2 ε-Umgebung bei einem Folgen-Funktionsgraf und auf dem Zahlenstrahl.

4. Eine Folge mit Grenzwert 0 heißt auch *Nullfolge*.

Beispiele 3.1.9

303

1. Es gilt $\lim\limits_{n\to\infty} \dfrac{1}{n} = 0$.

Denn legt man $\varepsilon > 0$ beliebig fest, so gilt für $n > \frac{1}{\varepsilon}$, dass $\frac{1}{n} < \varepsilon$ ist, also $\left|\frac{1}{n} - 0\right| < \varepsilon$ bzw. anders ausgedrückt $\frac{1}{n} \in U_\varepsilon(0)$.

Für beispielsweise $\varepsilon = 0.1$ liegen alle Folgenglieder mit $n > \frac{1}{0.1} = 10$, also mit $n \geq 11$, in $U_{0.1}(0)$, für $\varepsilon = 0.01$ alle mit $n > 100$.

2. Sei $a_n = 3$ für alle n. Dann ist $\lim\limits_{n\to\infty} a_n = 3$, denn für jedes $\varepsilon > 0$ und alle n ist $|a_n - 3| = 0 < \varepsilon$.

Satz 3.1.10

304

1. Jede konvergente Folge ist beschränkt.

2. Jede monotone und beschränkte Folge ist konvergent.

Bemerkungen 3.1.11 zu Satz 3.1.10

1. Satz 3.1.10, 1., ist leicht einsichtig, da bei einer konvergenten Folge $(a_n)_{n\in\mathbb{N}}$ die Folgenglieder für große n innerhalb einer 1-Umgebung um den Grenzwert liegen. Die endlich vielen anderen Folgenglieder liegen dann auch innerhalb bestimmter Schranken.

2. Die beiden Aussagen von Satz 3.1.10 sind nicht umkehrbar:

- Es gibt beschränkte Folgen, die nicht konvergent sind, z.B. die Folge $(a_n)_{n\in\mathbb{N}} = \big((-1)^n\big)_{n\in\mathbb{N}}$ (s. Abb. 3.3, links).

- Es gibt konvergente Folgen, die nicht monoton sind, z.B. $(b_n)_{n\in\mathbb{N}} = \big(\frac{(-1)^n}{n}\big)_{n\in\mathbb{N}}$ (s. Abb. 3.3, rechts).

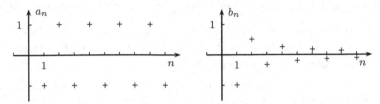

Abb. 3.3 Beschränkte, nicht konvergente und konvergente, nicht monotone Folge.

305

Satz 3.1.12 (Rechenregeln für konvergente Folgen)

Sind $(a_n)_{n\in\mathbb{N}}$ bzw. $(b_n)_{n\in\mathbb{N}}$ konvergente Folgen mit Grenzwerten a bzw. b, so gilt:

$$\lim_{n\to\infty}(a_n \pm b_n) = a \pm b,$$

$$\lim_{n\to\infty}(a_n \cdot b_n) = a \cdot b,$$

$$\lim_{n\to\infty}\frac{a_n}{b_n} = \frac{a}{b}, \quad \text{falls } b \neq 0 \text{ ist.}$$

Beispiele 3.1.13

Mehrfache Anwendung von Satz 3.1.12 ergibt

$$\lim_{n\to\infty}\left(1 + \frac{1}{n^2}\right) = \lim_{n\to\infty} 1 + \lim_{n\to\infty}\left(\frac{1}{n}\cdot\frac{1}{n}\right)$$

$$= 1 + \lim_{n\to\infty}\frac{1}{n}\cdot\lim_{n\to\infty}\frac{1}{n} = 1 + 0\cdot 0 = 1.$$

Damit erhält man nach Kürzen von n^2

$$\lim_{n\to\infty}\frac{n^2}{n^2+1} = \lim_{n\to\infty}\frac{n^2}{n^2\left(1+\frac{1}{n^2}\right)} = \lim_{n\to\infty}\frac{1}{1+\frac{1}{n^2}}$$

$$= \frac{\displaystyle\lim_{n\to\infty} 1}{\displaystyle\lim_{n\to\infty}\left(1+\frac{1}{n^2}\right)} = \frac{1}{1} = 1.$$

Ähnlich führt das Ausklammern der höchsten Potenz zu

$$\frac{n^3+n}{4n^3+1} = \frac{n^3\left(1+\frac{1}{n^2}\right)}{n^3\left(4+\frac{1}{n^3}\right)} = \frac{1+\frac{1}{n^2}}{4+\frac{1}{n^3}} \xrightarrow{n\to\infty} \frac{1+0}{4+0} = \frac{1}{4}$$

und

$$\frac{n+2}{n^2+1} = \frac{n\left(1+\frac{2}{n}\right)}{n^2\left(1+\frac{1}{n^2}\right)} = \frac{1}{n} \cdot \frac{1+\frac{2}{n}}{1+\frac{1}{n^2}} \xrightarrow{n\to\infty} 0 \cdot \frac{1+0}{1+0} = 0.$$

Bemerkung 3.1.14 (Grenzwerte bei gebrochen rationalen Ausdrücken)

Durch Ausklammern der höchsten Potenz wie in den letzten beiden Rechnungen von Beispiel 3.1.13 sieht man allgemein, dass bei Polynomen p und q der Grenzwert $\lim\limits_{n\to\infty} \frac{p(n)}{q(n)}$ gleich Null ist, wenn der Grad vom Polynom p kleiner als der von q ist. Falls die Polynome gleichen Grad haben, ist der Grenzwert gleich dem Quotienten der Koeffizienten zur höchsten Potenz. (Vgl. Satz 3.1.19)

Beispiel 3.1.15 (Grenzwertbetrachtung bei rekursiv definierten Folgen)

Die Folge $(a_n)_{n\in\mathbb{N}}$ sei rekursiv definiert durch

$$a_1 = 2 \quad \text{und} \quad a_{n+1} = \frac{1}{2}\left(a_n + \frac{2}{a_n}\right).$$

Damit ist

$$a_2 = 1.5, \quad a_3 \approx 1.41667, \quad a_4 \approx 1.414216.$$

Vermutet man, dass der Grenzwert $a = \lim\limits_{n\to\infty} a_n$ existiert, so kann man a mit Hilfe von Satz 3.1.12 bestimmen, denn dann gilt:

$$a = \lim_{n\to\infty} a_{n+1} = \lim_{n\to\infty} \frac{1}{2}\left(a_n + \frac{2}{a_n}\right) = \frac{1}{2}\left(a + \frac{2}{a}\right),$$

und damit

$$2a = a + \frac{2}{a} \quad \Rightarrow \quad 2a^2 = a^2 + 2 \quad \Rightarrow \quad a^2 = 2.$$

Da offensichtlich alle Folgenglieder positiv sind, ist $a \geq 0$, so dass nur $a = \sqrt{2} \approx 1.4142136$ in Frage kommt.

Definition 3.1.16 (Unendlich als Grenzwert)

Man sagt, eine reelle Folge $(a_n)_{n\in\mathbb{N}}$ *strebt gegen Unendlich*, Schreibweise $\lim\limits_{n\to\infty} a_n = \infty$ oder $a_n \xrightarrow{n\to\infty} \infty$,

$$:\Leftrightarrow \quad \begin{array}{l} \text{Für jedes } C \in \mathbb{R} \text{ gibt es ein } N, \\ \text{so dass für alle } n \geq N \text{ gilt: } a_n > C. \end{array}$$

Entsprechend definiert man $\lim\limits_{n\to\infty} a_n = -\infty$.

Bemerkungen 3.1.17 zur Definition 3.1.16

1. Konvergenz im *eigentlichen* Sinne ist Konvergenz gegen eine Zahl $a \in \mathbb{R}$ bzw. $a \in \mathbb{C}$.

   Eine Folge $(a_n)_{n \in \mathbb{N}}$ mit $\lim\limits_{n \to \infty} a_n = \pm\infty$ nennt man auch *bestimmt divergent* oder *uneigentlich konvergent*.

2. Die Grenzwertsätze 3.1.12 gelten uneingeschränkt nur bei eigentlicher Konvergenz. Beispielsweise kann bei $a_n \to 0$ und $b_n \to \infty$ beim Produkt $a_n \cdot b_n$ alles Mögliche passieren.

309

   Beispiel 3.1.17.1

   Es gilt $\frac{1}{n^2} \cdot n \to 0$, $\frac{1}{n} \cdot n \to 1$ und $\frac{1}{n} \cdot n^2 \to \infty$, während immer der erste Faktor gegen 0 und der zweite gegen Unendlich strebt.

Beispiele 3.1.18

1. Es ist

$$\frac{n^2 - 1}{n + 2} = \frac{n^2 \cdot \left(1 - \frac{1}{n^2}\right)}{n \cdot \left(1 + \frac{2}{n}\right)} = n \cdot \frac{1 - \frac{1}{n^2}}{1 + \frac{2}{n}}.$$

Der letzte Faktor strebt gegen 1, ist also für große n größer als $\frac{1}{2}$. Damit ist der gesamte Ausdruck dann größer also $\frac{1}{2}n$, womit man sieht, dass er über alle Grenzen wächst, also $\lim\limits_{n \to \infty} \frac{n^2 - 1}{n + 2} = \infty$ gilt.

2. Mit ähnlichen Überlegungen wie bei 1. erhält man

$$\lim_{n \to \infty} \frac{1 - n^3}{2n^2 + 1} = -\infty \qquad \text{und} \qquad \lim_{n \to \infty} \frac{n^4}{1 - n^2} = -\infty.$$

Dabei sorgt beim linken Ausdruck der Zähler für das negative Vorzeichen, beim rechten Ausdruck der Nenner. Ausschlaggebend sind dabei die Vorzeichen der führenden Koeffizienten im Zähler bzw. Nenner.

Satz 3.1.19 (Grenzwerte bei gebrochen rationalen Funktionen)

Sind p und q Polynome mit führenden Koeffizienten a_p und a_q, so gilt

$$\lim_{n \to \infty} \frac{p(n)}{q(n)} = \begin{cases} 0 & , \text{ falls } p \text{ einen kleineren Grad als } q \text{ hat,} \\ \frac{a_p}{a_q} & , \text{ falls } p \text{ und } q \text{ gleichen Grad haben,} \\ (\text{Vorzeichen von } \frac{a_p}{a_q}) \cdot \infty, & \\ & \text{falls } p \text{ einen größeren Grad als } q \text{ hat.} \end{cases}$$

Satz 3.1.20 (wichtige Folgengrenzwerte)

1. Für jedes $a > 0$ gilt: $\lim\limits_{n\to\infty} n^a = \infty$ und $\lim\limits_{n\to\infty} \frac{1}{n^a} = 0$.

2. Für jedes $q \in \mathbb{C}$ mit $|q| < 1$ gilt: $\lim\limits_{n\to\infty} q^n = 0$

   und sogar für jedes a: $\lim\limits_{n\to\infty} n^a \cdot q^n = 0$.

3. Für jedes $Q > 1$ gilt: $\lim\limits_{n\to\infty} Q^n = \infty$

   und sogar für jedes a: $\lim\limits_{n\to\infty} \frac{Q^n}{n^a} = \infty$.

Bemerkung 3.1.21 (Merkregel)

Die Eigenschaften $n^a \cdot q^n \to 0$ bei $|q| < 1$ und $\frac{Q^n}{n^a} \to \infty$ bei $Q > 1$ fasst die folgende Merkregel zusammen:

$$\boxed{\textit{Exponentiell ist stärker als polynomiell.}}$$

Beispiel 3.1.21.1

Es gilt

$$\lim_{n\to\infty} n \cdot \left(\frac{1}{2}\right)^n = 0 \quad \text{und} \quad \lim_{n\to\infty} \frac{2^n}{n^3} = \infty.$$

Satz 3.1.22

Es gilt $\lim\limits_{n\to\infty} \left(1 + \frac{1}{n}\right)^n = \mathrm{e}$.

Bemerkungen 3.1.23 zu Satz 3.1.22

1. Den Grenzwert kann man auch als *Definition* der eulerschen Zahl e verwenden.

2. Damit ist plausibel, dass gilt

$$\lim_{n\to\infty} \left(1 + \frac{x}{n}\right)^n = \lim_{n\to\infty} \left(\left(1 + \frac{x}{n}\right)^{\frac{n}{x}}\right)^x = \mathrm{e}^x.$$

Dies ermöglicht die Definition der Exponentialfunktion e^x auch für komplexe Argumente $x \in \mathbb{C}$. Allerdings ist die Einführung über die Potenzreihe (s. Bemerkung 0.0.5, 2.) geläufiger.

3.2 Reihen

Erinnerung 3.2.1 (Summensymbol)

Zur kompakten Schreibweise von Summen nutzt man das Summensymbol:

$$\sum_{k=1}^{n} a_k \quad := \quad a_1 + a_2 + \ldots + a_n.$$

Die Bezeichnung des Index ist dabei irrelevant: $\displaystyle\sum_{k=1}^{n} a_k = \sum_{l=1}^{n} a_l.$

Beispiel 3.2.1.1

$$\sum_{k=1}^{4} k^2 \; = \; 1^2 + 2^2 + 3^2 + 4^2 \; = \; 30.$$

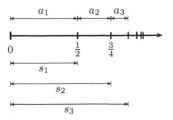
312

Definition 3.2.2 (Reihen)

Sei $(a_k)_{k\in\mathbb{N}}$ eine Folge von Zahlen.

Dann heißt $s_n = \displaystyle\sum_{k=1}^{n} a_k$ die n-te *Partialsumme*.

Die *Reihe* $\displaystyle\sum_{k=1}^{\infty} a_k$ bezeichnet die Folge $(s_n)_{n\in\mathbb{N}}$ der Partialsummen.

Konvergiert diese Folge $(s_n)_{n\in\mathbb{N}}$, so heißt die Reihe *konvergent*; das Symbol $\displaystyle\sum_{k=1}^{\infty} a_k$ bezeichnet dann auch den Grenzwert. Andernfalls heißt die Reihe *divergent*.

Gilt $s_n \overset{n\to\infty}{\longrightarrow} \infty$, so schreibt man auch $\displaystyle\sum_{k=1}^{\infty} a_k = \infty$.

Beispiel 3.2.3

Mit $a_k = \frac{1}{2^k}$ erhält man folgende Werte:

k	1	2	3	4	$\ldots$
a_k	$\frac{1}{2}$	$\frac{1}{4}$	$\frac{1}{8}$	$\frac{1}{16}$	$\ldots$

$s_1 = \frac{1}{2}$

$s_2 = \frac{1}{2} + \frac{1}{4} \qquad\qquad = \frac{3}{4}$

$s_3 = \frac{1}{2} + \frac{1}{4} + \frac{1}{8} \quad = \frac{7}{8}$

$\ldots$

Abb. 3.4 Folgenwerte und Partialsummen.

Bemerkung 3.2.4 (Reihe als Aufsummierung von Schritten)

Stellt man sich die Werte a_k als Folge von Schritten vor, so ist die Partial-summe die Gesamtstrecke, die nach n Schritten zurückgelegt wurde (Summe der einzelnen Schritte), s. auch Abb. 3.4.

Nun bedeutet beispielsweise

- Konvergenz einer Reihe, dass man „zur Ruhe" kommt,

- $\sum\limits_{k=1}^{\infty} a_k = \infty$, dass die Schrittfolge „ins Unendliche" führt.

Beispiel 3.2.4.1

Sei $a_k = (-1)^{k+1}$, also $a_1 = 1$, $a_2 = -1$, $a_3 = 1$, $a_4 = -1, \ldots$.

Dann ist $s_1 = 1$, $s_2 = 0$, $s_3 = 1$, $s_4 = 0, \ldots$.

Man kommt nicht „zur Ruhe", die Reihe $\sum\limits_{k=0}^{\infty} (-1)^{k+1}$ divergiert.

313

314

Satz 3.2.5 (geometrische Reihe)

Die *geometrische Reihe* $\sum\limits_{k=0}^{\infty} q^k$ zu einem festen Wert q

- konvergiert für $|q| < 1$ mit $\sum\limits_{k=0}^{\infty} q^k = \dfrac{1}{1-q}$,

- divergiert für $|q| \geq 1$.

Für $q \neq 1$ gilt für die Partialsummen $\sum\limits_{k=0}^{n} q^k = \dfrac{1 - q^{n+1}}{1 - q}$.

Bemerkung 3.2.6 zu Satz 3.2.5

Den Wert einer Partialsumme der geometrischen Reihe kann man sich durch folgenden Trick erklären: Es gilt

$$
\begin{aligned}
(1 + q + q^2 + \ldots + q^n) \cdot (1 - q) &= 1 + q + q^2 + \ldots + q^n \\
&\quad - q - q^2 - q^3 - \ldots - q^{n+1} \\
&= 1 - q^{n+1},
\end{aligned}
$$

also

$$
s_n = 1 + q + q^2 + \ldots + q^n = \frac{1 - q^{n+1}}{1 - q}.
$$

Falls $|q| < 1$ ist, gilt $\lim\limits_{n \to \infty} q^{n+1} = 0$, so dass dann $\lim\limits_{n \to \infty} s_n = \frac{1}{1-q}$ gilt, was dem angegebenen Reihenwert entspricht.

Beispiel 3.2.7

Es ist

$$1 + \frac{1}{2} + \left(\frac{1}{2}\right)^2 + \left(\frac{1}{2}\right)^3 + \ldots = \sum_{k=0}^{\infty} \left(\frac{1}{2}\right)^k = \frac{1}{1 - \frac{1}{2}} = 2.$$

Beginnt die Reihe nicht mit dem nullten Summanden, kann man die fehlenden Summanden auffüllen und wieder abziehen:

315

$$\frac{1}{2} + \left(\frac{1}{2}\right)^2 + \left(\frac{1}{2}\right)^3 + \ldots = \sum_{k=1}^{\infty} \left(\frac{1}{2}\right)^k = \sum_{k=0}^{\infty} \left(\frac{1}{2}\right)^k - 1$$

$$= \frac{1}{1 - \frac{1}{2}} - 1 = 1.$$

Alternativ kann man ausklammern:

$$\frac{1}{2} + \left(\frac{1}{2}\right)^2 + \left(\frac{1}{2}\right)^3 + \ldots = \frac{1}{2} \cdot \left(1 + \frac{1}{2} + \left(\frac{1}{2}\right)^2 + \ldots\right)$$

$$= \frac{1}{2} \cdot \sum_{k=0}^{\infty} \left(\frac{1}{2}\right)^k = \frac{1}{2} \cdot 2 = 1.$$

Beispiel 3.2.8 (Teleskopsumme)

Sei $a_k = \dfrac{1}{k-1} - \dfrac{1}{k} = \dfrac{k - (k-1)}{(k-1) \cdot k} = \dfrac{1}{k^2 - k}$.

316

Dann ist:

$$s_n = \sum_{k-2}^{n} a_k = a_2 + a_3 + \ldots + a_n$$

$$= \left(\frac{1}{1} - \frac{1}{2}\right) + \left(\frac{1}{2} - \frac{1}{3}\right) + \left(\frac{1}{3} - \frac{1}{4}\right) + \ldots + \left(\frac{1}{n-1} - \frac{1}{n}\right)$$

(die Summe schiebt sich wie ein Teleskop zusammen)

$$= \frac{1}{1} - \frac{1}{n} = 1 - \frac{1}{n}.$$

Also gilt $\lim\limits_{n \to \infty} s_n = 1$ und damit $\sum\limits_{k=2}^{\infty} \dfrac{1}{k^2 - k} = 1$.

Bemerkung 3.2.9

Für das Konvergenz- bzw. Divergenzverhalten einer Reihe ist der genaue Startindex der Summation irrelevant; man lässt ihn daher oft weg und schreibt kurz „$\sum a_k$".

Für den konkreten Reihenwert ist es aber wichtig, mit welchem Summanden die Summe beginnt.

Satz 3.2.10 (notwendige Bedingung für Reihenkonvergenz)

Konvergiert die Reihe $\sum a_k$, so gilt für die Summanden $\lim\limits_{k\to\infty} a_k = 0$.

Bemerkungen 3.2.11 zur notwendigen Bedingung für Reihenkonvergenz

1. Satz 3.2.10 ist anschaulich klar: Damit die Reihe $\sum a_k$ konvergiert, müssen die Schritte a_k immer kleiner werden.

2. Meist wird Satz 3.2.10 in der folgenden Richtung angewendet: Streben die Summanden (Schritte) a_k nicht gegen 0, so konvergiert die Reihe $\sum a_k$ nicht (man kommt nicht zur Ruhe).

3. Die Umkehrung von Satz 3.2.10 gilt nicht: Falls die Summanden gegen Null gehen, muss die Reihe nicht unbedingt konvergieren, wie die harmonische Reihe $\sum \frac{1}{k}$ zeigt: Die Summanden $\frac{1}{k}$ konvergieren gegen 0, aber die Reihe divergiert, s. Satz 3.2.12.

317

318

319

Satz 3.2.12 (harmonische Reihe)

Die harmonische Reihe $\sum\limits_{k=1}^{\infty} \frac{1}{k}$ divergiert: $\sum\limits_{k=1}^{\infty} \frac{1}{k} = \infty$.

Bemerkung 3.2.13 (Divergenz der harmonischen Reihe)

Dass die Folge der Partialsummen der harmonischen Reihe unbeschränkt ist, sieht man an der folgenden Abschätzung:

$$1 + \frac{1}{2} + \frac{1}{3} + \frac{1}{4} + \frac{1}{5} + \frac{1}{6} + \frac{1}{7} + \frac{1}{8} + \frac{1}{9} + \frac{1}{10} + \ldots + \frac{1}{16} + \ldots$$
$$\geq 1 + \frac{1}{2} + \underbrace{\frac{1}{4} + \frac{1}{4}}_{\frac{1}{2}} + \underbrace{\frac{1}{8} + \frac{1}{8} + \frac{1}{8} + \frac{1}{8}}_{\frac{1}{2}} + \underbrace{\frac{1}{16} + \frac{1}{16} + \ldots + \frac{1}{16}}_{\frac{1}{2}} + \ldots$$
$$= 1 + \frac{1}{2} + \frac{1}{2} + \frac{1}{2} + \frac{1}{2} + \ldots$$

320

Satz 3.2.14 (Minoranten- und Majorantenkriterium)

1. Ist $a_k \geq b_k \geq 0$ für alle k und gilt $\sum b_k = \infty$, so ist auch $\sum a_k = \infty$.

2. Ist $|a_k| \leq b_k$ für alle k und die Reihe $\sum b_k$ konvergent, so ist auch die Reihe $\sum a_k$ konvergent.

Bemerkung 3.2.15 (Veranschaulichung der Kriterien)

Satz 3.2.14 ist anschaulich klar:

1. Macht man größere Schritte als bei einer ins Unendlich gehenden Reihe, so geht man auch ins Unendliche (Minorantenkriterium).

2. Macht man kleinere Schritte als bei einer konvergenten Reihe, also bei einer Schrittfolge, bei der man zur Ruhe kommt, so kommt man auch zur Ruhe (Majorantenkriterium).

Beispiele 3.2.16

1. Konvergiert die Reihe $\sum \frac{1}{\sqrt{k}}$?

   Wegen $\frac{1}{\sqrt{k}} \geq \frac{1}{k}$, und da nach Satz 3.2.12 $\sum \frac{1}{k} = \infty$ gilt, folgt $\sum \frac{1}{\sqrt{k}} = \infty$.

2. Konvergiert die Reihe $\sum \frac{1}{k^2}$?

   Wegen $\frac{1}{k^2} \leq \frac{1}{k^2-k}$, und da die Reihe $\sum \frac{1}{k^2-k}$ konvergiert (s. Beispiel 3.2.8), folgt die Konvergenz von $\sum \frac{1}{k^2}$.

Satz 3.2.17 (konvergente/divergente Reihen)

1. Die Reihe $\sum \frac{1}{k^a}$ ist für $a > 1$ konvergent und für $a \leq 1$ divergent.

2. Die Reihe $\sum k^a \cdot q^k$ ist für $|q| < 1$ und jedes a konvergent.

3. Sind p und q zwei Polynome, so gilt:

$$\sum \frac{p(k)}{q(k)} \text{ konvergiert} \quad \Leftrightarrow \quad \begin{array}{l} \text{der Grad von } q \text{ ist um mehr als 1} \\ \text{größer als der von } p. \end{array}$$

321

Bemerkungen 3.2.18 zum Satz über konvergente/divergente Reihen

1. Da mit größerer Potenz a die Summanden $\frac{1}{k^a}$ kleiner werden, ist klar, dass, falls $\sum \frac{1}{k^{a_0}}$ konvergiert, die Reihe auch für alle $a > a_0$ konvergiert, und falls sie umgekehrt für ein a_0 divergiert, dass sie dann auch für alle $a < a_0$ divergiert, es also eine genaue Grenze a_0 zwischen Konvergenz und Divergenz geben muss. Da die harmonische Reihe divergiert (s. Satz 3.2.12), ist $a_0 \geq 1$; nach Beispiel 3.2.16, 2., ist $a_0 \leq 2$.

   Dass die Grenze genau bei 1 liegt mit Divergenz bei $a = 1$, ist anschaulich nicht leicht einsichtig.

2. Mit der Merkregel „Exponentiell ist stärker als polynomiell" wie bei Bemerkung 3.1.21 ist plausibel, dass die Reihe $\sum k^a \cdot q^k$ für $|q| < 1$ wie eine geometrische Reihe $\sum q^k$ konvergiert (s. Satz 3.2.5).

3. Wie Beispiel 3.2.19, 1. und 2., illustriert, kann man die dritte Aussage des Satzes aus der ersten folgern.

Beschränkt man sich auf Polynome, kann man auch formulieren, dass Konvergenz genau dann vorliegt, wenn der Grad des Nenners um mindestens 2 größer als der des Zählers ist.

In der Formulierung „um mehr als 1" kann man das aber auch verallgemeinert anwenden auf Ausdrücke wie $\sum \frac{\sqrt{k}}{k^2+1}$ mit einem „Grad" von 0.5 im Zähler und 2 im Nenner, s. Beispiel 3.2.19, 3.

Beispiele 3.2.19

1. Die Reihe $\sum \frac{k^2+1}{k^3+k}$ konvergiert nicht.

   Dies kann man sich wie folgt plausibel machen:

   Für große k ist $\frac{k^2+1}{k^3+k} \approx \frac{k^2}{k^3} = \frac{1}{k}$ und $\sum \frac{1}{k}$ konvergiert nicht.

2. Die Reihe $\sum \frac{k+4}{k^3+1}$ konvergiert.

   Dies kann man sich wie folgt plausibel machen:

   Für große k ist $\frac{k+4}{k^3+1} \approx \frac{k}{k^3} = \frac{1}{k^2}$ und $\sum \frac{1}{k^2}$ konvergiert.

3. Die Reihe $\sum \frac{\sqrt{k}}{k^2+1}$ konvergiert, da der Nennergrad 2 um mehr als 1 größer ist als der „Zählergrad" 0.5, wenn man $\sqrt{k}$ als $k^{0.5}$ auffasst.

   Dies kann man sich wie folgt plausibel machen:

   Für große k ist $\frac{\sqrt{k}}{k^2+1} \approx \frac{\sqrt{k}}{k^2} = \frac{1}{k^{1.5}}$ und $\sum \frac{1}{k^2}$ konvergiert.

322

Satz 3.2.20 (Leibniz-Kriterium)

Sei $(a_k)_{k\in\mathbb{N}}$ eine reelle monoton fallende Nullfolge.

Dann konvergiert die Reihe $\sum\limits_{k=0}^{\infty} (-1)^k \cdot a_k$.

Bemerkung 3.2.21 zum Leibniz-Kriterium

In der Situation von Satz 3.2.20 bewirkt das alternierende Vorzeichen der Summanden ein Auf und Nieder der Partialsummen:

Es ist $s_0 = (-1)^0 \cdot a_0 = a_0$,

$s_1 = (-1)^0 \cdot a_0 + (-1)^1 \cdot a_1 = a_0 - a_1$,

$s_2 = \ldots = a_0 - a_1 + a_2$,

u.s.w.

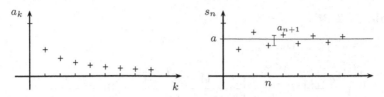

Abb. 3.5 Partialsummen beim Leibniz-Kriterium.

Abb. 3.5 zeigt links eine monoton fallende Nullfolge und rechts die resultierenden Partialsummen $s_n = \sum_{k=0}^{n} (-1)^k \cdot a_k$. Man erkennt: Für den Reihenwert
a und die n-te Partialsumme s_n gilt: $|a - s_n| \leq a_{n+1}$.

Beispiel 3.2.22

Nach dem Leibniz-Kriterium konvergiert die Reihe

$$\sum_{k=1}^{\infty} \frac{(-1)^{k+1}}{k} = \sum_{k=0}^{\infty} \frac{(-1)^k}{k+1} = 1 - \frac{1}{2} + \frac{1}{3} - \frac{1}{4} + - \dots.$$

(Der Reihenwert ist gleich $\ln 2$, vgl. Satz 3.3.7.)

Satz 3.2.23 (Quotienten- und Wurzelkriterium)

Für eine Reihe $\sum a_k$ gilt:

323

$$\lim_{k \to \infty} \left| \frac{a_{k+1}}{a_k} \right| \begin{smallmatrix} < \\ > \end{smallmatrix} 1 \text{ oder } \lim_{k \to \infty} \sqrt[k]{|a_k|} \begin{smallmatrix} < \\ > \end{smallmatrix} 1 \quad \Rightarrow \quad \sum a_k \text{ ist } \begin{smallmatrix} \text{konvergent} \\ \text{divergent} \end{smallmatrix}.$$

Bemerkungen 3.2.24 zum Quotienten- und Wurzelkriterium

1. Sind die Grenzwerte in Satz 3.2.23 gleich 1, so ist keine Schlussfolgerung
   möglich.

2. Das Wurzelkriterium kann man folgendermaßen herleiten:

   Sei $a := \lim_{k \to \infty} \sqrt[k]{|a_k|} < 1$ und $q \in \,]a, 1[$.

   Dann gilt für alle großen k

   $$\sqrt[k]{|a_k|} < q \quad \Leftrightarrow \quad |a_k| < q^k.$$

Da die Reihe $\sum q^k$ als geometrische Reihe mit $0 < q < 1$ konvergiert und
die ersten (endlich vielen) Summanden, bei denen ggf. noch nicht $|a_k| < q^k$
ist, für die Konvergenz keine Rolle spielen, ist $\sum a_k$ nach dem Majorantenkriterium (Satz 3.2.14, 2.) konvergent.

Beispiel 3.2.25

Sei $a_k = k \cdot \left(\frac{1}{2}\right)^k$. Dann gilt:

$$\lim_{k \to \infty} \left| \frac{a_{k+1}}{a_k} \right| = \lim_{k \to \infty} \left| \frac{(k+1) \cdot \left(\frac{1}{2}\right)^{k+1}}{k \cdot \left(\frac{1}{2}\right)^k} \right| = \lim_{k \to \infty} \left| \frac{k}{k+1} \cdot \frac{1}{2} \right|$$

$$= \frac{1}{2} < 1.$$

Das Quotientenkriterium liefert also die Konvergenz der Reihe $\sum k \cdot \left(\frac{1}{2}\right)^k$.

Dass diese Reihe konvergiert, besagte schon Satz 3.2.17, 2.; mit dem Quotientenkriterium kann man Satz 3.2.17, 2., allgemein begründen.

324

Satz 3.2.26 (Rechenregeln für konvergente Reihen)

Sind $\sum a_k = a$ und $\sum b_k = b$ konvergente Reihen, so gilt:

1. $\sum (a_k \pm b_k) = a \pm b$,

2. Für $\lambda \in \mathbb{C}$ gilt: $\sum \lambda \cdot a_k = \lambda \cdot a$.

Bemerkung 3.2.27

Ein entsprechender Satz für Produkte gilt nicht:

Im Allgemeinen ist $\sum (a_k \cdot b_k) \neq a \cdot b$, was man ausgeschrieben leicht einsieht:

$$a_1 b_1 + a_2 b_2 + a_3 b_3 + \ldots \neq (a_1 + a_2 + a_3 + \ldots) \cdot (b_1 + b_2 + b_3 + \ldots).$$

Definition 3.2.28 (absolute Konvergenz)

Eine Reihe $\sum a_k$ heißt *absolut konvergent* genau dann, wenn $\sum |a_k|$ konvergiert.

Bemerkungen 3.2.29 zur absoluten Konvergenz

1. Stellt man sich eine Reihe als Aneinanderreihung von Schritten vor, so bedeutet absolute Konvergenz, dass man zur Ruhe kommt, auch wenn alle Schritte in die gleiche (positive) Richtung gehen.

2. Jede absolut konvergente Reihe ist konvergent.

325

Satz 3.2.30 (Umordnungssatz)

Ist die Reihe $\sum a_k$ absolut konvergent, so erhält man bei jeder Umordnung der Reihe den gleichen Reihenwert.

Bemerkung 3.2.31 zum Umordnungssatz

Eigentlich bemerkenswert ist, dass Satz 3.2.30 ohne *absolute* Konvergenz falsch wird, mehr noch:

Ist die Reihe $\sum a_k$ konvergent aber nicht absolut konvergent, so kann man durch geeignete Umordnungen jeden beliebigen Wert A als Reihenwert erhalten, s. Beispiel 3.2.32, 2.

Beispiele 3.2.32

1. Jede konvergente Reihe $\sum a_k$ mit positiven Summanden a_k ist absolut konvergent. Eine solche Reihe darf man also umordnen, ohne den Reihenwert zu verändern.

2. Die alternierende Reihe

$$\sum_{k=1}^{\infty} \frac{(-1)^{k+1}}{k} = 1 - \frac{1}{2} + \frac{1}{3} - \frac{1}{4} + \frac{1}{5} - \frac{1}{6} \pm \dots$$

ist konvergent (s. Beispiel 3.2.22) aber nicht absolut konvergent, da die Reihe der Beträge $\sum_{k=1}^{\infty} \left| \frac{(-1)^{k+1}}{k} \right| = \sum_{k=1}^{\infty} \frac{1}{k}$ die harmonische Reihe ist, die nicht konvergiert (s. Satz 3.2.12).

Durch folgende Gedanken kann man sich überlegen, dass man durch geeignete Umordnung jede beliebige Zahl A als Summenwert erreichen kann:

Für die Summe der positiven Folgenglieder gilt

$$1 + \frac{1}{3} + \frac{1}{5} + \frac{1}{7} + \dots$$
$$> \frac{1}{2} + \frac{1}{4} + \frac{1}{6} + \frac{1}{8} + \dots = \frac{1}{2} \cdot \left(1 + \frac{1}{2} + \frac{1}{3} + \frac{1}{4} + \dots \right) = \infty;$$

entsprechend ist auch die Summe aller negativen Folgenglieder gleich $-\infty$.

Nun kann man zunächst soviel positive Summanden nehmen, bis die Partialsumme größer als A ist, dann soviel negative, bis die Partialsumme wieder kleiner als A ist, dann wieder positive u.s.w. Damit verbraucht man tatsächlich alle Summanden. Da die Summanden betragsmäßig immer kleiner werden, werden auch die Über- und Unterschreitungen von A immer kleiner, d.h. die Folge der Partialsummen konvergiert tatsächlich gegen A.

3.3 Potenzreihen

326

Definition 3.3.1 (Potenzreihe)

Ein Ausdruck der Form $\sum_{k=0}^{\infty} a_k x^k$ heißt *Potenzreihe*.

Beispiel 3.3.2

Potenzreihen sind beispielsweise

$$\sum_{k=0}^{\infty} x^k = 1 + x + x^2 + x^3 + \ldots$$

und

$$\sum_{k=1}^{\infty} \frac{1}{k} x^k = \frac{1}{1}x + \frac{1}{2}x^2 + \frac{1}{3}x^3 + \frac{1}{4}x^4 + \ldots .$$

Die erste Potenzreihe ist eine geometrische Reihe. Für $|x| < 1$ ergibt sich als Reihenwert $\frac{1}{1-x}$ (s. Satz 3.2.5).

Bemerkung 3.3.3 zur Schreibweise

Im vorigen Abschnitt bezeichnete a_k üblicherweise den k-ten Summanden. Bei einer Potenzreihe bezeichnet a_k üblicherweise den Vorfaktor zu x^k; der k-te Summand ist dann $a_k x^k$.

327

Die wichtigste Potenzreihe ist die zur Exponentialfunktion. Dabei spielen die Fakultäten eine wichtige Rolle:

$$k! := 1 \cdot 2 \cdot 3 \cdot \ldots \cdot k \ (\text{„}k\text{-Fakultät"}) \quad \text{und} \quad 0! := 1.$$

328

329

Satz 3.3.4 (Exponentialreihe)

Die Potenzreihe zur Exponentialfunktion $f(x) = e^x$ ist

$$e^x = \sum_{k=0}^{\infty} \frac{1}{k!} \cdot x^k = 1 + x + \frac{1}{2}x^2 + \frac{1}{3!}x^3 + \frac{1}{4!}x^4 + \ldots,$$

insbesondere ist die eulersche Zahl $e = \sum_{k=0}^{\infty} \frac{1}{k!}$.

Bemerkungen 3.3.5 (Definition von e und e^z)

1. Die Darstellung $e = \sum\limits_{k=0}^{\infty} \frac{1}{k!}$ kann man auch als *Definition* der eulerschen Zahl e verwenden.

2. Die Reihe $\sum\limits_{k=0}^{\infty} \frac{1}{k!} \cdot x^k$ konvergiert für alle $x \in \mathbb{R}$. In die Potenzreihe kann man auch komplexe Werte einsetzen und so e^z für $z \in \mathbb{C}$ definieren, vgl. S. 59.

Bemerkungen 3.3.6 (Herleitung weiterer Potenzreihen)

1. Aus der Potenzreihe der e-Funktion erhält man die Potenzreihen zur Sinus- und Cosiuns-Funktion, denn einerseits gilt

330

$$
\begin{aligned}
e^{jx} &= \frac{1}{0!} \cdot 1 + \frac{1}{1!}(jx) + \frac{1}{2!}(jx)^2 + \frac{1}{3!}(jx)^3 + \frac{1}{4!}(jx)^4 + \ldots \\
&= \frac{1}{0!} \cdot 1 + j\frac{1}{1!}x - \frac{1}{2!}x^2 - j\frac{1}{3!}x^3 + \frac{1}{4!}x^4 + - \ldots \\
&= \frac{1}{0!} \cdot 1 - \frac{1}{2!}x^2 + \frac{1}{4!}x^4 - \frac{1}{6!}x^6 + - \ldots \\
&\quad + j\left(\frac{1}{1!}x - \frac{1}{3!}x^3 + \frac{1}{5!}x^5 - \frac{1}{7!}x^7 + - \ldots\right).
\end{aligned}
$$

Andererseits gilt die Euler-Formel (s. Satz 2.3.1):

$$e^{jx} = \cos x + j\sin x.$$

Durch Vergleich von Real- und Imaginärteil folgt:

331

332

$$
\begin{aligned}
\cos x &= 1 - \frac{1}{2!}x^2 + \frac{1}{4!}x^4 - \frac{1}{6!}x^6 + - \ldots = \sum_{k=0}^{\infty} \frac{(-1)^k}{(2k)!} \cdot x^{2k}, \\
\sin x &= x - \frac{1}{3!}x^3 + \frac{1}{5!}x^5 - \frac{1}{7!}x^7 + - \ldots = \sum_{k=0}^{\infty} \frac{(-1)^k}{(2k+1)!} \cdot x^{2k+1}.
\end{aligned}
$$

2. Aus der Potenzreihe der e-Funktion erhält man auch die Potenzreihen zu den hyperbolischen Funktionen (s. Definition 1.1.64):

333

$$
\begin{aligned}
\cosh x &= \frac{1}{2}(e^x + e^{-x}) = \frac{1}{2}\left[\left(1 + x + \frac{1}{2!}x^2 + \frac{1}{3!}x^3 + \ldots\right)\right. \\
&\qquad\qquad\qquad\left. + \left(1 - x + \frac{1}{2!}x^2 - \frac{1}{3!}x^3 + - \ldots\right)\right] \\
&= 1 + \frac{1}{2!}x^2 + \frac{1}{4!}x^4 + \ldots,
\end{aligned}
$$

und ähnlich:

$$\sinh x = \frac{1}{2}(e^x - e^{-x}) = x + \frac{1}{3!}x^3 + \frac{1}{5!}x^5 + \ldots.$$

334

Satz 3.3.7 (Zusammenfassung wichtiger Potenzreihen)

Es gilt:

$$e^x = 1 + x + \frac{1}{2!}x^2 + \frac{1}{3!}x^3 + \ldots = \sum_{k=0}^{\infty} \frac{1}{k!}x^k,$$

$$\sin x = x - \frac{1}{3!}x^3 + \frac{1}{5!}x^5 - \frac{1}{7!}x^7 + - \ldots = \sum_{k=0}^{\infty} \frac{(-1)^k}{(2k+1)!} \cdot x^{2k+1},$$

$$\cos x = 1 - \frac{1}{2!}x^2 + \frac{1}{4!}x^4 - \frac{1}{6!}x^6 + - \ldots = \sum_{k=0}^{\infty} \frac{(-1)^k}{(2k)!} \cdot x^{2k},$$

$$\sinh x = x + \frac{1}{3!}x^3 + \frac{1}{5!}x^5 + \frac{1}{7!}x^7 + \ldots = \sum_{k=0}^{\infty} \frac{1}{(2k+1)!} \cdot x^{2k+1},$$

$$\cosh x = 1 + \frac{1}{2!}x^2 + \frac{1}{4!}x^4 + \frac{1}{6!}x^6 + \ldots = \sum_{k=0}^{\infty} \frac{1}{(2k)!} \cdot x^{2k},$$

$$\frac{1}{1-x} = 1 + x + x^2 + x^3 + \ldots = \sum_{k=0}^{\infty} x^k \quad (|x| < 1),$$

$$\ln(1+x) = x - \frac{1}{2}x^2 + \frac{1}{3}x^3 - \frac{1}{4}x^4 + - \ldots = \sum_{k=1}^{\infty} \frac{(-1)^{k+1}}{k} \cdot x^k \quad (|x| < 1).$$

Bemerkungen 3.3.8 zu Potenzreihenentwicklungen

1. Aus den angegebenen Potenzreihen kann man weitere berechnen.

Beispiel 3.3.8.1

Zu $f(x) = \frac{1}{1+x^2}$ erhält man

$$\frac{1}{1+x^2} = \frac{1}{1-(-x^2)} = 1 + (-x^2) + (-x^2)^2 + (-x^2)^3 + \ldots$$
$$= 1 - x^2 + x^4 - x^6 + - \ldots.$$

2. Potenzreihenentwicklungen sind gute Näherungen für kleine Argumente x, also beispielsweise

$$e^x \approx 1 + x, \qquad \sin x \approx x, \qquad \cos x \approx 1 - \tfrac{1}{2}x^2, \ldots.$$

3. Eine Funktion mit der Potenzreihenentwicklung $\sum_{k=0}^{\infty} a_k x^k$ ist

$$\text{ungerade} \iff \text{es treten nur ungerade } x\text{-Potenzen auf,}$$
$$\text{gerade} \iff \text{es treten nur gerade } x\text{-Potenzen auf.}$$

Satz 3.3.9 (Konvergenzradius)

Sei $\sum\limits_{k=0}^{\infty} a_k x^k$ eine Potenzreihe.

335

Dann gibt es ein $R \in [0, \infty]$, so dass gilt:

$$\text{Für } |x| \begin{array}{c} < \\ > \end{array} R \text{ ist die Reihe } \sum_{k=0}^{\infty} a_k x^k \begin{array}{c} \text{konvergent} \\ \text{divergent} \end{array}.$$

R heißt *Konvergenzradius der Potenzreihe*.

Falls der entsprechende Grenzwert existiert (∞ eingeschlossen), gilt

$$R = \frac{1}{\lim\limits_{k\to\infty} \sqrt[k]{|a_k|}} \quad \text{und} \quad R = \lim_{k\to\infty} \left| \frac{a_k}{a_{k+1}} \right|.$$

Bemerkungen 3.3.10 zum Konvergenzradius

1. Für $|x| = R$ kann man keine allgemeingültige Aussage treffen (s. Beispiel 3.3.11, 2.).

2. Die Zahl R heißt Konvergenz*radius*, da man bei Potenzreihen oft komplexe Werte x einsetzt. Die komplexen Zahlen x mit $|x| < R$ bilden in der Gaußschen Zahlenebene einen Kreis mit Radius R um den Ursprung.

3. Satz 3.3.9 folgt aus der Anwendung des Quotienten- und Wurzelkriteriums (s. Satz 3.2.23) auf Potenzreihen: Danach erhält man bei der Reihe $\sum\limits_{k=0}^{\infty} a_k x^k$ Konvergenz, falls

336

337

$$1 > \lim_{k\to\infty} \left| \frac{a_{k+1} x^{k+1}}{a_k x^k} \right| = |x| \lim_{k\to\infty} \left| \frac{a_{k+1}}{a_k} \right|,$$

also falls

$$|x| < \frac{1}{\lim\limits_{k\to\infty} \left| \frac{a_{k+1}}{a_k} \right|} = \lim_{k\to\infty} \left| \frac{a_k}{a_{k+1}} \right|$$

ist, bzw. falls

$$1 > \lim_{k\to\infty} \sqrt[k]{|a_k x^k|} = |x| \lim_{k\to\infty} \sqrt[k]{|a_k|},$$

also falls

$$|x| < \frac{1}{\lim\limits_{k\to\infty} \sqrt[k]{|a_k|}}$$

ist. Bei umgekehrter Ungleichung erhält man Divergenz.

Beispiele 3.3.11

338

1. Betrachtet wird die Reihe $\sum\limits_{k=0}^{\infty} x^k$, also $a_k = 1$. Dann ist $R = \lim\limits_{k\to\infty} \frac{1}{1} = 1$. Die Reihe konvergiert also nach Satz 3.3.9 für $|x| < 1$ und divergiert für $|x| > 1$.

   (Da die Reihe eine geometrische Reihe ist, ist das nach Satz 3.2.5 schon bekannt).

2. Bei der Reihe $\sum\limits_{k=1}^{\infty} \frac{1}{k} \cdot x^k$ ist $a_k = \frac{1}{k}$. Dann ist

$$R = \lim_{k\to\infty} \frac{\frac{1}{k}}{\frac{1}{k+1}} = \lim_{k\to\infty} \frac{k+1}{k} = 1.$$

   Also ist $\sum\limits_{k=1}^{\infty} \frac{1}{k} \cdot x^k$ für $|x| < 1$ konvergent, für $|x| > 1$ divergent.

   Für $|x| = 1$ gibt es unterschiedliches Konvergenzverhalten:

   - Für $x = 1$ ergibt $\sum\limits_{k=1}^{\infty} \frac{1}{k} x^k = \sum\limits_{k=1}^{\infty} \frac{1}{k}$ die harmonische Reihe, ist also divergent (s. Satz 3.2.12).

   - Für $x = -1$ ist $\sum\limits_{k=1}^{\infty} \frac{1}{k} x^k = \sum\limits_{k=1}^{\infty} \frac{(-1)^k}{k}$ als alternierende Reihe mit betragsmäßig monoton fallenden Summanden, die gegen Null streben, nach dem Leibniz-Kriterium (s. Satz 3.2.20) konvergent.

3. Bei der Exponentialreihe $\sum\limits_{k=0}^{\infty} \frac{1}{k!} x^k$ ist $a_k = \frac{1}{k!}$, also

$$R = \lim_{k\to\infty} \left| \frac{\frac{1}{k!}}{\frac{1}{(k+1)!}} \right| = \lim_{k\to\infty} \frac{(k+1)!}{k!} = \lim_{k\to\infty} (k+1) = \infty,$$

   d.h. die Potenzreihe konvergiert für jedes x.

   Ähnlich kann man sich überlegen, dass die Potenzreihen zur Sinus-, Cosinus- und den hyperbolischen Funktion einen unendlichen Konvergenzradius haben.

4 Grenzwerte bei Funktionen und Stetigkeit

Die exakte Definition von Grenzwerten ist für theoretische Untersuchungen unerlässlich. In vielen praktischen Fällen reicht aber ein intuitiver Grenzwertbegriff aus. Ebenso ist die Betrachtung der Stetigkeit eher für theoretische als für praktische Überlegungen relevant. Dieses Kapitel liefert die nötigen Grundbegriffe zum Verständnis, ist darüber hinaus aber bewusst recht knapp gehalten.

4.1 Grenzwerte

Die Funktion in Abb. 4.1 zeigt an der Stelle x_0 ein gutmütiges Verhalten im Gegensatz zu den Stellen $\tilde{x}_0$ und $\tilde{\tilde{x}}_0$: Nähern sich die Werte x der Stelle x_0, so nähern sich die Funktionswerte $f(x)$ dem Wert $y_0 = f(x_0)$.

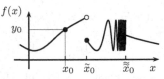

Abb. 4.1 Verschiedenes Funktionsverhalten.

Definition 4.1.1 (Grenzwerte bei Funktionen)

Die Funktion $f(x)$ konvergiert für x gegen x_0 gegen Grenzwert y_0,
Schreibweise $\lim\limits_{x \to x_0} f(x) = y_0$,

$:\Leftrightarrow$ Für jede Folge $(x_n)_{n \in \mathbb{N}}$ mit $x_n \overset{n \to \infty}{\longrightarrow} x_0$ und $x_n \neq x_0$ gilt $f(x_n) \overset{n \to \infty}{\longrightarrow} y_0$.[1]

Falls nur Folgen $x_n > x_0$ bzw. $x_n < x_0$ zugelassen sind[2], so schreibt man $\lim\limits_{x \to x_0+} f(x)$ bzw. $\lim\limits_{x \to x_0-} f(x)$.

Ggf.[3] ist auch $x_0 = \pm\infty$ bzw. $y_0 = \pm\infty$ zugelassen.

---

[1] Ist D der Definitionsbereich von f, so muss nicht unbedingt $x_0 \in D$ sein, aber es muss Folgen $(x_n)_{n \in \mathbb{N}}$ mit $x_n \in D$, $x_n \neq x_0$ und $x_n \to x_0$ geben.

[2] Voraussetzung ist ein reeller Definitionsbereich

[3] Voraussetzung ist ein reeller Definitions- bzw. Zielbereich

© Springer-Verlag GmbH Deutschland, ein Teil von Springer Nature 2020
G. Hoever, *Höhere Mathematik kompakt*,
https://doi.org/10.1007/978-3-662-62080-9_4

Bemerkung 4.1.2 (Schreibweise einseitiger Grenzwerte)

Statt $\lim\limits_{x\to x_0+} f(x)$ schreibt man auch $\lim\limits_{x\downarrow x_0} f(x)$ oder $\lim\limits_{x\searrow x_0} f(x)$, entsprechend statt $\lim\limits_{x\to x_0-} f(x)$ auch $\lim\limits_{x\uparrow x_0} f(x)$ oder $\lim\limits_{x\nearrow x_0} f(x)$.

Beispiel 4.1.3

401

Sei $f(x) = x^2$ und $x_0 = 2$.

Dann ist $\lim\limits_{x\to 2} f(x) = 4$, denn für jede
Folge (x_n) mit $x_n \to 2$ gilt

$$f(x_n) = x_n^2 \stackrel{n\to\infty}{\longrightarrow} 4.$$

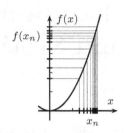

Abb. 4.2 Folgen x_n und $f(x_n)$.

Beispiel 4.1.4 (Heaviside-Funktion)

Sei

$$H : \mathbb{R} \to \mathbb{R},\ x \mapsto \begin{cases} 0, & \text{falls } x \le 0, \\ 1, & \text{falls } x > 0. \end{cases}$$

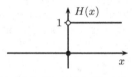

Abb. 4.3 Heaviside Funktion.

Der Grenzwert $\lim\limits_{x\to 0} H(x)$ existiert nicht, denn beispielsweise erhält man zu
der Folge $x_n = \dfrac{(-1)^n}{n}$, die $x_n \stackrel{n\to\infty}{\longrightarrow} 0$ erfüllt, als Folge der Funktionswerte

$$\big(f(x_n)\big)_{n\in\mathbb{N}} = (0, 1, 0, 1, 0, \dots),$$

die offensichtlich keinen Grenzwert besitzt. Beschränkt man sich auf Folgen mit nur positiven bzw. nur negativen Werten, sind die Funktionswerte immer 1 bzw. 0, d.h., die einseitigen Grenzwerte existieren:

$$\lim\limits_{x\to 0+} H(x) = 1 \qquad \text{und} \qquad \lim\limits_{x\to 0-} H(x) = 0.$$

Bemerkungen 4.1.5 (einseitige Grenzwerte)

1. Existiert der Grenzwert $\lim\limits_{x\to x_0} f(x)$, so existieren auch die einseitigen Grenzwerte $\lim\limits_{x\to x_0+} f(x)$ und $\lim\limits_{x\to x_0-} f(x)$ und haben den gleichen Wert.

   Dies gilt auch umgekehrt: Existieren die einseitigen Grenzwerte und haben den gleichen Wert, so folgt die Existenz des Grenzwerts $x \to x_0$ mit entsprechendem Wert.

2. Existieren die Grenzwerte $\lim\limits_{x\to x_0+} f(x)$ und $\lim\limits_{x\to x_0-} f(x)$, aber sind die Werte unterschiedlich, so spricht man von einer *Sprungstelle* von f (s. das Verhalten bei $\tilde{x}_0$ in Abb. 4.1 und bei 0 in Beispiel 4.1.4).

Satz 4.1.6 (ε-δ-Kriterium)

Es gilt

402

$$\lim_{x \to x_0} f(x) = y_0 \Leftrightarrow \begin{array}{l} \text{Für jedes } \varepsilon > 0 \text{ gibt es ein } \delta > 0, \text{ so dass gilt:} \\ \text{Für } x \neq x_0 \text{ mit } |x - x_0| < \delta \text{ gilt } |f(x) - y_0| < \varepsilon. \end{array}$$

Bemerkungen 4.1.7 zum ε-δ-Kriterium

1. Das ε-δ-Kriterium wird manchmal auch als Definition des Grenzwerts genutzt.

2. Während die Grenzwertcharakterisierung durch Folgen wie in Definition 4.1.1 eher eine dynamische Sichtweise beschreibt („wenn sich x_n dem Wert x_0 nähert, so nähert sich $f(x_n)$ dem Wert y_0"), ist die Charakterisierung mit dem ε-δ-Kriterium eher eine statische Sicht: Wenn x nahe bei x_0 ist, ist $f(x)$ nahe bei y_0.

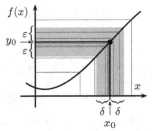

Abb. 4.4 ε-δ-Kriterium.

Bemerkungen 4.1.8 (Grenzwerte bei Definitionslücken)

1. Die Stelle x_0 muss nicht im Definitionsbereich der Funktion f liegen, wohl aber die Stellen x_n.

403

Beispiel 4.1.8.1

Sei $f : \mathbb{R} \setminus \{0\} \to \mathbb{R}$, $x \mapsto \frac{\sin x}{x}$.

Für $\lim_{x \to 0} f(x)$ betrachtet man Folgen $(x_n)_{n \in \mathbb{N}}$ mit $x_n \neq 0$ und $x_n \to 0$.

Mit Hilfe der Potenzreihenentwicklung von $\sin x$ (s. Satz 3.3.7) gilt:

$$\frac{\sin x}{x} = \frac{x - \frac{1}{3!}x^3 + \frac{1}{5!}x^5 - \frac{1}{7!}x^7 + - \ldots}{x}$$

$$= 1 - \frac{1}{3!}x^2 + \frac{1}{5!}x^4 - \frac{1}{7!}x^6 + - \ldots.$$

Damit ist plausibel, dass gilt:

$$\lim_{x \to 0} \frac{\sin x}{x} = \lim_{x \to 0} \left(1 - \frac{1}{3!}x^2 + \frac{1}{5!}x^4 - \frac{1}{7!}x^6 + - \ldots\right) = 1.$$

Die Funktion

$$f : \mathbb{R} \to \mathbb{R}, \quad x \mapsto \begin{cases} \frac{\sin x}{x}, & \text{falls } x \neq 0, \\ 1, & \text{falls } x = 0, \end{cases}$$

heißt auch si- oder sinc-Funktion (s. Abb. 4.5).

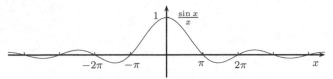

Abb. 4.5 Die sinc-Funktion.

2. Bei einer Rechnung wie in Beispiel 4.1.8.1 werden eigentlich zwei Grenzprozesse vertauscht: die Reihenberechnung als Grenzwert von Partialsummen und der Limes $x \to 0$. Im Allgemeinen ist eine solche Vertauschung von Grenzprozessen nicht ohne weiteres möglich. Die Anwendung im Zusammenhang mit Potenzreihen wie bei Beispiel 4.1.8.1 ist aber erlaubt.

Es gelten ähnliche Regeln wie bei Folgen (vgl. Satz 3.1.12 sowie Sätze 3.1.19 und 3.1.20)

404

Satz 4.1.9 (Rechenregeln für Grenzwerte)

Sind f und g Funktionen mit den Grenzwerten $\lim\limits_{x \to x_0} f(x) = a$ und $\lim\limits_{x \to x_0} g(x) = b$, so gilt:

$$\lim_{x \to x_0} (f(x) \pm g(x)) = a \pm b,$$

$$\lim_{x \to x_0} (f(x) \cdot g(x)) = a \cdot b,$$

$$\lim_{x \to x_0} \frac{f(x)}{g(x)} = \frac{a}{b}, \quad \text{falls } b \neq 0 \text{ ist.}$$

Satz 4.1.10 (wichtige Grenzwerte)

405

1. Sind p und q Polynome mit führenden Koeffizienten a_p und a_q, so gilt

$$\lim_{x \to \infty} \frac{p(x)}{q(x)} = \begin{cases} 0 & \text{, falls } p \text{ einen kleineren Grad als } q \text{ hat,} \\ \frac{a_p}{a_q} & \text{, falls } p \text{ und } q \text{ gleichen Grad haben,} \\ (\text{Vorzeichen von } \frac{a_p}{a_q}) \cdot \infty, \\ & \text{falls } p \text{ einen größeren Grad als } q \text{ hat.} \end{cases}$$

406

2. Für $Q > 1$ und jedes[1] a gilt $\lim\limits_{x \to \infty} \frac{Q^x}{x^a} = \infty$ und $\lim\limits_{x \to -\infty} (Q^x x^a) = 0$,

для $|q| < 1$ und jedes a gilt $\lim\limits_{x \to \infty} (q^x x^a) = 0$.

3. Für jedes $a > 0$ gilt $\lim\limits_{x \to \infty} \frac{\ln x}{x^a} = 0$ und $\lim\limits_{x \to 0+} (x^a \cdot \ln x) = 0$.

---

[1] Damit beim zweiten Grenzwert $(x \to -\infty)$ x^a definiert ist, muss a ganzzahlig sein.

Bemerkung 4.1.11 (Merkregel)

Die Eigenschaften 2. und 3. von Satz 4.1.10 fasst die folgende Merkregel zusammen (vgl. Bemerkung 3.1.21)

> *Exponentiell ist stärker als polynomiell,*
> *logarithmisch ist schwächer als polynomiell.*

Beispiel 4.1.11.1

$$\lim_{x \to \infty} \frac{x^3}{2^x} = \lim_{x \to \infty} \left(\frac{1}{2}\right)^x x^3 = 0.$$

Bemerkungen 4.1.12 zu Grenzwerten

1. Satz 4.1.10, 1., kann man sich wie bei Folgen (s. Bemerkung 3.1.14) durch Ausklammern und Kürzen der höchsten Potenz erklären.

   Beispiel 4.1.12.1

   $$\lim_{x \to \infty} \frac{2x^2+1}{x^2+x} = \lim_{x \to \infty} \frac{x^2\left(2+\frac{1}{x^2}\right)}{x^2\left(1+\frac{1}{x}\right)} = \lim_{x \to \infty} \frac{2+\frac{1}{x^2}}{1+\frac{1}{x}} = \frac{2+0}{1+0} = 2.$$

2. Grenzwerte $x \to -\infty$ kann man zu Grenzwerten $x \to \infty$ umwandeln.

   Beispiel 4.1.12.2

   $$\lim_{x \to -\infty} 2^x x^2 = \lim_{x \to \infty} 2^{-x}(-x)^2 = \lim_{x \to \infty} \left(\frac{1}{2}\right)^x x^2 = 0.$$

3. Bei gebrochen rationalen Funktionen hängt bei uneigentlicher Konvergenz für $x \to -\infty$ das Vorzeichen auch von den Graden des Zähler- und Nenner-polynoms ab.

   Beispiel 4.1.12.3

   $$\lim_{x \to -\infty} \frac{x^4+1}{x^3+x} = \lim_{x \to \infty} \frac{(-x)^4+1}{(-x)^3+(-x)} = \lim_{x \to \infty} \frac{x^4+1}{-x^3-x} = -\infty.$$

4.2 Stetigkeit

407

Definition 4.2.1 (Stetigkeit)

Sei f eine Funktion mit Definitionsbereich D.

f heißt *stetig an der Stelle* $x_0 \in D$ $\; :\Leftrightarrow\; \lim\limits_{x \to x_0} f(x) = f(x_0).$

f heißt *stetig* (in D) $\; :\Leftrightarrow\; f$ ist stetig an allen Stellen $x_0 \in D$.

Beispiele 4.2.2

1. Die Heaviside-Funktion

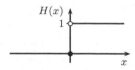

$$H : \mathbb{R} \to \mathbb{R}, \, x \mapsto \begin{cases} 0, \text{ falls } x \leq 0, \\ 1, \text{ falls } x > 0. \end{cases}$$

Abb. 4.6 Heaviside Funktion.

ist nicht stetig, denn H ist nicht stetig an
der Stelle 0 (s. Beispiel 4.1.4). Sie ist aber stetig an allen Stellen $x_0 \neq 0$.

2. Die Betragsfunktion

$$f : \mathbb{R} \to \mathbb{R}, \, x \mapsto |x|$$

ist stetig.

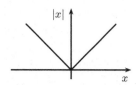

Abb. 4.7 Betragsfunktion.

3. Die Funktion

$$f : \mathbb{R} \setminus \{0\} \to \mathbb{R}, \, x \mapsto \frac{1}{x}$$

ist stetig, denn sie ist stetig an jeder Stelle x
ihres Definitionsbereichs $\mathbb{R} \setminus \{0\}$.

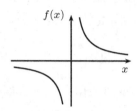

Abb. 4.8 Stetige Funktion.

Satz 4.2.3

1. Die elementaren Funktionen (Polynome, Exponential-, Wurzel-, trigonometrische Funktionen, …) sind stetig.

2. Mit den Funktionen f und g sind (falls definiert) auch $f \pm g$, $f \cdot g$, $\frac{f}{g}$
   und $f \circ g$ stetig.

Stetigkeit bedeutet anschaulich, dass man den Funktionsgraf innerhalb von Intervallen ohne abzusetzen anständig zeichnen kann. Gibt es dann einen Funktionswert kleiner Null und einen größer Null, so muss der Funktionsgraf dazwi-
schen die x-Achse schneiden, also eine Nullstelle haben:

408

Satz 4.2.4 (Nullstellensatz)

Sei $f : [a, b] \to \mathbb{R}$ eine stetige Funktion. Haben $f(a)$ und $f(b)$ unterschiedliche Vorzeichen, so gibt es eine Stelle $x \in [a, b]$ mit $f(x) = 0$.

Bemerkungen 4.2.5 (zu den Voraussetzungen des Nullstellensatzes)

1. Die Voraussetzung „Haben $f(a)$ und $f(b)$ unterschiedliche Vorzeichen" kann auch formuliert werden als „$f(a) \cdot f(b) < 0$".

2. Abb. 4.9 zeigt, dass die Voraussetzung der Stetigkeit für Satz 4.2.4 essenziell ist.

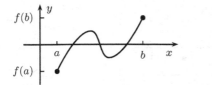 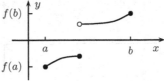

Abb. 4.9 Stetige Funktion und Funktion mit Sprung.

Bemerkung 4.2.6 (Bisektions-/ Intervallhalbierungsverfahren)

409

Hat man Stellen a und b, an denen eine im Intervall $[a, b]$ stetige Funktion f unterschiedliche Vorzeichen besitzt, so kann man eine Nullstelle von f schrittweise beliebig genau einschachteln:

Man berechnet den Funktionswert $f(\frac{a+b}{2})$ am Intervallmittelpunkt und wählt dann die Intervallhälfte aus, die an den Rändern weiterhin Funktionswerte mit unterschiedlichen Vorzeichen besitzt (vgl. Abb. 4.10).

Ist beispielsweise $f(a) < 0$ und $f(b) > 0$ (s. Abb. 4.10 links), so gilt:

Ist $f\left(\frac{a+b}{2}\right) \geq 0$, so liegt eine Nullstelle in $\left[a, \frac{a+b}{2}\right]$,

ist $f\left(\frac{a+b}{2}\right) < 0$, so liegt eine Nullstelle in $\left[\frac{a+b}{2}, b\right]$.

Ist umgekehrt $f(a) > 0$ und $f(b) < 0$ (s. Abb. 4.10 rechts), so muss man die jeweils andere Intervallhälfte nehmen.

Vom neuen Intervall betrachtet man wieder die Intervallmitte u.s.w.; eine Iteration führt so zu immer besseren Einschachtelungen einer Nullstelle.

Dieses Verfahren heißt *Bisektions-* oder *Intervallhalbierungsverfahren.*

Es ist dabei allerdings nicht ausgeschlossen, dass im Intervall $[a, b]$ noch weitere Nullstellen liegen, s. Abb. 4.10 links.

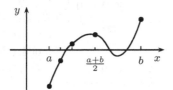 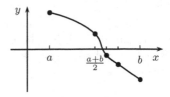

Abb. 4.10 Bisektionsverfahren.

Beispiel 4.2.6.1

Sei $f(x) = x^3 + x - 1$. Dann ist $f(0) = -1 < 0$ und $f(1) = 1 > 0$.

Also gibt es eine Nullstelle in $[0, 1]$.

Wegen $f(0.5) = -0.375 < 0$ gibt es eine Nullstelle in $[0.5, 1]$.

Wegen $f(0.75) \approx 0.172 > 0$ gibt es eine Nullstelle in $[0.5, 0.75]$.

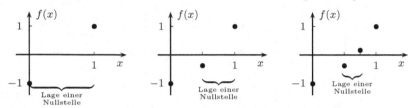

Abb. 4.11 Informationen über Funktionswerte von f und die Lage einer Nullstelle.

Bemerkung 4.2.7 zum Bisektionsverfahren

Jedes Auflösen von Gleichungen kann man durch entsprechende Umformung als Nullstellenproblem auffassen:

$$f(x) = g(x) \quad \Leftrightarrow \quad h(x) := f(x) - g(x) = 0.$$

Hat man Stellen a und b, an denen die Funktion h unterschiedliches Vorzeichen besitzt, und ist h stetig zwischen a und b, so kann man das Bisektionsverfahren auf h anwenden, um eine Nullstelle und damit eine Lösung der ursprünglichen Gleichung zu bestimmen.

Beispiel 4.2.7.1

Gesucht ist eine Lösung der Gleichung $x \cdot e^x = 1$. Es gilt

$$x \cdot e^x = 1$$
$$\Leftrightarrow \quad x \cdot e^x - 1 = 0.$$

Die Funktion $h(x) = x \cdot e^x - 1$ ist stetig mit $h(0) = -1 < 0$ und $h(1) = 1 \cdot e - 1 > 0$, so dass es eine Nullstelle von h zwischen 0 und 1 gibt.

Abbildung 4.12 zeigt eine Tabelle, wie durch Bisektion die Lösung bis auf 3 Nachkommastellen eingeschachtelt wird.

Wert von h am Intervallmittelpunkt	Nullstelle in
	$[0, 1]$
$h(0.5) < 0$	$[0.5, 1]$
$h(0.75) > 0$	$[0.5, 0.75]$
$h(0.625) > 0$	$[0.5, 0.625]$
$h(0.5625) < 0$	$[0.5625, 0.625]$
$h(0.5938) > 0$	$[0.5625, 0.5938]$
$h(0.5781) > 0$	$[0.5625, 0.5781]$
$h(0.5703) > 0$	$[0.5625, 0.5703]$
$h(0.5664) < 0$	$[0.5664, 0.5703]$
$h(0.5684) > 0$	$[0.5664, 0.5684]$
$h(0.5674) > 0$	$[0.5664, 0.5674]$

Abb. 4.12 Werte bei der Bisektion (auf 4 Stellen gerundet).

Man kann das Bisektionsverfahren indirekt auch auf die ursprüngliche Gleichung $f(x) = g(x)$ anwenden, indem man betrachtet, ob die linke Seite größer oder kleiner der rechten ist.

5 Differenzialrechnung

Die Differenzialrechnung und Ableitungen sind zentrale Werkzeuge der Höheren Mathematik. Der erste Abschnitt dient dem Verständnis von Ableitungen. Im zweiten Abschnitt werden Rechenregeln bereitgestellt, mit denen dann jede aus elementaren Funktionen zusammengestellte Funktion abgeleitet werden kann. Schließlich werden verschiedene Anwendungen vorgestellt.

Der Fokus in diesem Kapitel liegt auf reellen Funktionen, also Funktionen $f : D \to \mathbb{R}$ mit $D \subseteq \mathbb{R}$. Allerdings kann das meiste auch „komplex" gelesen werden.

5.1 Differenzierbare Funktionen

Einführung 5.1.1

Die Steigung m einer Geraden g kann man bestimmen durch

$$m = \frac{g(y) - g(x)}{y - x}.$$

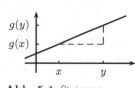

Abb. 5.1 Steigung.

500

501

Nun soll die Steigung einer beliebigen Kurve an einer Stelle x_0 bestimmt werden.

Diese Steigung entspricht der Steigung der Tangente an die Funktion in x_0, die man wiederum annähern kann durch die Steigung einer Sekanten durch x_0 und eine andere Stelle $x \neq x_0$, d.h. einer Geraden durch $(x_0, f(x_0))$ und $(x, f(x))$. (s. Abb. 5.2). Die Steigung dieser Sekante ist

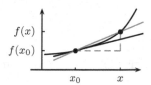

Abb. 5.2 Tangentensteigung als Grenzwert von Sekantensteigungen.

$$\frac{f(x) - f(x_0)}{x - x_0}.$$

Für $x \to x_0$ nähert sich dieser Wert (hoffentlich) immer mehr der Tangentensteigung an.

© Springer-Verlag GmbH Deutschland, ein Teil von Springer Nature 2020
G. Hoever, *Höhere Mathematik kompakt*,
https://doi.org/10.1007/978-3-662-62080-9_5

Definition 5.1.2 (Differenzierbarkeit und Ableitung)

Sei f eine Funktion mit Definitionsbereich D und $x_0 \in D$.

Die Funktion f heißt *differenzierbar in x_0*

$$:\Leftrightarrow \lim_{x \to x_0} \frac{f(x) - f(x_0)}{x - x_0} \overset{x = x_0 + h}{=} \lim_{h \to 0} \frac{f(x_0 + h) - f(x_0)}{h} \text{ existiert.}$$

In diesem Fall wird der Grenzwert mit $f'(x_0)$ bezeichnet (*Ableitung*).

Die Funktion f heißt *differenzierbar* (in D)

$\quad :\Leftrightarrow\ f$ ist differenzierbar in jedem $x_0 \in D$.

Die Funktion $x \mapsto f'(x)$ heißt dann *Ableitung f' von f*.

Der Ausdruck $\frac{f(x)-f(x_0)}{x-x_0} = \frac{f(x_0+h)-f(x_0)}{h}$ heißt *Differenzenquotient*.

502

Bemerkungen 5.1.3

1. Andere Schreibweisen für die Ableitung sind $\frac{\mathrm{d}f}{\mathrm{d}x}(x)$ und $\frac{\mathrm{d}}{\mathrm{d}x}f(x)$.

2. Da die Ableitung die Steigung einer Funktion angibt, kann man aus dem Verlauf des Funktionsgrafen einer Funktion den qualitativen Verlauf der Ableitung ablesen.
503

3. Eine differenzierbare Funktion $\mathbb{C} \to \mathbb{C}$ nennt man auch *holomorph*.

504

Beispiele 5.1.4

1. Für eine lineare Funktion $f(x) = mx + a$ mit festen Werten a und m ist

$$\begin{aligned}
\lim_{x \to x_0} \frac{f(x) - f(x_0)}{x - x_0} &= \lim_{x \to x_0} \frac{mx + a - (mx_0 + a)}{x - x_0} \\
&= \lim_{x \to x_0} \frac{m(x - x_0)}{x - x_0} = m.
\end{aligned}$$
505

2. Für $f(x) = x^2$ erhält man

$$\begin{aligned}
\lim_{h \to 0} \frac{f(x_0 + h) - f(x_0)}{h} &= \lim_{h \to 0} \frac{(x_0 + h)^2 - x_0^2}{h} \\
&= \lim_{h \to 0} \frac{x_0^2 + 2x_0 h + h^2 - x_0^2}{h} \\
&= \lim_{h \to 0} (2x_0 + h) = 2x_0.
\end{aligned}$$

Also ist $f(x) = x^2$ differenzierbar mit $f'(x) = 2x$.

3. Man kann zeigen, dass die Exponential- und Winkelfunktionen differenzierbar sind mit

$$\left(\mathrm{e}^x\right)' \;=\; \mathrm{e}^x, \qquad (\sin x)' \;=\; \cos x \quad \text{und} \quad (\cos x)' \;=\; -\sin x.$$

4. Im Alltag begegnet man der Ableitung in Form der Geschwindigkeit:

Ist $s(t)$ der zurückgelegte Weg zur Zeit t, so ist die Durchschnittsgeschwindigkeit gleich der Wegdifferenz dividiert durch die Zeitdifferenz, also gleich dem Differenzenquotienten

$$\frac{s(t_2) - s(t_1)}{t_2 - t_1};$$

die Ableitung $s'(t)$ entspricht der Momentangeschwindigkeit.

Bei zeitabhängigen Funktionen schreibt man häufig auch $\dot{s}$ statt s'.

Anschaulich bedeutet die Aussage „f ist differenzierbar in x_0", dass die Funktion f in der Nähe der Stelle x_0 durch eine Gerade (Tangente) angenähert werden kann.

506

Satz 5.1.5 (Tangentengleichung)

Ist die Funktion f differenzierbar an der Stelle x_0, so wird die Tangente t zu f in x_0 beschrieben durch

$$t(x) \;=\; f(x_0) + f'(x_0) \cdot (x - x_0).$$

Bemerkung 5.1.6 zur Tangentengleichung

Da die Tangente durch den Punkt $(x_0, f(x_0))$ verläuft und die Ableitung $f'(x_0)$ die Steigung beschreibt, folgt Satz 5.1.5 direkt aus der Punkt-Steigungs-Formel (Satz 1.1.6).

Beispiel 5.1.7

Sei $f(x) = x^2$ und $x_0 = 1$.

Nach Beispiel 5.1.4, 2., ist $f'(x) = 2x$, konkret also $f'(1) = 2$.

Damit lautet die Tangentengleichung

$$g(x) \;=\; 1 + 2(x-1) \;=\; 2x - 1.$$

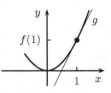

Abb. 5.3 Tangente.

507

Bemerkung 5.1.8 (Stetigkeit und Differenzierbarkeit)

Jede differenzierbare Funktion ist stetig.

Denn existiert die Ableitung, also der Grenzwert

$$\lim_{x \to x_0} \frac{f(x) - f(x_0)}{x - x_0},$$

so muss — da der Nenner für $x \to x_0$ gegen 0 strebt — auch der Zähler für $x \to x_0$ gegen 0 streben, also

$$\lim_{x \to x_0} f(x) = f(x_0).$$

Die Umkehrung gilt aber nicht: Es gibt stetige Funktionen, die nicht differenzierbar sind. Differenzierbarkeit bedeutet anschaulich, dass der Funktionsgraf keinen Knick hat; eine Funktion mit Knickstellen ist an diesen Stellen nicht differenzierbar.

Beispiel 5.1.8.1

Sei $f : \mathbb{R} \to \mathbb{R}$, $x \mapsto |x|$.

Die Funktion f ist stetig in $\mathbb{R}$, also insbesondere in $x_0 = 0$. Es gilt aber

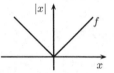

$$\frac{f(x) - f(0)}{x - 0} = \frac{|x|}{x} = \begin{cases} +1, \text{ falls } x > 0 \\ -1, \text{ falls } x < 0 \end{cases},$$

Abb. 5.4 Betragsfunktion.

so dass der Grenzwert $\lim_{x \to 0} \frac{f(x) - f(0)}{x - 0}$ nicht existiert.

Also ist f in 0 nicht differenzierbar.

508

Bemerkung 5.1.9 (Ableitung und Näherungen)

Für kleine Werte h ist

$$f'(x_0) \approx \frac{f(x_0 + h) - f(x_0)}{h}. \tag{1}$$

Dies kann man zur numerischen Berechnung der Ableitung f' nutzen.

Ferner folgt aus (1)

$$f(x_0 + h) - f(x_0) \approx f'(x_0) \cdot h \tag{2}$$

$$\Leftrightarrow \quad f(x_0 + h) \approx f(x_0) + f'(x_0) \cdot h, \tag{3}$$

d.h., bei bekannter Ableitung kann man Änderungen der Funktion f mit Hilfe der Ableitung f' approximieren.

Bei $x = x_0 + h$, also $h = x - x_0$, lauten diese Formeln für x nahe x_0

$$f'(x_0) \quad \approx \quad \frac{f(x) - f(x_0)}{x - x_0} \tag{1'}$$

$$\Leftrightarrow \quad f(x) - f(x_0) \quad \approx \quad f'(x_0) \cdot (x - x_0) \tag{2'}$$

$$\Leftrightarrow \quad f(x) \quad \approx \quad f(x_0) + f'(x_0) \cdot (x - x_0). \tag{3'}$$

Die Gleichung (2') kann man auch kurz ausdrücken als

$$\Delta f \quad \approx \quad f'(x_0) \cdot \quad \Delta x.$$

Die Gleichung (3') drückt aus, dass die Tangente (s. Satz 5.1.5) eine Approximation zu f ist.

Die Ableitung einer Funktion ist selbst eine Funktion, die man wieder ableiten kann:

509

Definition 5.1.10 (höhere Ableitungen)

Die Funktion f sei differenzierbar im Definitionsbereich D und $x_0 \in D$.

Ist f' differenzierbar (in x_0), so heißt f *2-mal differenzierbar* (in x_0); man schreibt $f''(x_0) := (f')'(x_0)$.

Entsprechend spricht man von *3-mal, ..., n-mal differenzierbar*.

Die n-te Ableitung wird auch mit $f^{(n)}$ bezeichnet, speziell

$$f^{(2)} = f'', \quad f^{(1)} = f', \quad f^{(0)} = f.$$

Existiert die n-te Ableitung und ist stetig, so nennt man f *n-mal stetig differenzierbar*.

Beispiele 5.1.11

1. Sei $f(x) = x^2$.

   Nach Beispiel 5.1.4, 2., ist $f'(x) = 2x$.

   Nach Beispiel 5.1.4, 1., ist f' als lineare Funktion differenzierbar mit

   $$f''(x) = (f')'(x) = (2x)' = 2.$$

2. Im Alltag begegnet man der zweiten Ableitung in Form der Beschleunigung:

   Ist $s(t)$ der zurückgelegte Weg zur Zeit t, so ist $s'(t)$ die Geschwindigkeit, und die Änderung der Geschwindigkeit, also $s''(t)$, ist die Beschleunigung (auch $\ddot{s}$ geschrieben).

5.2 Rechenregeln

510

511

512

Satz 5.2.1 (Ableitungsregeln)

Sind f und g differenzierbare Funktionen, so sind auch die Funktionen $f \pm g$, $f \cdot g$, $\lambda \cdot f$ (mit $\lambda \in \mathbb{R}$ konstant) und, falls $g \neq 0$ ist, $\frac{f}{g}$ differenzierbar mit:

1. $(f \pm g)' = f' \pm g'$,

2. $(\lambda \cdot f)' = \lambda \cdot f'$,

3. $(f \cdot g)' = f' \cdot g + f \cdot g'$ (Produktregel),

4. $\left(\dfrac{f}{g}\right)' = \dfrac{f' \cdot g - f \cdot g'}{g^2}$ (Quotientenregel),

    speziell: $\left(\dfrac{1}{g}\right)' = \dfrac{-g'}{g^2}$.

Beispiele 5.2.2

Mit Hilfe der in Beispiel 5.1.4 genannten Ableitungen erhält man unter Anwendung von Satz 5.2.1

1. $(1 + x^2)' = (1)' + (x^2)' = 0 + 2x = 2x$,

2. $(3 \cdot \sin x)' = 3 \cdot (\sin x)' = 3 \cdot \cos x$,

3. $(x \cdot \sin x)' = (x)' \cdot \sin x + x \cdot (\sin x)' = 1 \cdot \sin x + x \cdot \cos x$,

4. $(\tan x)' = \left(\dfrac{\sin x}{\cos x}\right)'$

    $= \dfrac{(\sin x)' \cdot \cos x - \sin x \cdot (\cos x)'}{\cos^2 x}$

    $= \dfrac{\cos x \cdot \cos x - \sin x \cdot (-\sin x)}{\cos^2 x} = \dfrac{\cos^2 x + \sin^2 x}{\cos^2 x}$.

Diesen Ausdruck kann man in zweierlei Arten vereinfachen: Einerseits kann man den Zähler wegen des trigonometrischen Pythagoras (s. Satz 1.1.55, 2.) zu 1 umformen, andererseits kann man den Bruch aufspalten. Damit erhält man

$$(\tan x)' = \frac{1}{\cos^2 x} = 1 + \tan^2 x.$$

5. $\left(\dfrac{1}{1 + x^2}\right)' = \dfrac{-(1 + x^2)'}{(1 + x^2)^2} = \dfrac{-2x}{(1 + x^2)^2}$.

Bemerkung 5.2.3 (Veranschaulichung der Produktregel)

Die Produktregel kann man sich entsprechend
Abb. 5.5 verbildlichen:

Ein Rechteck mit den Seitenlängen f und g
besitzt den Flächeninhalt $f \cdot g$. Die Änderung
$\Delta(f \cdot g)$ dieses Flächeninhalts bei Änderung
der Seitenlängen um Δf bzw. Δg ist

$$\Delta(f \cdot g) \;=\; \Delta f \cdot g + f \cdot \Delta g + \Delta f \cdot \Delta g.$$

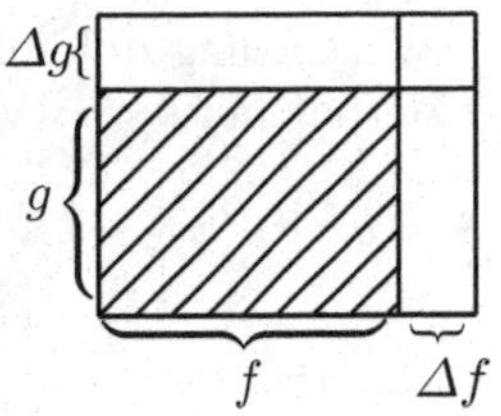

Abb. 5.5 Zur Produktregel.

Bei kleinen Änderungen ist $\Delta f \cdot \Delta g$ gegenüber den anderen Termen vernachlässigbar und man erhält

$$\Delta(f \cdot g) \;\approx\; \Delta f \cdot g + f \cdot \Delta g.$$

Bemerkungen 5.2.4 (Zusammenhang der Ableitungsregeln)

1. Die Regel $(\lambda \cdot f)' = \lambda \cdot f'$ erhält man als Spezialfall der Produktregel: Ist
   $h(x) = \lambda$ konstant, also $h'(x) = 0$, so erhält man mit der Produktregel

   $$(\lambda \cdot f)' \;=\; (h \cdot f)' \;=\; h' \cdot f + h \cdot f' \;=\; 0 \cdot f + \lambda \cdot f' \;=\; \lambda \cdot f'.$$

2. Den Spezialfall $\left(\frac{1}{g}\right)' = \frac{-g'}{g^2}$ erhält man aus der Quotientenregel mit $f(x) = 1$
   unter Beachtung von $f'(x) = 0$:

   $$\left(\frac{1}{g}\right)' \;=\; \frac{(1)' \cdot g - 1 \cdot g'}{g^2} \;=\; \frac{0 \cdot g - g'}{g^2} \;=\; \frac{-g'}{g^2}.$$

Umgekehrt ergibt sich die Quotientenregel aus dem Spezialfall und der Produktregel:

$$\left(\frac{f}{g}\right)' \;=\; \left(f \cdot \frac{1}{g}\right)'$$

$$\overset{\text{Produkt-}}{\underset{\text{regel}}{=}} \quad f' \cdot \frac{1}{g} + f \cdot \left(\frac{1}{g}\right)'$$

$$\overset{\text{spez.}}{\underset{\text{Quot.-regel}}{=}} \quad f' \cdot \frac{1}{g} + f \cdot \frac{-g'}{g^2}$$

$$= \quad \frac{f' \cdot g}{g^2} - \frac{f \cdot g'}{g^2} \;=\; \frac{f' \cdot g - f \cdot g'}{g^2}.$$

513

Satz 5.2.5 (Kettenregel)

Die Verkettung differenzierbarer Funktionen f und g ist wieder differenzierbar mit

$$(g \circ f)'(x) \;=\; \underbrace{g'(f(x))}_{\text{äußere Ableitung}} \cdot \underbrace{f'(x)}_{\text{innere Ableitung}}.$$

Bemerkung 5.2.6 (Plausibilisierung der Kettenregel)

Die Gültigkeit der Kettenregel kann man sich auf folgende Weise plausibilisieren: Ist $h = g \circ f$, so erhält man mit $y = f(x)$

$$h(x) \;=\; g(f(x)) \;=\; g(y).$$

Für Funktionswert-Differenzen an einer Stelle x_0 bzw. $y_0 = f(x_0)$ gilt dann mit Hilfe der Ableitung nach Bemerkung 5.1.9

$$\Delta h \;\approx\; g'(y_0) \cdot \Delta y \qquad \text{und} \qquad \Delta y \;\approx\; f'(x_0) \cdot \Delta x,$$

also

$$\Delta h \;\approx\; g'(y_0) \cdot f'(x_0) \cdot \Delta x \;=\; g'(f(x_0)) \cdot f'(x_0) \cdot \Delta x.$$

Also gibt $g'(f(x_0)) \cdot f'(x_0)$ die Änderungsrate von $h = g \circ f$ an.

Beispiele 5.2.7

1. Sei $f(x) = x^2$ und $g(x) = \sin x$. Damit ist:

$$(\sin(x^2))' \;=\; (g \circ f(x))' \;=\; g'(f(x)) \cdot f'(x) \;=\; \cos(x^2) \cdot 2x.$$

514

2. Sei

$$f(x) \;=\; \frac{x}{(1+3x)^2}.$$

Bei der Quotientenregel braucht man die Ableitung des Nenners. Man könnte den Nenner ausquadrieren und das resultierende Polynom summandenweise ableiten. Geschickter ist aber die Anwendung der Kettenregel:

$$((1+3x)^2)' \;=\; 2 \cdot (1+3x) \cdot 3 \;=\; 6 \cdot (1+3x).$$

Damit kann man nach Anwendung der Quotientenregel den Faktor $(1+3x)$ im Zähler ausklammern und anschließend kürzen:

$$\left(\frac{x}{(1+3x)^2}\right)' = \frac{1\cdot(1+3x)^2 - x\cdot 6\cdot(1+3x)}{[(1+3x)^2]^2}$$

$$= \frac{(1+3x)\cdot\left((1+3x)-6x\right)}{(1+3x)^4} = \frac{1-3x}{(1+3x)^3}.$$

Die Möglichkeit zu kürzen hätte man nicht so leicht gesehen, wenn man den Nenner in ausquadrierter Form abgeleitet hätte.

Dies gilt allgemein: Bei einem Bruch mit einer Potenz im Nenner kann man nach Anwendung der Quotientenregel so kürzen, dass sich die Potenz im Nenner nur um Eins erhöht.

3. Sei $f(x) = cx$ mit einem festen Wert c und $g(x) = e^x$.

   Dann ist $(g \circ f)(x) = e^{cx}$, und mit $f'(x) = c$ und $g'(x) = e^x$ erhält man

515

$$\left(e^{cx}\right)' = (g \circ f)'(x) = g'(f(x))\cdot f'(x) = e^{cx}\cdot c. \tag{$*$}$$

Folgerungen 5.2.7.1

1) Die Gleichung ($*$) gilt auch für komplexe Werte. Speziell für $c = j$ ergibt sich $\left(e^{jx}\right)' = j\cdot e^{jx}$. Mit der Euler-Formel (Satz 2.3.1) erhält man dadurch

$$\left(e^{jx}\right)' = j\cdot e^{jx} = j(\cos x + j\sin x) = j\cos x - \sin x.$$

Anderseits ist $\left(e^{jx}\right)' = (\cos x + j\sin x)' = (\cos x)' + j(\sin x)'$.

Der Vergleich von Real- und Imaginärteil bei reellem x ergibt

$$(\cos x)' = -\sin x \quad \text{und} \quad (\sin x)' = \cos x.$$

2) Für $a > 0$ ist $a^x = \left(e^{\ln a}\right)^x = e^{(\ln a)\cdot x}$, also

$$(a^x)' = \left(e^{(\ln a)\cdot x}\right)' = e^{(\ln a)\cdot x}\cdot \ln a = a^x\cdot \ln a.$$

4. Es ist $x = e^{\ln x}$. Ableiten auf beiden Seiten liefert

$$1 = e^{\ln x}\cdot(\ln x)' = x\cdot(\ln x)'.$$

Also gilt

$$(\ln x)' = \frac{1}{x}.$$

Folgerungen 5.2.7.2

1) Speziell an der Stelle $x_0 = 1$ hat also die ln-Funktion den Ableitungswert $\frac{1}{1} = 1$. Betrachtet man diesen Wert als Grenzwert des Differenzenquotienten mit $h = \frac{1}{n}$, erhält man

516

$$1 = \lim_{n \to \infty} \frac{\ln(1 + \frac{1}{n}) - \ln 1}{\frac{1}{n}}.$$

Wegen $\ln 1 = 0$ erhält man durch Auflösen des Doppelbruchs und mit der Logarithmus-Regel Satz 1.3.9, 4.,

$$\frac{\ln(1 + \frac{1}{n}) - \ln 1}{\frac{1}{n}} = n \cdot \ln(1 + \frac{1}{n}) = \ln\left((1 + \frac{1}{n})^n\right),$$

also $1 = \lim_{n \to \infty} \ln\left((1 + \frac{1}{n})^n\right)$. Wegen $\ln e = 1$ ist damit $\lim_{n \to \infty} (1 + \frac{1}{n})^n = e$ plausibel, s. Satz 3.1.22.

517

2) Mit der Ableitung der Logarithmus-Funktion kann man das Wachstum der Partialsummen der harmonischen Reihe (s. Satz 3.2.12) plausibili- sieren:

Mit der Näherungsformel

$$f(x_0 + h) - f(x_0) \approx f'(x_0) \cdot h$$

erhält man für $f(x) = \ln x$, $h = 1$ und $x_0 = k$:

$$\ln(k + 1) - \ln(k) \approx \frac{1}{k}$$

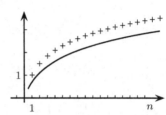

Abb. 5.6 Partialsummen der harmonischen Reihe (+) und Funktion $\ln(x + 1)$ (durchgezo- gen).

und damit als Teleskopsumme

$$\sum_{k=1}^{n} \frac{1}{k} \approx \sum_{k=1}^{n} \left(\ln(k + 1) - \ln(k)\right)$$
$$= \left(\ln(2) - \ln(1)\right) + \left(\ln(3) - \ln(2)\right) + \ldots + \left(\ln(n + 1) - \ln(n)\right)$$
$$= -\ln(1) \quad + \quad \ln(n + 1) = \ln(n + 1).$$

Die Partialsummen der harmonischen Reihe wachsen also ungefähr so wie die Funktion $\ln(n + 1)$, s. Abb. 5.6.

518

Satz 5.2.8 (Ableitung der Umkehrfunktion)

Ist f umkehrbar und differenzierbar in x_0 mit $f'(x_0) \neq 0$, so ist die Umkehrfunktion f^{-1} differenzierbar in $y_0 = f(x_0)$ mit

$$\left(f^{-1}\right)'(y_0) = \frac{1}{f'(x_0)} = \frac{1}{f'(f^{-1}(y_0))}.$$

Bemerkungen 5.2.9 zum Satz über die Ableitung der Umkehrfunktion

1. Bei linearen Funktionen ist die Invertierung der Steigung bei der Umkehrfunktion leicht einzusehen:

   Ist $f(x) = mx + a$, so erhält man die Umkehrfunktion durch

$$y = mx + a \iff x = \frac{1}{m} \cdot (y - a) = \frac{1}{m} \cdot y - \frac{a}{m},$$

   also

$$f^{-1}(y) = \frac{1}{m} \cdot y - \frac{a}{m}.$$

   Die ursprüngliche Funktion f hat die Steigung m, die Umkehrfunktion f^{-1} die Steigung $\frac{1}{m}$.

2. Abb. 5.7 verdeutlicht die Lage von x_0 und $y_0 = f(x_0)$ sowie den Zusammenhang der Steigungen:

   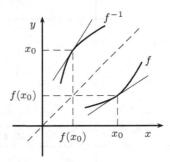

   Die Tangenten zur Funktion f in x_0 und zur Umkehrfunktion f^{-1} in $y_0 = f(x_0)$ sind zueinander gespiegelt, also jeweils Umkehrfunktionen zueinander.

   Nach der Rechnung von 1. besitzen diese Tangenten damit zueinander inverse Steigungen. Da diese genau den Ableitungen $f'(x_0)$ und $\left(f^{-1}\right)'(y_0)$ entsprechen, folgt

   Abb. 5.7 Steigungen zu f und f^{-1}.

$$\left(f^{-1}\right)'(y_0) = \frac{1}{f'(x_0)}.$$

3. Rechnerisch erhält man Satz 5.2.8 wie bei Beispiel 5.2.7, 4.:

   Wegen $x = f^{-1}(f(x)) = (f^{-1} \circ f)(x)$ ergibt sich beim Ableiten beider Seiten, rechts unter Anwendung der Kettenregel:

$$1 = (f^{-1} \circ f)'(x_0) = \left(f^{-1}\right)'(f(x_0)) \cdot f'(x_0) = \left(f^{-1}\right)'(y_0) \cdot f'(x_0),$$

   also $\left(f^{-1}\right)'(y_0) = \frac{1}{f'(x_0)}$.

Beispiel 5.2.10

Die Umkehrfunktion zu $f(x) = \tan x$ ist $x = f^{-1}(y) = \arctan y$.

Nach Beispiel 5.2.2, 4., ist $(\tan x)' = 1 + \tan^2 x$.

Damit erhält man

$$(\arctan y)' = \frac{1}{1 + \tan^2 x} = \frac{1}{1 + \left(\tan(\arctan y)\right)^2} = \frac{1}{1 + y^2}.$$

Übersicht über wichtige Ableitungen

519

$f(x)$	$f'(x)$	Bemerkung
x^a	$a x^{a-1}$	Die Formel gilt für alle Werte $a \in \mathbb{R}$.
1	0	Wegen $1 = x^0$ folgt die Formel aus der Ableitung zu x^a mit $a = 0$.
x	1	Wegen $x = x^1$ folgt die Formel aus der Ableitung zu x^a mit $a = 1$.
x^2	$2x$	Die Formel folgt aus der Ableitung zu x^a mit $a = 2$.
$\sqrt{x}$	$\dfrac{1}{2\sqrt{x}}$	Wegen $\sqrt{x} = x^{\frac{1}{2}}$ folgt die Formel aus der Ableitung zu x^a mit $a = \frac{1}{2}$.
$\dfrac{1}{x}$	$-\dfrac{1}{x^2}$	Wegen $\frac{1}{x} = x^{-1}$ folgt die Formel aus der Ableitung zu x^a mit $a = -1$.
e^x	e^x	
a^x	$a^x \ln a$	Wegen $a^x = \mathrm{e}^{x \ln a}$ folgt die Formel aus der Ableitung zu e^x.
$\ln x$	$\dfrac{1}{x}$	S. Beispiele 5.2.7, 4.
$\log_a x$	$\dfrac{1}{x \ln a}$	Wegen $\log_a x = \frac{\ln x}{\ln a}$ folgt die Formel aus der Ableitung zu $\ln x$.
$\sin x$	$\cos x$	
$\cos x$	$-\sin x$	
$\tan x$	$1 + \tan^2 x = \dfrac{1}{\cos^2 x}$	S. Beispiele 5.2.2, 4.
$\cot x$	$-1 - \cot^2 x = -\dfrac{1}{\sin^2 x}$	Die Formel erhält man ähnlich zur Ableitung von $\tan x$, s. Beispiele 5.2.2, 4.
$\arcsin x$	$\dfrac{1}{\sqrt{1 - x^2}}$	Die Formel kann man mittels Satz 5.2.8 und der Ableitung zu $\sin x$ herleiten.
$\arccos x$	$-\dfrac{1}{\sqrt{1 - x^2}}$	Die Formel kann man mittels Satz 5.2.8 und der Ableitung zu $\cos x$ herleiten.
$\arctan x$	$\dfrac{1}{1 + x^2}$	S. Beispiel 5.2.10.
$\sinh x$	$\cosh x$	Die Formel folgt elementar aus der Definition $\sinh x = \frac{1}{2}\left(\mathrm{e}^x - \mathrm{e}^{-x}\right)$.
$\cosh x$	$\sinh x$	Die Formel folgt elementar aus der Definition $\cosh x = \frac{1}{2}\left(\mathrm{e}^x + \mathrm{e}^{-x}\right)$.

5.3 Anwendungen

5.3.1 Kurvendiskussion

Bei differenzierbaren Funktionen kann man mit Hilfe der Ableitungen Rück-
schlüsse auf den Kurvenverlauf ziehen.

Satz 5.3.1 (Ableitung und Monotonie)

Ist die Funktion $f :]a, b[\to \mathbb{R}$ differenzierbar, so gilt

$$\begin{matrix} f'(x) & \geq & 0 \\ f'(x) & \leq & 0 \end{matrix} \text{ für alle } x \in]a, b[\quad \Leftrightarrow \quad f \text{ ist } \begin{matrix} \text{monoton wachsend} \\ \text{monoton fallend} \end{matrix} .$$

Ist sogar $f'(x) > 0$ bzw. $f'(x) < 0$ in $]a, b[$, so folgt strenge Monotonie.

520

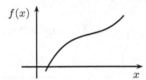
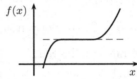

Abb. 5.8 Streng monotone (links) und monotone Funktion (rechts).

Bemerkungen 5.3.2 zu Satz 5.3.1

1. An der streng monoton wachsenden Funktion $f(x) = x^3$ sieht man, dass aus der strengen Monotonie nicht zwangsläufig folgt, dass die Ableitung immer echt größer oder kleiner als Null ist, denn mit $f'(x) = 3x^2$ ist $f'(0) = 0$.

Abb. 5.9 Strenge Monotonie.

2. Ist das Definitionsgebiet kein Intervall sondern gibt es Definitionslücken, so kann die Ableitung überall im Definitionsgebiet positiv sein, ohne dass Monotonie im gesamten Definitionsgebiet vorliegt, z.B. bei $f(x) = \tan x$.

Definition 5.3.3 (lokale Extremstelle)

Sei $f : D \to \mathbb{R}$ eine Funktion und $x_0 \in D$. Man sagt:

Die Funktion f hat in x_0 ein lokales $\begin{matrix} \text{Maximum} \\ \text{Minimum} \end{matrix}$

$:\Leftrightarrow$ es gibt eine Umgebung $U_\varepsilon(x_0)$, so dass

für alle $x \in U_\varepsilon(x_0) \cap D$ gilt: $\begin{matrix} f(x) & \leq & f(x_0) \\ f(x) & \geq & f(x_0) \end{matrix}$.

521

Die Stelle x_0 heißt dann *lokale Extremstelle*.

Bemerkung 5.3.4 (lokale und globale Extremstelle)

Ist x_0 beispielsweise eine lokale Maximalstelle der Funktion f, so ist $f(x_0)$ *in der Nähe* von x_0 der größte Funktionswert (im Sinne von „$\geq$"). Es kann woanders aber noch größere Funktionswerte geben, s. Abb. 5.10.

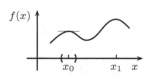

Abb. 5.10 Lokale (x_0) und globale (x_1) Extremstelle.

Gilt $f(x_1) \geq f(x)$ bzw. $f(x_1) \leq f(x)$ für alle $x \in D$, so nennt man x_1 *globale* Extremstelle.

522

Satz 5.3.5 (notwendige Bedingung für eine Extremstelle)

Ist die Funktion $f : \,]a, b[\, \to \mathbb{R}$ differenzierbar, so gilt

$$x_0 \in \,]a, b[\ \text{ist lokale Extremstelle} \quad \Rightarrow \quad f'(x_0) = 0.$$

Bemerkungen 5.3.6 zur notwendigen Bedingung für eine Extremstelle

1. Die Rückrichtung "$\Leftarrow$" im Satz 5.3.5 gilt nicht.

   Beispiel 5.3.6.1

   Die Funktion $f(x) = x^3$ hat die Ableitung $f'(x) = 3x^2$, also insbesondere $f'(0) = 0$, aber 0 ist keine Extremstelle von f.

Abb. 5.11 Ableitung gleich Null, aber keine Extremstelle.

2. Es ist wichtig, dass die betrachtete Stelle x_0 im Inneren des Intervalls liegt. Bei einer lokalen Extremstelle am Rand muss die Ableitung (einseitig betrachtet) nicht gleich Null sein, s. Abb. 5.12.

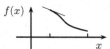

Abb. 5.12 Ableitung ungleich Null, aber Extremstelle.

3. Satz 5.3.5 kann benutzt werden, wenn man das Maximum oder Minimum einer differenzierbaren Funktion sucht: Man berechnet die Nullstellen der Ableitung. Liegt die Extremstelle im Inneren des Definitionsbereichs, so muss sie eine der Nullstellen sein. Eventuell sind gesonderte Überlegungen für die Ränder des Definitionsbereichs nötig.

Merkregel:

> *Kandidaten für Extremstellen sind die*
> *Nullstellen der Ableitung und Randstellen.*

Satz 5.3.7 (hinreichende Bedingung für eine Extremstelle)

Für eine Funktion $f : D \to \mathbb{R}$ und $x_0 \in D$ gilt[1]

1. $f'(x_0) = 0$ und $\begin{array}{l} f''(x_0) < 0 \\ f''(x_0) > 0 \end{array} \Rightarrow x_0$ ist $\begin{array}{l} \text{Maximal-} \\ \text{Minimal-} \end{array}$ stelle.

2. $f'(x_0) = 0$ und in x_0 hat f' einen Vorzeichenwechsel

   $\begin{array}{l} \text{von } \text{„}+\text{" zu } \text{„}-\text{"} \\ \text{von } \text{„}-\text{" zu } \text{„}+\text{"} \end{array} \Rightarrow x_0$ ist $\begin{array}{l} \text{Maximal-} \\ \text{Minimal-} \end{array}$ stelle.

523

524

Bemerkungen 5.3.8 zur hinreichenden Bedingung für eine Extremstelle

1. Abb 5.13 zeigt einen typischen Verlauf von f, f' und f'' bei Anwendung von Satz 5.3.7, 1.

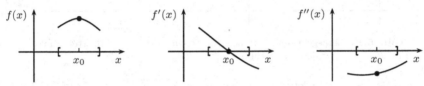

Abb. 5.13 Typischer Verlauf bei $f'(x_0) = 0$ und $f''(x_0) < 0$.

Ist f'' in einer Umgebung von x_0 negativ (dies gilt, wenn $f''(x_0) < 0$ und f'' stetig ist), so ist f' in dieser Umgebung monoton fallend. Ist noch $f'(x_0) = 0$, so bedeutet dies einen Vorzeichenwechsel von f' bei x_0 von „+" zu „−". Die Funktion f ist also links von x_0 wachsend und rechts von x_0 fallend, muss in x_0 also eine Maximalstelle besitzen.

2. Abb. 5.14 zeigt mögliche Verhalten bei einer Nullstelle der Ableitung.

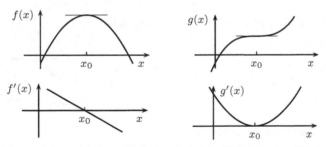

Abb. 5.14 Verschiedenes Verhalten bei einer Nullstelle der Ableitung.

Man sieht: Wechselt das Vorzeichen der Ableitung, so liegt eine Extremstelle vor. Bleibt das Vorzeichen gleich, so liegt keine Extremstelle vor; die Ableitung hat dann in x_0 eine Extremstelle. Die Ableitung der Ableitung, also die zweite Ableitung, ist dort also gleich Null.

---

[1] unter gewissen Voraussetzungen, beispielsweise falls f zweimal stetig differenzierbar ist.

Die zweite Ableitung gibt Auskunft über das Krümmungsverhalten:

525

Satz 5.3.9 (Krümmungsverhalten und Wendestellen)

Für eine Funktion $f :]a, b[\to \mathbb{R}$ gilt[1]

1. Ist $\begin{array}{l} f''(x) < 0 \\ f''(x) > 0 \end{array}$ für alle $x \in]a, b[$, so ist f $\begin{array}{l} \text{rechtsgekrümmt (konkav)} \\ \text{linksgekrümmt (konvex)} \end{array}$.

2. Ist für ein $x_0 \in]a, b[$ $f''(x_0) = 0$ und $f'''(x_0) \neq 0$ bzw. hat f'' einen Vorzeichenwechsel bei x_0, so ändert sich das Krümmungsverhalten in x_0.

Die Stelle x_0 heißt dann *Wendestelle*.

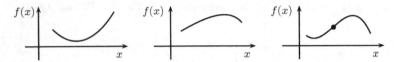

Abb. 5.15 Linksgekrümmte (links) und rechtsgekrümmte (Mitte) Funktion sowie Funktion mit Wendestelle (rechts).

Bemerkungen 5.3.10 zum Krümmungsverhalten und zu Wendestellen

1. Bei einer linksgekrümmten Funktion f wächst für zunehmendes x die Steigung der Tangente (s. Abb. 5.16), d.h., die Ableitung f' wächst. Nach Satz 5.3.1 folgt damit, dass die Ableitung von f', also f'', größer oder gleich Null ist.

   Bei rechtsgekrümmten Funktionen gilt entsprechend $f'' \leq 0$.

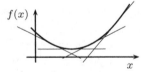

Abb. 5.16 Tangenten bei einer linksgekrümmten Funktion.

2. Eine Wendestelle ist eine Stelle maximaler oder minimaler Steigung.

3. Eine Wendestelle x_0 mit $f'(x_0) = 0$ heißt auch *Sattelstelle*, z.B. $x_0 = 0$ bei $f(x) = x^3$, s. Abb. 5.17.

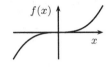

Abb. 5.17 Sattelstelle.

Bemerkung 5.3.11 (Kurvendiskussion)

526

Eine Kurvendiskussion dient dazu, sich ein Bild von einer Funktion zu machen. Dazu kann man beispielsweise bestimmen:

- den maximal möglichen Definitionsbereich,

---

[1] unter gewissen Voraussetzungen, beispielsweise falls f für 1. zweimal stetig differenzierbar, für 2. dreimal stetig differenzierbar ist.

- die Nullstellen,
- die Extremstellen,
- die Wendestellen,
- das Krümmungsverhalten,
- Grenzwerte an Definitionslücken und am Rand des Definitionsbereichs.

Mit den gewonnen Informationen kann man schließlich eine Skizze des Funktionsgrafen erstellen.

Beispiel 5.3.11.1

527

Betrachtet wird die Funktion $f(x) = \dfrac{x}{x^2+1}$.

1. Der maximal mögliche Definitionsbereich in den reellen Zahlen ist $D = \mathbb{R}$.

2. Für Nullstellen gilt offensichtlich $f(x) = 0 \Leftrightarrow x = 0$.

3. Extremstellen:

   Da f auf ganz $\mathbb{R}$ differenzierbar ist, ist eine notwendige Bedingung für eine Extremstelle, dass $f'(x) = 0$ ist

528

   Es ist

   $$f'(x) = \frac{1 \cdot (x^2+1) - x \cdot 2x}{(x^2+1)^2} = \frac{-x^2+1}{(x^2+1)^2}.$$

   Also ist

   $$f'(x) = 0 \quad \Leftrightarrow \quad -x^2+1 = 0 \quad \Leftrightarrow \quad x = \pm 1.$$

   Genauere Untersuchung der Extremstellen-Kandidaten ± 1:

   1. Möglichkeit (Untersuchung von f''):

      Es ist

      $$
      \begin{aligned}
      f''(x) &= \frac{-2x(x^2+1)^2 - (-x^2+1) \cdot 2(x^2+1) \cdot 2x}{(x^2+1)^4} \\
      &= \frac{-2x(x^2+1) + (x^2-1) \cdot 4x}{(x^2+1)^3} \\
      &= \frac{2x^3 - 6x}{(x^2+1)^3}, \qquad (*)
      \end{aligned}
      $$

      also mit Satz 5.3.7, 1.,

      $$f''(1) = \tfrac{-4}{2^3} < 0 \quad \Rightarrow \quad 1 \text{ ist Maximalstelle,}$$
      $$f''(-1) = \tfrac{4}{2^3} > 0 \quad \Rightarrow \quad -1 \text{ ist Minimalstelle.}$$

2. Möglichkeit (Untersuchung des Vorzeichenwechsels von f'):

Beispielsweise ist $f'(0) = 1 > 0$ und $f'(2) = \frac{-4+1}{(4+1)^2} < 0$.

Da es in $[0,2]$ außer 1 keine weitere Nullstelle von f' gibt, ist $f' > 0$ in $[0,1[$ und $f' < 0$ in $]1,2]$, d.h. f' hat in 1 einen Vorzeichenwechsel von „+" zu „−".

Nach Satz 5.3.7, 2., ist 1 also eine Maximalstelle von f.

Entsprechend erhält man mit $f'(-2) < 0$, dass f' in -1 einen Vorzeichenwechsel von „−" zu „+" also f in -1 ein Minimum hat.

An den Extremstellen ist $f(1) = \frac{1}{2}$ und $f(-1) = -\frac{1}{2}$.

4. Kandidaten für Wendestellen sind die Nullstellen von f'' (zur Berechnung von f'' s. (∗) oben):

$$f''(x) = 0 \Leftrightarrow 2x^3 - 6x = 0 \Leftrightarrow x^3 = 3x$$

$$\Leftrightarrow x = 0 \text{ oder } x = \pm\sqrt{3}.$$

529

Der Nenner von f'' ist immer positiv. Der Zähler ist ein Polynom dritten Grades. Die drei Nullstellen des Zählers müssen daher einfache Nullstellen sein, d.h. es liegen jeweils Vorzeichenwechsel im Zähler und damit von f'' vor.

Satz 5.3.9, 2., besagt dann, dass 0 und $\pm\sqrt{3}$ Wendestellen sind mit den Werten $f(0) = 0$ und $f\left(\pm\sqrt{3}\right) = \pm\frac{\sqrt{3}}{4}$.

5. Für sehr große x ist $f''(x) > 0$. Da die Wendestellen genau die Stellen sind, an denen sich das Vorzeichen der zweiten Abteilung ändert, folgt:

für $\quad x > \sqrt{3} \quad$ ist $f''(x) > 0$, also f linksgekrümmt,

für $\quad 0 < x < \sqrt{3} \quad$ ist $f''(x) < 0$, also f rechtsgekrümmt,

für $-\sqrt{3} < x < 0$ ist $f''(x) > 0$, also f linksgekrümmt,

für $\quad x < -\sqrt{3} \quad$ ist $f''(x) < 0$, also f rechtsgekrümmt.

6. Es gilt $\lim\limits_{x\to-\infty} f(x) = 0 = \lim\limits_{x\to\infty} f(x)$.

530

7. Auf Basis der gewonnenen Informationen erhält man einen Funktionsgraf wie ihn Abb. 5.18 zeigt.

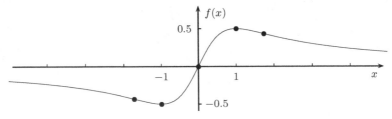

Abb. 5.18 Funktionsgraf zu $f(x) = \frac{x}{x^2+1}$.

5.3.2 Regel von de L'Hospital

Die Regel von de L'Hospital ist ein Hilfsmittel zur Berechnung von Grenzwerten $\lim\limits_{x\to a}\frac{f(x)}{g(x)}$, falls $\frac{f(a)}{g(a)}$ vom Typ $\frac{0}{0}$ oder $\frac{\infty}{\infty}$ ist, z.B. $\lim\limits_{x\to 0}\frac{\sin x}{x}$.

531

> **Satz 5.3.12** (Regel von de L'Hospital)
>
> Sei $a \in \mathbb{R}$ oder $a = \pm\infty$ und für die Funktionen f und g gelte
>
> $$\lim_{x\to a} f(x) = 0 = \lim_{x\to a} g(x) \quad \text{oder} \quad \lim_{x\to a} f(x) = \pm\infty, \ \lim_{x\to a} g(x) = \pm\infty.$$
>
> Dann gilt[1] $\lim\limits_{x\to a}\dfrac{f(x)}{g(x)} = \lim\limits_{x\to a}\dfrac{f'(x)}{g'(x)}$, falls der rechte Grenzwert existiert ($\pm\infty$ als Wert zugelassen).

Beispiel 5.3.13

Es gilt $\lim\limits_{x\to 0}\dfrac{\sin x}{x} \overset{\text{de L'H.}}{=} \lim\limits_{x\to 0}\dfrac{\cos x}{1} = \dfrac{\cos 0}{1} = \dfrac{1}{1} = 1.$

Bemerkungen 5.3.14 (Anwendung der Regel von de L'Hospital)

1. Ist der rechte Grenzwert wieder von der Art $\frac{0}{0}$ oder $\frac{\infty}{\infty}$, kann man ggf. die Regel von de L'Hospital wiederholt anwenden.

   Beispiel 5.3.14.1

   $$\lim_{x\to 0}\frac{\cos x - 1}{x^2} \overset{\text{de L'H.}}{=} \lim_{x\to 0}\frac{-\sin x}{2x}$$
   $$\overset{\text{de L'H.}}{=} \lim_{x\to 0}\frac{-\cos x}{2} = \frac{-\cos 0}{2} = -\frac{1}{2}.$$

2. Bei Grenzwerten zu Produkten $f(x)\cdot g(x)$ vom Typ $0\cdot\infty$ ist ein Satz der Form „$\lim f(x)\cdot g(x) = \lim f'(x)\cdot g'(x)$" falsch. Sie können aber in der Form

   $$\frac{f(x)}{\frac{1}{g(x)}} \quad (\text{Typ } \tfrac{0}{0}) \qquad \text{oder} \qquad \frac{g(x)}{\frac{1}{f(x)}} \quad (\text{Typ } \tfrac{\infty}{\infty})$$

   behandelt werden.

   Beispiel 5.3.14.2

   Den Grenzwert $\lim\limits_{x\to 0+} x\cdot\ln x$ kann man mit der Regel von de L'Hospital wie folgt berechnen:

   $$\lim_{x\to 0+} x\cdot\ln x = \lim_{x\to 0+}\frac{\ln x}{\frac{1}{x}} \overset{\text{de L'H.}}{=} \lim_{x\to 0+}\frac{\frac{1}{x}}{-\frac{1}{x^2}} = \lim_{x\to 0+}(-x) = 0.$$

---

[1] falls f und g differenzierbar sind, und $g'(x) \neq 0$ für x nahe a, $x \neq a$, ist

5.3.3 Newton-Verfahren

532

533

Bei einer differenzierbaren Funktion kann der Funktionsgraf durch Tangenten approximiert werden. Dies kann man zur Berechnung von Nullstellen ausnutzen:

Sei $f : \mathbb{R} \to \mathbb{R}$ differenzierbar und die Stelle x_0 liege in der Nähe einer Nullstelle von f. Die Nullstelle der Tangente an den Funktionsgraf in x_0 liefert eine neue Näherung x_1, s. Abb. 5.19. Diese Tangente wird beschrieben durch

$$t(x) \;=\; f(x_0) + f'(x_0)(x - x_0).$$

Für x_1 muss also gelten:

$$0 \stackrel{!}{=} t(x_1) \;=\; f(x_0) + f'(x_0)(x_1 - x_0)$$
$$\Leftrightarrow \quad -\frac{f(x_0)}{f'(x_0)} \;=\; x_1 - x_0$$
$$\Leftrightarrow \quad x_1 \;=\; x_0 - \frac{f(x_0)}{f'(x_0)}.$$

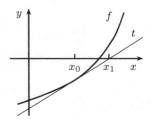

Abb. 5.19 Newton-Verfahren.

Dies kann man nun iterieren:

Satz 5.3.15 (Newton-Verfahren)

Ist die Funktion f differenzierbar, so konvergiert die Folge $(x_n)_{n\in\mathbb{N}}$ mit

$$x_{n+1} \;=\; x_n - \frac{f(x_n)}{f'(x_n)}$$

in vielen Fällen[1] gegen eine Nullstelle von f.

534

Beispiel 5.3.16

Gesucht ist eine Nullstelle der Funktion

$$f(x) = x^2 - 4.$$

Als erste Näherung wird $x_0 = 1$ gewählt.

Es ist $f'(x) = 2x$, also

$$x_{n+1} \;=\; x_n - \frac{x_n^2 - 4}{2x_n}.$$

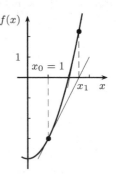

Abb. 5.20 Newton-Iteration.

---

[1] Es gibt Kriterien, wann das Newton-Verfahren konvergiert, allerdings nutzt man diese in der Praxis so gut wie nie.

Damit ergibt sich:

$$x_1 = 1 - \frac{1^2 - 4}{2 \cdot 1} = 2.5, \qquad x_2 = 2.5 - \frac{2.5^2 - 4}{2 \cdot 2.5} = 2.05,$$
$$x_3 \approx 2.0006, \qquad x_4 \approx 2.00000009.$$

Bemerkungen 5.3.17 zum Newton-Verfahren

535

1. Das Newton-Verfahren konvergiert nicht immer. Wenn es konvergiert, dann meistens sehr schnell.

2. Wie schon beim Bisektionsverfahren bemerkt (s. Bemerkung 4.2.7) kann man jedes Auflösen von Gleichungen durch entsprechende Umformung als Nullstellenproblem auffassen. Dann kann man versuchen, dieses Nullstellenproblem mit dem Newtonverfahren zu lösen und damit die ursprüngliche Gleichung zu lösen.

Beispiel 5.3.17.1 (vgl. Beispiel 4.2.7.1)

Gesucht ist eine Stelle x mit $x \cdot e^x = 1$.

Es gilt

$$x \cdot e^x = 1 \quad \Leftrightarrow \quad x \cdot e^x - 1 = 0,$$

Man kann also versuchen, eine Lösung x mittels des Newton-Verfahrens angewendet auf $f(x) = x \cdot e^x - 1$ zu finden.

Mit $f'(x) = e^x + x \cdot e^x$ ist die Iterationsformel

$$x_{n+1} = x_n - \frac{x_n \cdot e^{x_n} - 1}{e^{x_n} + x_n \cdot e^{x_n}}.$$

Abbildung 5.21 zeigt die sich ergebenden Iterationswerte mit Startwert $x_0 = 1$.

Nach fünf Schritten erreicht man eine Genauigkeit von ca. 8 Stellen, während man beim Bisektionsverfahren nach zehn Schritten erst eine Genauigkeit von 4 Stellen erreicht hat, s. Beispiel 4.2.7.1.

n	x_n
0	1
1	0.68393972
2	0.57745448
3	0.56722974
4	0.56714330
5	0.56714329

Abb. 5.21 Werte bei der Newton-Iteration (auf 8 Stellen gerundet).

3. Will man das Verfahren programmieren, und steht nur die Funktion f, nicht aber f' zur Verfügung, kann man die Ableitung durch den Differenzenquotienten für kleines h nutzen, s. Bemerkung 5.1.9:

$$f'(x_0) \approx \frac{f(x_0 + h) - f(x_0)}{h}.$$

5.3.4 Taylor-Polynome und -Reihen

536

537

Ist die Funktion f an der Stelle x_0 differenzierbar, so lässt sich der Graf in der Nähe von x_0 durch eine Gerade approximieren, z.B. nahe $x_0 = 0$:

$$f(x) \approx f(0) + f'(0) \cdot x.$$

Mit höheren Ableitungen erhält man oft noch bessere Approximationen.

Als Ansatz für eine Approximation kann man ein Polynom höherer Ordnung nutzen und bestimmt dieses so, dass es (wie die Tangente) den gleichen Funktionswert und die gleiche Steigung in x_0 hat, und darüberhinaus auch weitere übereinstimmende Werte höherer Ableitungen.

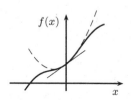

Abb. 5.22 Lineare und quadratische Näherung.

Beispiel 5.3.18

Die Funktion f soll nahe $x_0 = 0$ durch ein Polynom p dritten Grades approximiert werden. Der Ansatz

$$p(x) = a + bx + cx^2 + dx^3$$

führt zu

$$
\begin{aligned}
p'(x) &= b + 2 \cdot cx + 3 \cdot dx^2, \\
p''(x) &= 2 \cdot c + 3 \cdot 2 \cdot dx, \\
p'''(x) &= 3 \cdot 2 \cdot 1 \cdot d.
\end{aligned}
$$

Will man p so wählen, dass der Funktionswert und Ableitungen bis zur Ordnung 3 an der Stelle 0 mit den entsprechenden Werten von f übereinstimmen, erhält man

$$
\begin{aligned}
f(0) &= p(0) = a & &\Rightarrow & a &= f(0), \\
f'(0) &= p'(0) = b & &\Rightarrow & b &= f'(0), \\
f''(0) &= p''(0) = 2c & &\Rightarrow & c &= \tfrac{1}{2} f''(0), \\
f'''(0) &= p'''(0) = 3 \cdot 2 \cdot 1 \cdot d & &\Rightarrow & d &= \tfrac{1}{3!} f'''(0).
\end{aligned}
$$

und damit

$$p(x) = f(0) + f'(0) \cdot x + \frac{1}{2} f''(0) \cdot x^2 + \frac{1}{3!} f'''(0) \cdot x^3.$$

Definition 5.3.19 (Taylor-Polynom)

Die Funktion f sei an der Stelle x_0 n-mal differenzierbar. Dann heißt

$$T_{n;x_0}(x) = T_n(x) := \sum_{k=0}^{n} \frac{1}{k!} f^{(k)}(x_0)(x - x_0)^k$$

$$= f(x_0) + f'(x_0)(x - x_0) + \frac{1}{2} f''(x_0)(x - x_0)^2$$

$$+ \cdots + \frac{1}{n!} f^{(n)}(x_0)(x - x_0)^n$$

das *n-te Taylor-Polynom* zu f in x_0.

Die Stelle x_0 heißt *Entwicklungsstelle*.

Bemerkung 5.3.20 (lineare und quadratische Näherung)

Für $n = 1$ erhält man die Tangentengleichung als *lineare Näherung*:

$$f(x) \approx T_1(x) = f(x_0) + f'(x_0) \cdot (x - x_0).$$

Für $n = 2$ erhält man eine Parabel als *quadratische Näherung*.

Beispiel 5.3.21

538

Sei

$$f(x) = \frac{1}{x}, \quad \text{also} \quad f'(x) = -\frac{1}{x^2} \quad \text{und} \quad f''(x) = 2 \cdot \frac{1}{x^3}.$$

Das zweite Taylor-Polynom T_2 zu f an der Entwicklungsstelle $x_0 = 2$ ist

$$T_2(x) = f(2) + f'(2)(x - 2) + \tfrac{1}{2} f''(2)(x - 2)^2$$

$$= \tfrac{1}{2} + \left(-\tfrac{1}{4}\right)(x - 2) + \tfrac{1}{2} \cdot \tfrac{1}{4}(x - 2)^2$$

$$= \tfrac{1}{2} - \tfrac{1}{4}x + \tfrac{1}{2} + \tfrac{1}{8}(x^2 - 4x + 4)$$

$$= \tfrac{3}{2} - \tfrac{3}{4}x + \tfrac{1}{8}x^2.$$

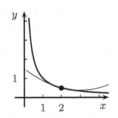

Abb. 5.23 Quadratische Taylor-Approximation.

Bemerkung 5.3.22 (Taylor-Polynom zu Polynomen)

Da das n-te Taylor-Polynom in gewissem Sinne das beste Polynom ist, das f approximiert, ist plausibel:

539

Ist f ein Polynom vom Grad N, so gilt $T_n = f$ für $n \geq N$.

Bemerkungen 5.3.23 (Taylor-Reihe)

1. Für n gegen unendlich erhält man eine Reihe, die sogenannte *Taylor – Reihe*. In vielen Fällen konvergiert diese Reihe und stellt die ursprüngliche Funktion dar.

   Beispiel 5.3.23.1

   Zur Funktion $f(x) = e^x$ ist $f^{(n)}(x) = e^x$ für alle $n \in \mathbb{N}$.

   Als Taylor-Reihe zu $x_0 = 0$ erhält man dann wegen $f^{(n)}(0) = 1$:

   $$1 + 1 \cdot (x - 0) + \frac{1}{2} \cdot (x - 0)^2 + \frac{1}{3!} \cdot (x - 0)^3 + \frac{1}{4!} \cdot (x - 0)^4 + \dots$$

   $$= 1 + \quad x \quad + \quad \frac{1}{2!} x^2 \quad + \quad \frac{1}{3!} x^3 \quad + \quad \frac{1}{4!} x^4 \quad + \dots$$

   Dies entspricht genau der Potenzreihe zu $f(x)$ (s. Satz 3.3.4).

2. Die Taylor-Reihe mit Entwicklungsstelle $x_0 = 0$ entspricht der Potenzreihen-Darstellung einer Funktion. Man nennt diese Reihe auch *Maclaurinsche Reihe* zu f.

   Das n-te Taylorpolynom in $x_0 = 0$ entspricht der nach x^n abgeschnittenen Potenzreihe.

Der folgende Satz ermöglicht Abschätzungen, wie nahe das n-te Taylor-Polynom $T_n(x)$ der Funktion $f(x)$ ist.

540

Satz 5.3.24 (Taylor-Restglied)

Die Funktion $f :]a, b[\to \mathbb{R}$ sei $(n + 1)$-mal differenzierbar, $x_0 \in]a, b[$ und $T_{n;x_0}(x)$ das n-te Taylor-Polynom zu f mit Entwicklungsstelle x_0.

Dann gibt es zu jedem $x \in]a, b[$ eine Stelle ϑ zwischen x_0 und x mit

$$f(x) = T_{n;x_0}(x) + \underbrace{\frac{1}{(n+1)!} f^{(n+1)}(\vartheta) \cdot (x - x_0)^{n+1}}_{\text{Restglied}}.$$

Bemerkung 5.3.25 (Gestalt des Restglieds)

Das Restglied hat die gleiche Gestalt wie die Summanden der Taylor-Entwicklung, nur dass die Ableitung nicht an der Stelle x_0 sondern an einer Zwischenstelle ϑ zwischen x und x_0 genommen wird.

Bemerkung 5.3.26 (Anwendung von Satz 5.3.24 zur Abschätzung)

Satz 5.3.24 wird meist in der folgenden Form benutzt: Es gilt

$$|f(x) - T_n(x)| \ = \ \left| \frac{1}{(n+1)!} f^{(n+1)}(\vartheta) \cdot (x - x_0)^{n+1} \right|$$

für eine Stelle ϑ zwischen x_0 und x. Da man ϑ nicht genau kennt, sucht man eine Schranke $|f^{(n+1)}(\vartheta)| \le M$ für alle ϑ zwischen x_0 und x. Dann folgt

$$|f(x) - T_n(x)| \le \frac{1}{(n+1)!} \cdot M \cdot |x - x_0|^{n+1}$$

bzw. bei $|x - x_0| < \varepsilon$

$$|f(x) - T_n(x)| \le \frac{1}{(n+1)!} \cdot M \cdot \varepsilon^{n+1}.$$

Beispiel 5.3.26.1 (Fortsetzung von Beispiel 5.3.21)

541

Es soll untersucht werden, wie gut für $x \in [1.5, 2.5]$ die Näherung zur Funktion $f(x) = \frac{1}{x}$ durch das zweite Taylor-Polynom $T_2(x)$ mit Entwicklungsstelle $x_0 = 2$ ist.

Es ist $f'''(x) = -6 \cdot \frac{1}{x^4}$.

Nach Satz 5.3.24 gibt es eine Stelle ϑ zwischen 2 und x mit

$$|f(x) - T_2(x)| \ = \ \left| \frac{1}{3!} \cdot \left(-6 \cdot \frac{1}{\vartheta^4} \right) \cdot (x - 2)^3 \right|. \qquad (*)$$

Wegen $x \in [1.5, 2.5]$, und da die Stelle ϑ zwischen x und $x_0 = 2$ liegt, ist auch $\vartheta \in [1.5, 2.5]$, s. Abb. 5.24.

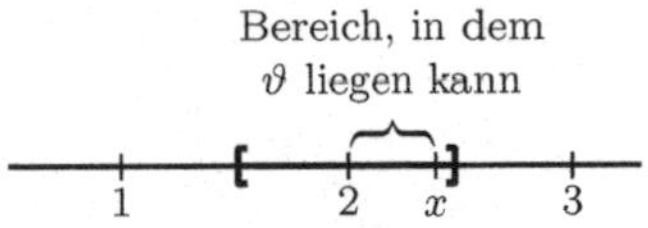

Insbesondere ist $\vartheta \ge 1.5$, also

Bereich, in dem ϑ liegen kann

Abb. 5.24 Lage von ϑ.

$$|f'''(\vartheta)| \ = \ \left| -6 \cdot \frac{1}{\vartheta^4} \right| \ \le \ 6 \cdot \frac{1}{1.5^4}.$$

Damit und mit $|x - 2| \le \frac{1}{2}$ kann man die Faktoren aus Gleichung $(*)$ abschätzen und erhält

$$|f(x) - T_2(x)| \ \le \ \frac{1}{3!} \cdot 6 \cdot \frac{1}{1.5^4} \cdot \left(\frac{1}{2} \right)^3 \ \le \ 0.025.$$

6 Integralrechnung

Integrale treten nicht nur bei Flächenberechnungen auf. Auch bei vielen anderen Sachverhalten trifft man auf den Prozess des immer feineren Unterteilens und Aufsummierens, wie er bei der Definition des Integrals zu Grunde liegt.

Der erste Abschnitt widmet sich diesem Verständnis von Integralen als Grenzwert einer Aufsummierung bei immer feineren Zerlegungen. Auf den ersten Blick vielleicht erstaunlich zeigt sich dann, dass die Integration die Umkehrung der Differenziation ist, so dass man aus den Regeln zur Differenziation Regeln zur Integration herleiten kann.

6.1 Definition und elementare Eigenschaften

Einführung 6.1.1

Motivation der Integralrechnung ist die Berechnung der Fläche unter einer Funktion $f : [a, b] \to \mathbb{R}$.

Dazu kann man die Fläche durch Rechtecke approximieren. Die x-Achse wird dabei in kleine Abschnitte eingeteilt, über denen Rechtecke mit einer Höhe betrachtet werden, die in etwa der des Funktionsgrafen entspricht (s. Abb. 6.1).

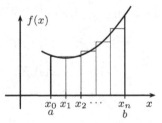

600

Abb. 6.1 Approximation der Fläche durch Rechtecke.

Definition 6.1.2 (Zerlegung)

601

Eine *Zerlegung* Z von $[a, b]$ wird gebildet durch Stellen x_k mit

$$a = x_0 < x_1 < \ldots < x_{n-1} < x_n = b,$$

$\Delta x_k := x_k - x_{k-1}$ ist die Länge des k-ten Teilintervalls,

$\Delta Z := \max\{\Delta x_1, \ldots, \Delta x_n\}$ heißt *Feinheit* der Zerlegung.

© Springer-Verlag GmbH Deutschland, ein Teil von Springer Nature 2020
G. Hoever, *Höhere Mathematik kompakt*,
https://doi.org/10.1007/978-3-662-62080-9_6

Bemerkung 6.1.3 (äquidistante Zerlegung)

Oft nutzt man eine *äquidistante* Zerlegung, d.h., eine Zerlegung mit gleich langen Teilintervallen. Dann ist $\Delta x_k = \frac{b-a}{n}$ und $x_k = a + k \cdot \frac{b-a}{n}$.

Als Höhe des approximierenden Rechtecks in dem Intervall $[x_{k-1}, x_k]$ kann man den Funktionswert an einer Zwischenstelle $\widehat{x_k} \in [x_{k-1}, x_k]$ nehmen. Der Flächeninhalt des Rechtecks ist dann $f(\widehat{x_k}) \cdot (x_k - x_{k-1}) = f(\widehat{x_k}) \cdot \Delta x_k$.

Definition 6.1.4 (Riemannsche Zwischensumme)

602

Sei $f : [a, b] \to \mathbb{R}$ eine Funktion, $Z = \{x_0, x_1, \ldots, x_n\}$ eine Zerlegung von $[a, b]$, und Zwischenstellen $\widehat{x_k} \in [x_{k-1}, x_k]$ gewählt. Dann heißt

$$S(f, Z, \widehat{x_k}) := \sum_{k=1}^{n} f(\widehat{x_k}) \cdot \Delta x_k \quad \textit{Riemannsche Zwischensumme.}$$

Bemerkung 6.1.5 (Ober- und Untersumme)

603

Wählt man die Zwischenstellen $\widehat{x_k}$ so, dass der Funktionswert $f(\widehat{x_k})$ im Intervall $[x_{k-1}, x_k]$ maximal bzw. minimal ist, so nennt man $S(f, Z, \widehat{x_k})$ auch *Obersumme* bzw. *Untersumme*.

604   **Definition 6.1.6** (Integral)

Eine Funktion $f : [a, b] \to \mathbb{R}$ ist *integrierbar*

$:\Leftrightarrow$ für jede Folge Z_n von Zerlegungen mit $\lim\limits_{n \to \infty} \Delta Z_n = 0$ und

entsprechend Z_n gewählten Zwischenstellen $\widehat{x_k}^{(n)}$ existiert

$\lim\limits_{n \to \infty} S\left(f, Z_n, \widehat{x_k}^{(n)}\right)$.

Dieser Grenzwert wird dann mit $\int\limits_a^b f(x)\, dx$ bezeichnet („Integral von a bis b über f").

Bemerkungen 6.1.7 zur Definition des Integrals

1. Ein Integral entsprechend Definition 6.1.6 heißt auch *Riemann-Integral*.

   Andere Zugänge führen zu teils anderen Integralbegriffen, z.B. zum sogenannten Lebesgue-Integral.

   Die Schreibweise erinnert an die Riemannsche Zwischensumme: Das Summensymbol „Σ" wird zum Integralzeichen „$\int$" und „Δx_k" wird zu „dx".

2. Statt der Integrationsvariablen x bei $\int_a^b f(x)\,\mathrm{d}x$ kann man auch andere Bezeichner wählen, z.B. $\int_a^b f(t)\,\mathrm{d}t$.

3. Eine Riemannsche Zwischensumme kann man zur numerischen Berechnung eines Integrals benutzen:

$$\int_a^b f(x)\,\mathrm{d}x \;\approx\; \sum_{k=1}^{n} f(\widehat{x_k}) \cdot \Delta x_k.$$

4. Falls die Funktion f integrierbar ist, ist der Grenzwert der Zwischensummen tatsächlich eindeutig.

5. Statt die Konvergenz für jede Zerlegungsfolge zu verlangen, kann man Integrierbarkeit auch definieren, indem man verlangt, dass bei *einer* Zerlegungsfolge Z_n mit $\lim_{n\to\infty} Z_n = 0$ der Grenzwert der Ober- und Untersummen gleich ist.

Beispiel 6.1.8

Betrachtet wird die konstante Funktion

$$f : [a,b] \to \mathbb{R},\; x \mapsto c.$$

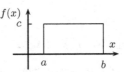

Sei $Z = (x_0, x_1, \ldots, x_n)$ eine Zerlegung des Intervalls $[a,b]$, also $a = x_0 < x_1 < \ldots < x_n = b$, und $\widehat{x_k} \in [x_{k-1}, x_k]$ entsprechende Zwischenstellen.

Abb. 6.2 Eine konstante Funktion.

Dann gilt

$$
\begin{aligned}
S(f, Z, \widehat{x_k}) &= \sum_{k=1}^{n} f(\widehat{x_k}) \cdot \Delta x_k \\
&= \sum_{k=1}^{n} c \cdot (x_k - x_{k-1}) \;=\; c \cdot \sum_{k=1}^{n}(x_k - x_{k-1}) \\
&= c \cdot \big((x_1 - x_0) + (x_2 - x_1) + \ldots + (x_n - x_{n-1})\big) \\
&= c \cdot (-x_0 + x_n) \\
&= c \cdot (b - a).
\end{aligned}
$$

Die Riemannsche Zwischensumme ist also unabhängig von der konkreten Zerlegung. Damit ist die Funktion f integrierbar mit

$$\int_a^b f(x)\,\mathrm{d}x \;=\; c \cdot (b - a).$$

Zu $c = -1$, also $f(x) = -1$ ist beispielsweise

$$\int_1^2 f(x)\,dx = (-1) \cdot (2 - 1) = -1.$$

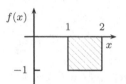

Abb. 6.3 Eine „negative" Fläche.

Eine Fläche unterhalb der x-Achse wird also negativ gewertet.

606

Satz 6.1.9

Jede stetige Funktion ist integrierbar.

Bemerkung 6.1.10 (stückweise stetige Funktion)

Satz 6.1.9 kann man verallgemeinern auf stückweise stetige Funktionen, d.h. Funktionen mit endlich vielen Sprungstellen, zwischen denen die Funktion stetig ist, z.B.:

$$f : [-1, 1] \to \mathbb{R},\; x \mapsto \begin{cases} -1 & , x \le 0 \\ 1 & , x > 0 \end{cases}.$$

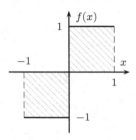

Es ist $\int_{-1}^{1} f(x)\,dx = 0$, wie man an Abb. 6.4 sieht: Der negative Flächenanteil hebt den positiven genau auf.

Abb. 6.4 Eine stückweise stetige Funktion.

Beispiele 6.1.11

607

1. Ziel ist die Bestimmung von $\int_0^1 x\,dx$.

   Da der Integrand $f(x) = x$ stetig ist, existiert $\int_0^1 x\,dx$ nach Satz 6.1.9 und kann entsprechend der Definition mit einer konkreten Folge von Zerlegungen und entsprechenden Zwischenpunkten berechnet werden.

608

Zwischenüberlegung 6.1.11.1 (Summenformel)

Abb. 6.5 zeigt $n \cdot (n + 1)$ Punkte, jeweils gleichviele schwarze und weiße Punkte. Es gibt also $\frac{n \cdot (n+1)}{2}$ schwarze Punkte. Durch zeilenweises Aufsummieren erhält man

Abb. 6.5 Illustration der Summenformel.

$$\sum_{k=1}^{n} k = 1 + 2 + \ldots + n = \frac{n \cdot (n + 1)}{2}.$$

Zur Berechnung des Integrals werden nun konkret die äquidistanten Zerlegungen

$$Z_n = \{0, \frac{1}{n}, \frac{2}{n}, \ldots, \frac{n-1}{n}, 1\},$$

also $x_k^{(n)} = \frac{k}{n}$, $k = 0, \ldots, n$, und dazu die Zwischenstellen $\widehat{x_k}^{(n)} = x_k^{(n)} = \frac{k}{n}$ am rechten Intervallrand gewählt.

Wegen $\Delta x_k^{(n)} = \frac{1}{n}$ erhält man

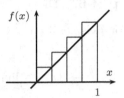

Abb. 6.6 Approximation mit äquidistanter Zerlegung.

$$S\left(f, Z_n, \widehat{x_k}^{(n)}\right) = \sum_{k=1}^{n} x_k^{(n)} \cdot \Delta x_k^{(n)} = \sum_{k=1}^{n} \frac{k}{n} \cdot \frac{1}{n}$$

$$= \frac{1}{n^2} \cdot \sum_{k=1}^{n} k \stackrel{\text{Vorüberlegung}}{=} \frac{1}{n^2} \cdot \frac{n(n+1)}{2}$$

$$= \frac{n+1}{2n} \stackrel{n\to\infty}{\longrightarrow} \frac{1}{2}.$$

Also ist

$$\int_0^1 f(x)\,\mathrm{d}x = \frac{1}{2}.$$

2. Die Funktion $f(x) = \frac{1}{x^2}$ ist stetig auf $\mathbb{R}^{>0}$, also für jedes $0 < a < b$ stetig auf $[a, b]$, so dass das Integral $\int_a^b \frac{1}{x^2}\,\mathrm{d}x$ existiert.

Man kann mit Hilfe von geschickten Riemannschen Zwischensummen berechnen, dass gilt

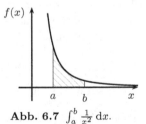

Abb. 6.7 $\int_a^b \frac{1}{x^2}\,\mathrm{d}x$.

$$\int_a^b \frac{1}{x^2}\,\mathrm{d}x = \frac{1}{a} - \frac{1}{b}.$$

Definition 6.1.12 (uneigentliches Integral)

Sei $f : [a, c[\to \mathbb{R}$ ($c = \infty$ zugelassen) eine Funktion und für jedes $b \in {]a, c]}$ existiere $\int_a^b f(x)\,\mathrm{d}x$. Dann heißt $\int_a^c f(x)\,\mathrm{d}x := \lim_{b\to c-} \int_a^b f(x)\,\mathrm{d}x$ *uneigentliches Integral* von f, falls dieser Grenzwert existiert.

Entsprechendes gilt für die Untergrenze a.

609

Beispiel 6.1.13

Mit Beispiel 6.1.11, 2., erhält man:

$$\int_1^\infty \frac{1}{x^2}\,\mathrm{d}x = \lim_{b\to\infty} \int_1^b \frac{1}{x^2}\,\mathrm{d}x$$

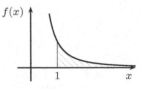

$$= \lim_{b\to\infty}\left(\frac{1}{1} - \frac{1}{b}\right) = 1,$$

Abb. 6.8 Uneigentliches Integral.

d.h., das uneigentliche Integral $\int_1^\infty \frac{1}{x^2}\,\mathrm{d}x$ existiert.

Das uneigentliche Integral

$$\int_0^1 \frac{1}{x^2}\,\mathrm{d}x = \lim_{b\to 0+} \int_b^1 \frac{1}{x^2}\,\mathrm{d}x = \lim_{b\to 0+}\left(\frac{1}{b} - \frac{1}{1}\right)$$

existiert nicht in $\mathbb{R}$.

610

611

Bemerkung 6.1.14 (uneigentliche Integrale und Reihen)

Uneigentliche Integrale und Reihen hängen eng miteinander zusammen:

Ist f eine für $x \geq 1$ monoton fallende Funktion, z.B. $f(x) = \frac{1}{x^2}$, so ist die Summe $\sum\limits_{k=1}^{n} f(k)$ eine Obersumme zu $\int_1^{n+1} f(x)\,\mathrm{d}x$ bei einer Zerlegung in Teilintervalle der Länge 1, denn die Summanden $f(k)$ entsprechen genau den Rechteckflächen $f(\widehat{x_k})\cdot 1$ mit Zwischenstelle $\widehat{x_k} = k$ am linken Intervallrand, s. Abb. 6.9, links.

Die bei $k = 2$ beginnende verschobene Reihe $\sum\limits_{k=2}^{n+1} f(k)$ ist entsprechend eine Untersumme, s. Abb. 6.9, rechts.

Damit ist klar, dass die Reihe $\sum\limits_{k=1}^{\infty} f(k)$ genau dann endlich ist, wenn das uneigentliche Integral $\int_1^\infty f(x)\,\mathrm{d}x$ endlich ist.

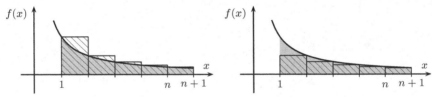

Abb. 6.9 Summen oberhalb und unterhalb des Integrals.

Üblicherweise ist beim Integral die obere Grenze größer als die untere. Beim umgekehrten Fall geht man rückwärts, also in negativer Richtung:

612

Definition 6.1.15

Für $a < b$ setzt man $\int\limits_{b}^{a} f(x)\,dx := -\int\limits_{a}^{b} f(x)\,dx$.

Es ist $\int\limits_{a}^{a} f(x)\,dx := 0$.

Beispiel 6.1.16

Es ist $\displaystyle\int\limits_{2}^{1} 1\,dx = -\int\limits_{1}^{2} 1\,dx = -1$.

Abb. 6.10 Integration rückwärts.

Satz 6.1.17 (Zerlegung des Definitionsbereichs)

Ist die Funktion $f : [a, b] \to \mathbb{R}$ integrierbar und $c \in [a, b]$, so gilt:

$$\int\limits_{a}^{b} f(x)\,dx = \int\limits_{a}^{c} f(x)\,dx + \int\limits_{c}^{b} f(x)\,dx.$$

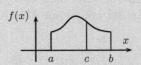

Abb. 6.11 Zerlegung des Integrationsbereichs.

Bemerkungen 6.1.18

1. Satz 6.1.17 wird zum Beispiel angewendet, wenn f auf den Intervallen $[a, c[$ und $]c, b]$ unterschiedlich definiert ist.

2. Der Satz gilt auch für $c > b$. Denn durch Definition 6.1.15 wird mit $\int\limits_{c}^{b} f(x)\,dx = -\int\limits_{b}^{c} f(x)\,dx$ das „überstehende" Flächenstück von b zu c wieder abgezogen.

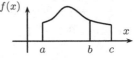

Abb. 6.12 Zerlegung mt $c > b$.

3. Durch Änderungen von f an einzelnen Stellen ändert sich $\int\limits_{a}^{b} f(x)\,dx$ nicht.

Beispiel 6.1.18.1

Zu $f(x) = \begin{cases} 1, & \text{falls } x \neq 1 \\ 0, & \text{für } x = 1 \end{cases}$ (s. Abb. 6.13) ist

$$\int\limits_{0}^{2} f(x)\,dx = \int\limits_{0}^{2} 1\,dx = 2.$$

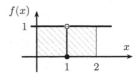

Abb. 6.13 „Eingeschnittene" Fläche.

613

Bemerkungen 6.1.19 (Symmetriebetrachtung bei Integralen)

Bei Integralberechnungen kann man Symmetrien ausnutzen:

1. Bei einer geraden Funktion f ist

$$\int\limits_{-c}^{c} f(x)\,\mathrm{d}x \;=\; 2 \cdot \int\limits_{0}^{c} f(x)\,\mathrm{d}x$$

(s. Abb. 6.14).

Abb. 6.14 Integral einer geraden Funktion.

2. Bei einer ungeraden Funktion f heben sich die positiven und negativen Flächenanteile genau auf, s. Abb. 6.15:

$$\int\limits_{-c}^{c} f(x)\,\mathrm{d}x = 0.$$

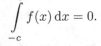

Abb. 6.15 Integral einer ungeraden Funktion.

3. Häufig kann man die Symmetrien von $\sin x$ und $\cos x$ nutzen. So sieht man beispielsweise an Abb. 6.16

$$\int\limits_{0}^{2\pi} \sin x\,\mathrm{d}x \;=\; 0, \qquad \int\limits_{0}^{\pi} \sin(2x)\,\mathrm{d}x \;=\; 0 \quad \text{und} \quad \int\limits_{0}^{\pi} \cos x\,\mathrm{d}x \;=\; 0.$$

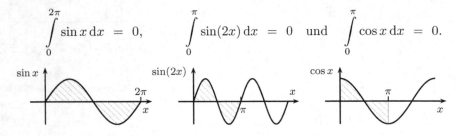

Abb. 6.16 Symmetrien bei $\sin x$ und $\cos x$.

4. Bei Integralen zu quadrierten Winkelfunktionen können Überlegungen wie beim folgenden Beispiel 6.1.19.1 helfen:

Beispiel 6.1.19.1

Es ist $\cos^2 x + \sin^2 x = 1$. Wegen der Symmetrie von $\cos x$ und $\sin x$ wird das Rechteck $[0,\pi] \times [0,1]$ durch den Grafen zu $\sin^2 x$ genau halbiert (s. Abb. 6.17), so dass sich ergibt:

$$\int\limits_{0}^{\pi} \sin^2 x\,\mathrm{d}x \;=\; \frac{1}{2}(\pi \cdot 1) \;=\; \frac{1}{2}\pi.$$

Abb. 6.17 Symmetrieüberlegung zur Berechnung von $\int_0^\pi \sin^2 x\,\mathrm{d}x$.

614

Satz 6.1.20 (Rechenregeln für Integrale)

Sind die Funktionen $f, g : [a, b] \to \mathbb{R}$ integrierbar, so gilt:

1. $\int_a^b (f(x) + g(x)) \, dx = \int_a^b f(x) \, dx + \int_a^b g(x) \, dx.$

2. $\int_a^b \lambda \cdot f(x) \, dx = \lambda \cdot \int_a^b f(x) \, dx \quad (\lambda \in \mathbb{R}).$

Beispiel 6.1.21

Unter Verwendung von Satz 6.1.20 und der Ergebnisse von Beispiel 6.1.8 und Beispiel 6.1.11, 1., erhält man

$$
\begin{aligned}
\int_0^1 (2x + 3) \, dx &= \int_0^1 2x \, dx + \int_0^1 3 \, dx \\
&= 2 \cdot \int_0^1 x \, dx + \int_0^1 3 \, dx \\
&= 2 \cdot \frac{1}{2} + 3 \cdot (1 - 0) = 4.
\end{aligned}
$$

Bemerkung 6.1.22

Eine Rechenregel der Art $\int_a^b (f(x) \cdot g(x)) \, dx = \int_a^b f(x) \, dx \cdot \int_a^b g(x) \, dx$ gilt nicht!

Beispielsweise ist

$$
\int_0^{2\pi} \sin x \cdot \sin x \, dx = \int_0^{2\pi} \sin^2 x \, dx \neq \int_0^{2\pi} \sin x \, dx \cdot \int_0^{2\pi} \sin x \, dx,
$$

denn das linke Integral hat mit dem nichtnegativen Integranden offensichtlich einen positiven Wert (analog zur Bemerkung 6.1.19, 4., kann man sich überlegen, dass der Wert gleich $\frac{1}{2} \cdot 2\pi = \pi$ ist), aber die beiden rechten Integrale sind entsprechend der Symmetrieüberlegungen (s. Bemerkung 6.1.19, 3.) gleich Null.

6.2 Hauptsatz der Differenzial- und Integralrechnung

Der Hauptsatz der Differenzial- und Integralrechnung, s. Satz 6.2.3, ist auf den ersten Blick sehr erstaunlich, kann aber – wie das folgende Beispiel zeigt – auch intuitiv verständlich sein.

Beispiel 6.2.1

615

Sei $f(t)$ die Regenmenge, die (pro Zeiteinheit) in einen Regenwassersammelbehälter fällt, und $F(t)$ der Füllstand dieses Behälters. Dann ist

$$F(t) \;=\; \int_{t_0}^{t} f(\tau)\, \mathrm{d}\tau.$$

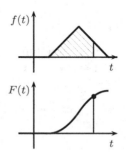

Die Änderung des Füllstands F entspricht dem Zufluss f:

$$F'(t) \;=\; f(t).$$

Die Regenmenge, die in einem Zeitintervall $[t_1, t_2]$ fällt, entspricht dem Füllstandsunterschied:

Abb. 6.18 Regenmenge f und Füllstand F eines Regenbehälters.

$$\int_{t_1}^{t_2} f(\tau)\, \mathrm{d}\tau \;=\; F(t_2) - F(t_1).$$

Definition 6.2.2 (Stammfunktion)

Eine Funktion F heißt *Stammfunktion* zur Funktion f $:\Leftrightarrow$ $F' = f$.

Satz 6.2.3 (Hauptsatz der Differenzial- und Integralrechnung)

Ist die Funktion $f : [a, b] \to \mathbb{R}$ stetig und F eine Stammfunktion zu f, so gilt

$$\int_{a}^{b} f(x)\, \mathrm{d}x \;=\; F(b) - F(a) \;=:\; F(x)\Big|_{a}^{b}.$$

Bemerkung 6.2.4

Manchmal bezeichnet man auch die Tatsache, dass für $F(x) = \int_{x_0}^{x} f(t)\, \mathrm{d}t$ wie in Beispiel 6.2.1 illustriert $F'(x) = f(x)$ gilt, als Hauptsatz der Differenzial- und Integralrechnung. (Vgl. auch Bemerkung 6.2.7.)

Beispiele 6.2.5

616

1. Die Funktion $F(x) = x^2$ ist eine Stammfunktion zur Funktion $f(x) = 2x$, denn $(x^2)' = 2x$.

2. Die Funktion $F(x) = \frac{1}{2}x^2$ ist Stammfunktion zu $f(x) = x$, denn $\left(\frac{1}{2}x^2\right)' = \frac{1}{2} \cdot 2x = x$.

   Es ist

   $$\int\limits_0^1 x \, dx = \left.\frac{1}{2}x^2\right|_0^1 = \frac{1}{2} \cdot 1^2 - \frac{1}{2} \cdot 0^2 = \frac{1}{2}$$

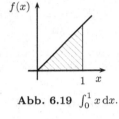

Abb. 6.19 $\int_0^1 x \, dx$.

   (vgl. Beispiel 6.1.11, 1.).

3. Eine Stammfunktion zu $f(x) = \frac{1}{x^2}$ ist $F(x) = -\frac{1}{x}$. Also ist für $0 < a < b$

   $$\int\limits_a^b \frac{1}{x^2} \, dx = \left.-\frac{1}{x}\right|_a^b = \left(-\frac{1}{b}\right) - \left(-\frac{1}{a}\right)$$
   $$= \frac{1}{a} - \frac{1}{b}$$

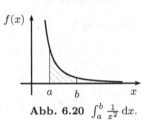

Abb. 6.20 $\int_a^b \frac{1}{x^2} \, dx$.

   (vgl. Beispiel 6.1.11, 2.).

Bemerkung 6.2.6 („Aufleitung")

Die Bestimmung einer Stammfunktion ist die „Umkehrung" zur Ableitung. Man nennt sie daher manchmal auch „Aufleitung".

Beispiel 6.2.6.1

Eine Stammfunktion zu $f(x) = \cos x$ ist $F(x) = \sin x$, eine Stammfunktion zu $f(x) = \sin x$ ist $F(x) = -\cos x$.

Damit erhält man nun beispielsweise

$$\int\limits_0^\pi \sin x \, dx = \left.-\cos x\right|_0^\pi$$
$$= -\cos(\pi) - (-\cos(0))$$
$$= -(-1) - (-1) = 2.$$

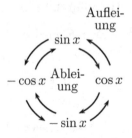

Abb. 6.21 Ab- und Aufleitung.

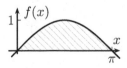

Abb. 6.22 $\int_0^\pi \sin x \, dx$.

Bemerkung 6.2.7 (Flächenfunktion)

Wie in Beispiel 6.2.1 illustriert, erhält man zu einer stetigen Funktion f durch

$$F(x) = \int\limits_{a}^{x} f(t)\,dt$$

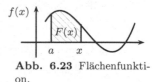

Abb. **6.23** Flächenfunktion.

immer eine Funktion F mit $F' = f$ (die Wachstumsrate von F entspricht der Größe von f), also eine Stammfunktion. Man nennt F auch Flächenfunktion.

Bemerkungen 6.2.8 (Mehrdeutigkeit der Stammfunktion)

1. Die Stammfunktion ist nicht eindeutig. Mit F ist auch $G(x) = F(x) + c$ eine Stammfunktion.

   Beispiel 6.2.8.1

   Zur Funktion $f(x) = x$ sind neben $F(x) = \frac{1}{2}x^2$ auch $G_1(x) = \frac{1}{2}x^2 + 1$ und $G_2(x) = \frac{1}{2}x^2 - 2$ Stammfunktionen:

   $$G_1'(x) = G_2'(x) = \frac{1}{2} \cdot 2x = x = f(x).$$

2. Nimmt man eine andere Stammfunktion, so ändert sich das Ergebnis der Integralberechnung nach Satz 6.2.3 nicht.

   Beispiel 6.2.8.2

   Mit $F(x) = \frac{1}{2}x^2 + 1$ als Stammfunktion zu $f(x) = x$ erhält man

   $$\int\limits_{0}^{1} x\,dx = \left(\tfrac{1}{2}x^2 + 1\right)\Big|_0^1 = \left(\tfrac{1}{2} \cdot 1^2 + 1\right) - \left(\tfrac{1}{2} \cdot 0^2 + 1\right) = \tfrac{1}{2},$$

   also das gleiche Ergebnis wie bei Beispiel 6.2.5, 2.

   Allgemein ergibt sich bei der Integralberechnung mit einer Stammfunktion $F(x) + c$ an Stelle von $F(x)$

   $$\left(F(x) + c\right)\Big|_a^b = \left(F(b) + c\right) - \left(F(a) + c\right)$$
   $$= F(b) + c - F(a) - c = F(b) - F(a) = F(x)\Big|_a^b.$$

3. Betrachtet man entsprechend Bemerkung 6.2.7 die Flächenfunktion als Stammfunktion, so ergibt sich auch hier eine Mehrdeutigkeit, da die untere Integralgrenze verschoben werden kann.

Bemerkung 6.2.9 (unbestimmtes Integral)

620

Auf Grund von Satz 6.2.3 bezeichnet man eine Stammfunktion auch als *unbestimmtes Integral*. Wegen der noch möglichen additiven Konstanten notiert man oft ein „$+c$" bei der Angabe des unbestimmten Integrals:

$$\int f(x)\,\mathrm{d}x \;=\; F(x) + c,$$

zum Beispiel $\int x\,\mathrm{d}x = \frac{1}{2}x^2 + c$.

Im Folgenden wird das unbestimmte Integral im Sinne von „*eine* Stammfunktion" ohne den Zusatz „$+c$" verwendet, und auch kurz nur $\int f = F$ geschrieben.

Bemerkung 6.2.10 (wichtige Stammfunktionen)

621

Aus der Übersicht über wichtige Ableitungen, s. S.104, erhält man in umgekehrter Leserichtung wichtige Stammfunktionen:

Übersicht über wichtige Stammfunktionen

$$\int x^a\,\mathrm{d}x \;=\; \frac{1}{a+1}x^{a+1} \quad (a \in \mathbb{R},\ a \neq -1)$$

$$\int \frac{1}{x}\,\mathrm{d}x \;=\; \ln|x| \quad \text{(s. Erläuterung 6.2.10.1)}$$

$$\int \sin x\,\mathrm{d}x \;=\; -\cos x \qquad \int \sinh x\,\mathrm{d}x \;=\; \cosh x$$

$$\int \cos x\,\mathrm{d}x \;=\; \sin x \qquad \int \cosh x\,\mathrm{d}x \;=\; \sinh x$$

$$\int \mathrm{e}^x\,\mathrm{d}x \;=\; \mathrm{e}^x \qquad \int a^x\,\mathrm{d}x \;=\; \frac{1}{\ln a}a^x \quad (a > 0)$$

$$\int \frac{1}{1+x^2}\,\mathrm{d}x \;=\; \arctan x \qquad \int \frac{1}{\sqrt{1-x^2}}\,\mathrm{d}x \;=\; \arcsin x$$

Erläuterung 6.2.10.1 zu $\int \frac{1}{x}\,\mathrm{d}x = \ln|x|$:

Wegen $(\ln x)' = \frac{1}{x}$ ist die Logarithmusfunktion $\ln x$ für positive Werte x eine Stammfunktion zu $\frac{1}{x}$.

Für negative x ist $\ln(-x)$ definiert, und mit der Kettenregel gilt

$$\big(\ln(-x)\big)' \;=\; \frac{1}{-x}\cdot(-1) \;=\; \frac{1}{x},$$

so dass $\ln(-x)$ für negative x eine Stammfunktion zu $\frac{1}{x}$ ist.

Der Ausdruck $\ln|x|$ fasst die beiden Fälle zusammen.

6.3 Integrationstechniken

Durch Satz 6.2.3 wird die (analytische) Integration zurückgeführt auf die Suche nach einer Stammfunktion, also die Umkehrung der Differenziation („Aufleiten"). Damit erhält man durch die Ableitungsregeln Möglichkeiten zum Auffinden einer Stammfunktion.

Während man allerdings zu jeder Zusammenstellung elementarer Funktionen mit den Ableitungsregeln eine elementare Ableitung erhält, gibt es elementare Funktionen die *keine* elementare Stammfunktion besitzen, z.B. e^{-x^2}.

6.3.1 Einfache Integrationstechniken

Die einfachen Ableitungsregeln

$$(\lambda \cdot F)' = \lambda \cdot F' \quad \text{und} \quad (F+G)' = F'+G'$$

führen zu folgendem Satz:

622

Satz 6.3.1 (Rechenregeln für Stammfunktionen)

Ist F bzw. G eine Stammfunktion zu der Funktion f bzw. g, so gilt:

1. $\lambda \cdot F$ ist eine Stammfunktion zu $\lambda \cdot f$ ($\lambda \in \mathbb{R}$).
2. $F + G$ ist eine Stammfunktion zu $f + g$.

Beispiel 6.3.2

Zur Funktion $f(x) = x$ ist $F(x) = \frac{1}{2}x^2$ eine Stammfunktion.

Dann erhält man zu $f_1(x) = 3x = 3 \cdot f(x)$ eine Stammfunktion durch

$$F_1(x) = 3 \cdot F(x) = 3 \cdot \frac{1}{2}x^2 = \frac{3}{2}x^2.$$

Ferner ist $G(x) = x$ eine Stammfunktion zu $g(x) = 1$.

Damit ist eine Stammfunktion zu $h(x) = 3x + 1 = f_1(x) + g(x)$

$$H(x) = F_1(x) + G(x) = \frac{3}{2}x^2 + x.$$

Bemerkung 6.3.3

Bei Produkten darf man nicht faktorweise die Stammfunktion bilden!

Beispiel 6.3.3.1

Gesucht ist eine Stammfunktion zur Funktion $f(x) = x \cdot \cos x$.

Der Versuch von $F(x) = \frac{1}{2}x^2 \cdot \sin x$ führt nicht zum Erfolg, da nach der Produktregel gilt:

$$F'(x) = x \cdot \sin x + \frac{1}{2}x^2 \cdot \cos x \neq f(x).$$

Bemerkungen 6.3.4 (Raten der Stammfunktion)

623

1. Manchmal kann man die formelmäßige Gestalt der Stammfunktion raten und nach zurück-Ableiten Konstanten anpassen.

Beispiel 6.3.4.1

Gesucht ist eine Stammfunktion zur Funktion $f(x) = \cos(3x)$.

Ein Versuch mit $F_1(x) = \sin(3x)$ führt zu $F_1'(x) = \cos(3x) \cdot 3$, also einem gegenüber f zusätzlichen Faktor 3.

Für $F(x) = \frac{1}{3}\sin(3x)$ ist dann

$$F'(x) = \frac{1}{3} \cdot \cos(3x) \cdot 3 = \cos(3x) = f(x).$$

2. Das Vorgehen von 1. geht nur, solange nur Konstanten anzupassen sind.

Beispiel 6.3.4.2

Gesucht wird eine Stammfunktion zur Funktion $f(x) = \cos(x^2)$.

Testweises Ableiten von $F_1(x) = \sin(x^2)$ führt zu

$$F_1'(x) = \cos(x^2) \cdot 2x,$$

also einem gegenüber f zusätzlichen Faktor $2x$.

Ein erneuter Test mit $F_2(x) = \frac{1}{2x} \cdot F_1(x) = \frac{1}{2x} \cdot \sin(x^2)$ führt mit der Produktregel zu

$$F_2'(x) = -\frac{1}{2x^2} \cdot \sin(x^2) + \frac{1}{2x} \cdot \cos(x^2) \cdot 2x$$

$$= \cos(x^2) - \frac{1}{2x^2} \cdot \sin(x^2),$$

so dass dieses Vorgehen nicht zum Erfolg führt.

(Tatsächlich besitzt f keine durch elementare Funktionen ausdrückbare Stammfunktion!)

6.3.2 *Partielle Integration* (Umkehrung der Produktregel)

Ist F bzw. G eine Stammfunktion zu f bzw. g, so ist

$$(F \cdot G)' \;=\; F' \cdot G + F \cdot G' \;=\; f \cdot G + F \cdot g.$$

Also gilt: $F \cdot G = \int f \cdot G + \int F \cdot g$. Daraus folgt:

624

Satz 6.3.5 (partielle Integration)

Ist F bzw. G eine Stammfunktion zu der Funktion f bzw. g, so gilt:

$$\int f \cdot G \;=\; F \cdot G - \int F \cdot g,$$

$$\text{bzw.} \quad \int_a^b f(x)G(x)\,\mathrm{d}x \;=\; F(x) \cdot G(x) \Big|_a^b - \int_a^b F(x)g(x)\,\mathrm{d}x.$$

Bemerkung 6.3.6 (partielle Integration als Wippe)

Mit dem Begriff „Aufleiten" kann man sich die partielle Integration wie eine Wippe vorstellen:

Das Restintegral ergibt sich, indem man einen Faktor auf- und den anderen ableitet. Der nicht mehr zu integrierende Teil besteht aus beiden Aufleitungen:

$$\int \underline{f} \cdot \overline{G} \;=\; \overline{F} \cdot \overline{G} - \int \overline{F} \cdot \underline{g}$$

Beispiele 6.3.7

1. Es ist

$$\int_0^\pi \sin x \cdot \overline{\underline{x}}\,\mathrm{d}x \;=\; \overline{(-\cos x)} \cdot \overline{x}\,\Big|_0^\pi - \int_0^\pi \overline{(-\cos x)} \cdot \underline{1}\,\mathrm{d}x$$

$$=\; (-\cos x) \cdot x\,\Big|_0^\pi + \int_0^\pi \cos x\,\mathrm{d}x$$

$$=\; (-\cos x) \cdot x\,\Big|_0^\pi + \sin x\,\Big|_0^\pi$$

$$=\; ((-\cos \pi) \cdot \pi - 0) + (\sin \pi - 0)$$

$$=\; (-(-1)) \cdot \pi \;=\; \pi.$$

Bei der Berechnung einer Stammfunktion bietet es sich an, das Ergebnis durch Ableiten auf seine Richtigkeit hin zu prüfen:

$$(-\cos x \cdot x + \sin x)' = \sin x \cdot x - \cos x \cdot 1 + \cos x = \sin x \cdot x,$$

die Stammfunktion ist also korrekt.

2. Um eine Stammfunktion zur Funktion $f(x) = \ln x$ zu bestimmen, kann man künstlich eine 1 hinzufügen und dann partiell integrieren:

625

$$\int \ln x \, dx = \int \underline{1} \cdot \overline{\ln x} \, dx = \overline{x} \cdot \overline{\ln x} - \int \overline{x} \cdot \underline{\frac{1}{x}} \, dx$$

$$= x \cdot \ln x - \int 1 \, dx$$

$$= x \cdot \ln x - x = x \cdot (\ln x - 1).$$

Bemerkung 6.3.8 (spezielle Anwendungen der partiellen Integration)

626

In manchen Situationen, z.B. bei einem Produkt bzw. Quadrat von Winkelfunktionen, erhält man nach einer oder zwei Anwendungen der partiellen Integration wieder das ursprüngliche Integral als Bestandteil der rechten Seite. Bringt man dies auf die linke Seite, kann man damit ggf. das Integral bestimmen.

Beispiel 6.3.8.1

Gesucht ist eine Stammfunktion zu $\cos^2 x$. Partielle Integration und eine Ersetzung mittels des trigonometrischen Pythagoras, s. Satz 1.1.55, 2., ergibt

$$\int \cos^2 x \, dx = \int \cos x \cdot \cos x \, dx$$

$$= \sin x \cdot \cos x - \int \sin x \cdot (-\sin x) \, dx$$

$$= \sin x \cdot \cos x + \int \sin^2 x \, dx$$

$$= \sin x \cdot \cos x + \int (1 - \cos^2 x) \, dx$$

$$= \sin x \cdot \cos x + x - \int \cos^2 x \, dx.$$

Durch Addition von $\int \cos^2 x \, dx$ auf beiden Seiten erhält man

$$2 \cdot \int \cos^2 x \, dx = \sin x \cdot \cos x + x$$

und damit

$$\int \cos^2 x \, dx = \frac{1}{2}(\sin x \cdot \cos x + x).$$

Damit erhält man beispielsweise

$$\int_0^\pi \cos^2 x\,\mathrm{d}x = \frac{1}{2}(\sin x \cdot \cos x + x)\Big|_0^\pi$$

$$= \frac{1}{2}(\sin \pi \cdot \cos \pi + \pi) - \frac{1}{2}(\sin 0 \cdot \cos 0 + 0)$$

$$= \frac{1}{2}(0 + \pi) - 0 = \frac{1}{2}\pi.$$

Dies ist aus Symmetrieüberlegungen wie in Beispiel 6.1.19.1 auch ohne Rechnung klar: Das Integral entspricht der halben Fläche des Rechtecks $[0, \pi] \times [0, 1].$, s. Abb. 6.24.

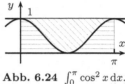

Abb. 6.24 $\int_0^\pi \cos^2 x\,\mathrm{d}x.$

6.3.3 Substitution (Umkehrung der Kettenregel)

627

Ist F eine Stammfunktion zur Funktion f, so gilt nach der Kettenregel

$$\big(F(g(x))\big)' = F'(g(x)) \cdot g'(x) = f(g(x)) \cdot g'(x).$$

Damit erhält man folgenden Satz:

Satz 6.3.9 (Substitution)

Ist F eine Stammfunktion zur Funktion f, so ist[1]

$$\int f(g(x)) \cdot g'(x)\,\mathrm{d}x = F(g(x)).$$

Beispiel 6.3.10

Das unbestimmte Integral $\int 2x \cdot e^{x^2}\,\mathrm{d}x$ ist von der Form wie in Satz 6.3.9 mit $f(x) = e^x$ und $g(x) = x^2$, also $g'(x) = 2x$. Mit der Stammfunktion $F(x) = e^x$ erhält man also

$$\int 2x \cdot e^{x^2}\,\mathrm{d}x = \int g'(x) \cdot f(g(x))\,\mathrm{d}x = F(g(x)) = e^{x^2},$$

was man leicht durch zurück-Ableiten testen kann: $\left(e^{x^2}\right)' = 2x \cdot e^{x^2}$.

---

[1] unter gewissen Voraussetzungen, beispielsweise falls f stetig und g stetig differenzierbar ist

Bemerkungen 6.3.11 zur Substitution

1. Manchmal fehlen noch Konstanten, die man durch Versuch und testweises Ableiten anpassen kann.

   Beispiel 6.3.11.1

   Bei der Bestimmung von $\int x^2 \cdot \sqrt{x^3 + 1}\, dx$ kann man erkennen, dass der Faktor x^2 etwas mit der Ableitung von $x^3 + 1$ zu tun hat.

   Eine Stammfunktion zu $\sqrt{z} = z^{\frac{1}{2}}$ ist $\frac{2}{3}z^{\frac{3}{2}}$. Der Versuch $\frac{2}{3}(x^3 + 1)^{\frac{3}{2}}$ bringt

   $$\left(\tfrac{2}{3}(x^3 + 1)^{\frac{3}{2}}\right)' = \tfrac{2}{3} \cdot \tfrac{3}{2} \cdot (x^3 + 1)^{\frac{1}{2}} \cdot 3x^2 = 3x^2 \cdot \sqrt{x^3 + 1},$$

   also einen Faktor 3 zuviel, so dass man eine richtige Stammfunktion erhält durch

   $$\int x^2 \cdot \sqrt{x^3 + 1}\, dx = \tfrac{1}{3} \cdot \tfrac{2}{3}(x^3 + 1)^{\frac{3}{2}} = \tfrac{2}{9}(x^3 + 1)^{\frac{3}{2}}.$$

2. Formal kann man die Substitution mit folgender Merkregel durchführen:

   628

   > *Ersetze $g(x)$ durch t, $g'(x)\, dx$ durch dt,*
   > *bilde die Stammfunktion und führe eine Rücksubstitution durch.*

   Aus Satz 6.3.9 wird dann

   $$\int f(g(x)) \cdot g'(x)\, dx \underset{g'(x)\, dx\, =\, dt}{\overset{g(x)\, =\, t}{=}} \int f(t)\, dt = F(t) \overset{t\, =\, g(x)}{=} F(g(x)).$$

   Beispiel 6.3.11.2

   Es ist (vgl. Beispiel 6.3.10)

   $$\int 2x \cdot e^{x^2}\, dx \underset{2x\, dx\, =\, dt}{\overset{x^2\, =\, t}{=}} \int e^t\, dt = e^t \overset{t\, =\, x^2}{=} e^{x^2}.$$

   Manchmal muss man Konstanten passend ergänzen.

   Beispiel 6.3.11.3 (vgl. Beispiel 6.3.11.1)

   Es ist

   $$\int x^2 \cdot \sqrt{x^3 + 1}\, dx = \int \frac{1}{3} \cdot \sqrt{x^3 + 1} \cdot 3x^2\, dx$$

   $$\underset{3x^2\, dx\, =\, dt}{\overset{x^3 + 1\, =\, t}{=}} \int \frac{1}{3} \cdot \sqrt{t}\, dt = \frac{1}{3} \cdot \frac{2}{3}t^{\frac{3}{2}} \overset{t\, =\, x^3 + 1}{=} \frac{2}{9}(x^3 + 1)^{\frac{3}{2}}.$$

Alternativ kann man die Ersetzung $g'(x)\,dx = dt$ umformen.

Beispiel 6.3.11.4 (vgl. Beispiel 6.3.11.3)

Will man bei $\int x^2 \cdot \sqrt{x^3 + 1}\,dx$ die Substitution $x^3 + 1 = t$ durchführen, ist

$$g'(x)\,dx = 3x^2\,dx = dt \quad \Leftrightarrow \quad x^2\,dx = \frac{1}{3}\,dt.$$

Damit ist

$$\int x^2 \cdot \sqrt{x^3 + 1}\,dx = \int \sqrt{x^3 + 1} \cdot x^2\,dx = \int \sqrt{t} \cdot \frac{1}{3}\,dt,$$

und man erhält das gleiche Integral wie in Beispiel 6.3.11.3.

629

3. Sind Integralgrenzen gegeben, so kann man durch deren Transformation die Rücksubstitution sparen:

$$\int_a^b f\big(g(x)\big) \cdot g'(x)\,dx = F\big(g(x)\big)\Big|_a^b = F\big(g(b)\big) - F\big(g(a)\big)$$

$$= F\Big|_{g(a)}^{g(b)} = \int_{g(a)}^{g(b)} f(t)\,dt.$$

Satz 6.3.12 (Substitution mit Grenzen)

Es gilt:[1]

$$\int_a^b f\big(g(x)\big) \cdot g'(x)\,dx = \int_{g(a)}^{g(b)} f(t)\,dt.$$

Merkregel 6.3.13 zur Substitution mit Grenzen

Ähnlich wie bei Bemerkung 6.3.11 kann man hier als Merkregel formulieren:

> *Ersetze $g(x)$ durch t, $g'(x)\,dx$ durch dt*
> *und transformiere die Integralgrenzen.*

---

[1] unter gewissen Voraussetzungen, beispielsweise falls f stetig und g stetig differenzierbar ist

Beispiel 6.3.14

Es ist

$$\int\limits_{2}^{3} 2x \cdot e^{x^2}\, dx \overset{\substack{x^2 = t \\ = \\ 2x\, dx = dt}}{=} \int\limits_{2^2}^{3^2} e^t\, dt = e^t \Big|_{4}^{9} = e^9 - e^4.$$

Mit der Stammfunktion aus Beispiel 6.3.10 erhält man das gleiche Ergebnis:

$$\int\limits_{2}^{3} 2x \cdot e^{x^2}\, dx = e^{x^2} \Big|_{2}^{3} = e^{3^2} - e^{2^2} = e^9 - e^4.$$

Bemerkungen 6.3.15 (Anwendungen der Substitution)

630

1. Manchmal will man eine Substitution $g(x) = t$ durchführen, ohne dass $g'(x)$ explizit im Integranden vorkommt. Man kann dann versuchen, den Integranden geeignet zu erweitern bzw. die Ersetzung entsprechend umzuformen.

   ### Beispiel 6.3.15.1

   Will man bei $\int\limits_{0}^{4} e^{\sqrt{x}}\, dx$ eine Substitution $\sqrt{x} = t$ durchführen, so muss man $\frac{1}{2\sqrt{x}}\, dx = dt$ setzen, was man nach Erweiterung des Integranden um $2\sqrt{x} \cdot \frac{1}{2\sqrt{x}}$ machen kann.

   Für den Integrationsbereich gilt $x \in [0, 4]$, also $\sqrt{x} = t \in [0, 2]$.

   Damit erhält man

   $$\int\limits_{0}^{4} e^{\sqrt{x}}\, dx = \int\limits_{0}^{4} e^{\sqrt{x}} \cdot 2\sqrt{x} \cdot \frac{1}{2\sqrt{x}}\, dx \overset{\substack{\sqrt{x} = t \\ = \\ \frac{1}{2\sqrt{x}}\, dx = dt}}{=} \int\limits_{0}^{2} e^t \cdot 2t\, dt.$$

   Dieses Integral ist dann mit partieller Integration lösbar.

   Alternativ kann man umformen:

   $$\frac{1}{2\sqrt{x}}\, dx = dt \quad \Leftrightarrow \quad dx = 2\sqrt{x} \cdot dt = 2t\, dt$$

   und erhält mit dieser Ersetzung ebenso

   $$\int\limits_{0}^{4} e^{\sqrt{x}}\, dx = \int\limits_{0}^{2} e^t \cdot 2t\, dt.$$

2. Manchmal will man x durch einen Ausdruck $g(t)$ ersetzen. Dann muss man entsprechend der Substitutionsregel dx durch $g'(t)\, dt$ ersetzen und ggf. die Grenzen geeignet transformieren.

Beispiel 6.3.15.2

Will man bei $\int_0^4 e^{\sqrt{x}}\, dx$ die Ersetzung $x = t^2$ durchführen, so erhält man zu den Grenzen $t^2 = x \in [0,4]$ passend $t \in [0,2]$ und damit

$$\int_0^4 e^{\sqrt{x}}\, dx \overset{\substack{x = t^2 \\ = \\ dx = 2t\, dt}}{} \int_0^2 e^{\sqrt{t^2}} \cdot 2t\, dt = \int_0^2 e^t \cdot 2t\, dt,$$

und damit das gleiche Integral wie bei Beispiel 6.3.15.1, das man nun durch partielle Integration lösen kann.

Die Ersetzung $x = t^2$ entspricht im Grunde genau der Ersetzung $\sqrt{x} = t$ aus Beispiel 6.3.15.1.

631

Beispiel 6.3.15.3

Ziel ist die Berechnung der Fläche des Einheitskreises.

Die Funktion $x \mapsto \sqrt{1 - x^2}$ beschreibt einen Halbkreis mit Radius 1, s. Abb. 6.25.

Gesucht ist also

$$2 \cdot \int_{-1}^1 \sqrt{1 - x^2}\, dx.$$

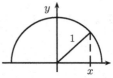
Abb. 6.25 Halbkreis-Funktion.

Die Idee zur Berechnung des Integrals ist die Ausnutzung der Formel $1 - \sin^2 t = \cos^2 t$, also die Substitution $x = \sin t = g(t)$.

Für die neuen Grenzen a, b muss gelten: $g(a) = \sin a = -1$ und $g(b) = \sin b = 1$ also z.B. $a = \arcsin(-1) = -\frac{\pi}{2}$ und $b = \arcsin(1) = \frac{\pi}{2}$:

$$\int_{-1}^1 \sqrt{1 - x^2}\, dx \overset{\substack{x = \sin t \\ = \\ dx = \cos t\, dt}}{} \int_{-\frac{\pi}{2}}^{\frac{\pi}{2}} \sqrt{\underbrace{1 - \sin^2 t}_{\cos^2 t}} \cdot \cos t\, dt$$

$$= \int_{-\frac{\pi}{2}}^{\frac{\pi}{2}} \cos t \cdot \cos t\, dt = \int_{-\frac{\pi}{2}}^{\frac{\pi}{2}} \cos^2 t\, dt.$$

An Abb. 6.26 sieht man mit Symmetrieüberlegungen wie in Beispiel 6.1.19.1, dass gilt

$$\int_{-\frac{\pi}{2}}^{\frac{\pi}{2}} \cos^2 t\, dt = \frac{1}{2} \cdot 2 \cdot \frac{\pi}{2} \cdot 1 = \frac{\pi}{2}.$$

Abb. 6.26 $\int_{-\frac{\pi}{2}}^{\frac{\pi}{2}} \cos^2 t\, dt$.

Die Fläche eines Kreises mit Radius 1 ist also gleich $2 \cdot \frac{\pi}{2} = \pi$.

6.3.4 Partialbruchzerlegung

Eine gebrochen rationale Funktion kann man mit Hilfe der Partialbruchzerlegung (s. Bemerkung 1.1.46) integrieren.

632

Häufige Hilfsmittel dabei sind:

1) $\displaystyle\int \frac{1}{x-a}\,dx = \ln|x-a|,$ 2) $\displaystyle\int \frac{1}{(x-a)^2}\,dx = -\frac{1}{x-a},$

3) $\displaystyle\int \frac{1}{x^2+1}\,dx = \arctan x,$ 4) $\displaystyle\int \frac{2x+p}{x^2+px+q}\,dx = \ln|x^2+px+q|.$

Beispiele 6.3.16

1. Ziel ist die Bestimmung einer Stammfunktion zu $f(x) = \dfrac{x+5}{x^2-2x-3}$.

   Nach Beispiel 1.1.46.1 ist

   $$\frac{x+5}{x^2-2x-3} = \frac{2}{x-3} - \frac{1}{x+1}.$$

   Mit dem Hilfsmittel 1) kann man direkt eine Stammfunktion angeben:

   $$\int \frac{x+5}{x^2-2x-3}\,dx = 2\cdot\int \frac{1}{x-3}\,dx - \int \frac{1}{x+1}\,dx$$

   $$= 2\cdot\ln|x-3| - \ln|x+1|.$$

2. Ziel ist die Bestimmung einer Stammfunktion zu

   $$f(x) = \frac{x^3+x^2-2x+1}{x^2+2x+1}.$$

   Mittels Polynomdivision und Partialbruchzerlegung kann man f zerlegen (s. Beispiel 1.1.45.1 und 1.1.46.2) und erhält

   $$f(x) = x-1-\frac{1}{x+1}+\frac{3}{(x+1)^2}.$$

   Der Polynomanteil macht beim Integrieren keine Schwierigkeit; bei den Partialbrüchen helfen die Hilfsmittel 1) und 2):

   $$\int f(x)\,dx = \int\left(x-1-\frac{1}{x+1}+\frac{3}{(x+1)^2}\right)\,dx$$

   $$= \frac{1}{2}x^2 - x - \ln|x+1| + 3\cdot\frac{-1}{x+1}.$$

633

3. Ziel ist die Bestimmung einer Stammfunktion zu

$$f(x) \;=\; \frac{5x-2}{x^2-4x+13}.$$

Der Nenner ist nullstellenfrei, wie man sich leicht überzeugen kann.

Man versucht nun zunächst mit einem ln-Ausdruck entsprechend Hilfsmittel 4) den x-Anteil im Zähler zu versorgen: Auf Grund der $5x$ im Zähler von f und wegen

$$\big(\ln(x^2-4x+13)\big)' = \frac{2x-4}{x^2-4x+13}$$

braucht man diesen ln-Ausdruck $\frac{5}{2}$-mal:

$$\Big(\frac{5}{2}\cdot\ln(x^2-4x+13)\Big)' \;=\; \frac{5}{2}\cdot\frac{2x-4}{x^2-4x+13} \;=\; \frac{5x-10}{x^2-4x+13}.$$

Eine Aufspaltung von f in

$$f(x) \;=\; \frac{5x-10+8}{x^2-4x+13} \;=\; \frac{5x-10}{x^2-4x+13}+\frac{8}{x^2-4x+13}$$

führt damit zu einem noch zu integrierenden Summanden $\frac{8}{x^2-4x+13}$, den man mit der arctan-Funktion entsprechend Hilfsmittel 3) versorgt. Dazu kann man den Nenner weiter in Richtung einer Darstellung t^2+1 umformen:

$$\begin{aligned}
x^2-4x+13 &= (x-2)^2+9\\
&= 9\cdot\big(\tfrac{1}{9}\cdot(x-2)^2+1\big) \;=\; 9\cdot\big((\tfrac{1}{3}x-\tfrac{2}{3})^2+1\big),
\end{aligned}$$

also

$$\frac{8}{x^2-4x+13} \;=\; \frac{8}{9}\cdot\frac{1}{(\tfrac{1}{3}x-\tfrac{2}{3})^2+1}.$$

Man kann nun durch die Substitution $t=\frac{1}{3}x-\frac{2}{3}$ mit dem Arcustangens zu einer Stammfunktion kommen, oder auch wegen

$$\Big(\arctan(\tfrac{1}{3}x-\tfrac{2}{3})\Big)' \;=\; \frac{1}{3}\cdot\frac{1}{(\tfrac{1}{3}x-\tfrac{2}{3})^2+1}$$

direkt sehen, dass $\frac{8}{3}\cdot\arctan(\frac{1}{3}x-\frac{2}{3})$ eine Stammfunktion für diesen restlichen Summanden ist.

Eine Stammfunktion zu f ist also

$$\int f(x)\,\mathrm{d}x \;=\; \frac{5}{2}\cdot\ln\big|x^2-4x+13\big|+\frac{8}{3}\cdot\arctan(\tfrac{1}{3}x-\tfrac{2}{3}).$$

7 Vektorrechnung

Vektoren kann man sich vorstellen als Pfeile in der Ebene oder im Raum. Mit dem Begriff des Vektorraums kann man aber auch allgemeine Strukturen beschreiben; in diesem Sinne können dann auch Polynome oder Folgen als Vektoren aufgefasst werden.

Der Fokus dieses Kapitels liegt auf der Vorstellung von Vektoren als Pfeile. Allerdings wird auch der abstrakte Charakter des Vektorraumbegriffs erwähnt und kann insbesondere beim Thema „Linearkombination" mitgedacht werden. Die Beschreibung basiert dabei hauptsächlich auf der Komponentendarstellung von Vektoren im $\mathbb{R}^n$. Die komponentenunabhängige Interpretation von Skalar- und Vektorprodukt wird in entsprechenden Bemerkungen erwähnt.

7.1 Vektoren und Vektorraum

Einführung 7.1.1

Ein Zahlenpaar (a_1, a_2) kann bei festgelegtem Koordinatensystem interpretiert werden

- als Punkt in der Ebene,

- als Pfeil vom Koordinatenursprung zu diesem Punkt; den Pfeil kann man auch verschieben.

Man spricht von Pfeilen, Tupeln oder Vektoren und nutzt für entsprechende Variablen die Schreibweise „$\vec{a}$".

Eine Addition zweier Vektoren geschieht

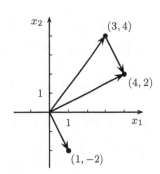

700

Abb. 7.1 Darstellung von Vektoren in einem Koordinatensystem.

- durch Aneinanderhängen der Pfeile,

- rechnerisch durch komponentenweise Addition:

$$(a_1, a_2) + (b_1, b_2) \;=\; (a_1 + b_1, a_2 + b_2).$$

© Springer-Verlag GmbH Deutschland, ein Teil von Springer Nature 2020
G. Hoever, *Höhere Mathematik kompakt*,
https://doi.org/10.1007/978-3-662-62080-9_7

Man schreibt die Tupel auch in Spalten: $\begin{pmatrix} a_1 \\ a_2 \end{pmatrix} + \begin{pmatrix} b_1 \\ b_2 \end{pmatrix} = \begin{pmatrix} a_1 + b_1 \\ a_2 + b_2 \end{pmatrix}$.

Beispiel 7.1.1.1

Es ist $\begin{pmatrix} 3 \\ 4 \end{pmatrix} + \begin{pmatrix} 1 \\ -2 \end{pmatrix} = \begin{pmatrix} 4 \\ 2 \end{pmatrix}$, s. Abb. 7.1.

701

Eine Skalierung/Vervielfachung eines Vektors mit $\lambda \in \mathbb{R}$ geschieht

- durch eine entsprechende Verlängerung oder Verkürzung des Pfeils, bei $\lambda < 0$ verbunden mit einer Umkehrung der Richtung, s. Abb. 7.2,

- rechnerisch durch komponentenweise Multiplikation:

$$\lambda \cdot \begin{pmatrix} a_1 \\ a_2 \end{pmatrix} = \begin{pmatrix} \lambda \cdot a_1 \\ \lambda \cdot a_2 \end{pmatrix}.$$

Beispiel 7.1.2

Verschiedene Skalierungen ergeben

$$2 \cdot \begin{pmatrix} 1 \\ 2 \end{pmatrix} = \begin{pmatrix} 2 \\ 4 \end{pmatrix},$$

$$1.5 \cdot \begin{pmatrix} 1 \\ 2 \end{pmatrix} = \begin{pmatrix} 1.5 \\ 3 \end{pmatrix},$$

$$(-1) \cdot \begin{pmatrix} 1 \\ 2 \end{pmatrix} = \begin{pmatrix} -1 \\ -2 \end{pmatrix},$$

$$(-0.5) \cdot \begin{pmatrix} 1 \\ 2 \end{pmatrix} = \begin{pmatrix} -0.5 \\ -1 \end{pmatrix}.$$

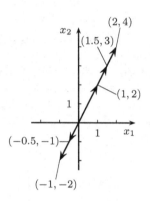

Abb. 7.2 Skalierungen eines Vektors.

Zum Vektor $\vec{a} = \begin{pmatrix} a_1 \\ a_2 \end{pmatrix}$ erhält man den am Ursprung gespiegelten Pfeil (s. Abb. 7.3) als

$$-\vec{a} = -1 \cdot \vec{a} = \begin{pmatrix} -a_1 \\ -a_2 \end{pmatrix}.$$

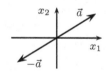

Abb. 7.3 Inverser Vektor.

702

Bemerkungen 7.1.2 (Orts- und Verbindungsvektor)

1. Oft wird nicht genau zwischen einem Punkt A im Anschauungsraum und dem zugehörigen *Ortsvektor* $\vec{a}$ unterschieden, der - bei festgelegtem Koordinatensystem - vom Koordinatenursprung zum Punkt A zeigt.

Abb. 7.4 Punkt und Ortsvektor.

2. Abb. 7.5 verdeutlicht, dass man den Verbindungsvektor $\overrightarrow{AB}$ von Punkt A zu Punkt B mittels der zugehörigen Ortsvektoren ausdrücken kann durch

$$\overrightarrow{AB} = -\vec{a} + \vec{b} = \vec{b} - \vec{a}.$$

Beispiel 7.1.2.1

Der Verbindungsvektor von $A = (1,2)$ zu $B = (3,1)$ ist

$$\overrightarrow{AB} = \begin{pmatrix} 3 \\ 1 \end{pmatrix} - \begin{pmatrix} 1 \\ 2 \end{pmatrix} = \begin{pmatrix} 2 \\ -1 \end{pmatrix}.$$

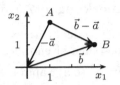

Abb. 7.5 Verbindungs-vektor.

Bemerkungen 7.1.3

1. Bei Betrachtung von Vektoren als Pfeile (mit festgelegter Richtung und Länge), die man verschieben kann, ist eine Interpretation ohne Festlegung eines Koordinatensystems möglich.

2. Punkte bzw. Pfeile im Raum kann man durch 3-Tupel beschreiben und entsprechend addieren und skalieren.

Beispiel 7.1.3.1

703

Es ist

$$\begin{pmatrix} 1 \\ -1 \\ 0 \end{pmatrix} + \begin{pmatrix} 2 \\ 1 \\ 2 \end{pmatrix} = \begin{pmatrix} 1+2 \\ -1+1 \\ 0+2 \end{pmatrix} = \begin{pmatrix} 3 \\ 0 \\ 2 \end{pmatrix}, \quad 1.5 \cdot \begin{pmatrix} 2 \\ 1 \\ 2 \end{pmatrix} = \begin{pmatrix} 3 \\ 1.5 \\ 3 \end{pmatrix}.$$

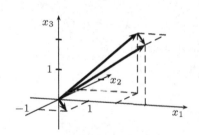 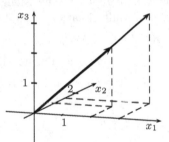

Abb. 7.6 Vektoraddition und skalare Multiplikation im Raum.

Definition 7.1.4 (Vektoraddition und skalare Multiplikation)

Im $\mathbb{R}^n = \{(a_1, a_2, \ldots, a_n) \mid a_i \in \mathbb{R}\}$ wird eine *Addition* und eine *skalare Multiplikation* mit $\lambda \in \mathbb{R}$ definiert durch

$$\begin{pmatrix} a_1 \\ a_2 \\ \vdots \\ a_n \end{pmatrix} + \begin{pmatrix} b_1 \\ b_2 \\ \vdots \\ b_n \end{pmatrix} = \begin{pmatrix} a_1 + b_1 \\ a_2 + b_2 \\ \vdots \\ a_n + b_n \end{pmatrix}, \quad \lambda \cdot \begin{pmatrix} a_1 \\ a_2 \\ \vdots \\ a_n \end{pmatrix} = \begin{pmatrix} \lambda \cdot a_1 \\ \lambda \cdot a_2 \\ \vdots \\ \lambda \cdot a_n \end{pmatrix}.$$

Bemerkungen 7.1.5 (Schreibweisen)

1. Neben der Schreibweise „$\vec{a} \in \mathbb{R}^n$" ist auch Fettdruck („$\mathbf{a} \in \mathbb{R}^n$") oder keine besondere Kennzeichnung („$a \in \mathbb{R}^n$") üblich.

   In diesem Kapitel werden Vektorpfeile genutzt, da die Vorstellung von $\vec{a} \in \mathbb{R}^n$ als Pfeil hilfreich ist. Im Kapitel 8 wird auf eine besondere Notation verzichtet. Es ist dann aus dem Zusammenhang klar, was gemeint ist. In Kapitel 10 und 11 wird Fettdruck genutzt, um zwischen einer mehr- und eindimensionalen Variable zu unterscheiden. Der Pfeilcharakter einer mehrdimensionalen Variable ist dort wenig relevant.

2. Bei einem Vektor im $\mathbb{R}^3$ spricht man mal von der x-, y- und z-Komponente, mal von der x_1-, x_2- und x_3-Komponente. Entsprechend sind auch die Abbildungen mal in der einen und mal in der anderen Art beschriftet.

3. Bei der skalaren Multiplikation lässt man auch den Punkt weg: $\lambda \vec{a} = \lambda \cdot \vec{a}$.

4. Statt $(0, \ldots, 0) \in \mathbb{R}^n$ schreibt man auch $\vec{0} \in \mathbb{R}^n$ oder nur $0 \in \mathbb{R}^n$.

Im Allgemeinen bezeichnet man mit Vektoren Objekte, die man addieren und skalieren kann.

704

Definition 7.1.6 (Vektorraum)

Ein *Vektorraum* ist eine Menge V mit einer Addition $+$ und einer skalaren Multiplikation $\cdot$, so dass

- mit $\vec{a}, \vec{b} \in V$, $\lambda \in \mathbb{R}$ auch $\vec{a} + \vec{b} \in V$ und $\lambda \cdot \vec{a} \in V$ ist,

- bzgl. $+$ und $\cdot$ die üblichen Rechenregeln gelten.

Die Elemente von V heißen *Vektoren*.

Beispiele 7.1.7

1. Die Mengen $\mathbb{R}^n$, insbesondere $\mathbb{R}^2$ und $\mathbb{R}^3$, sind Vektorräume.

   Die Vorstellung von Vektoren $\vec{a} \in \mathbb{R}^2$ bzw. $\vec{a} \in \mathbb{R}^3$ als Pfeile in der Ebene bzw. im Raum ist auch bei anderen Vektorräumen nützlich.

2. Auch Polynome kann man addieren und skalieren:

   Sei $p(x) = x^4 + 2x - 1$ und $q(x) = x^2 + 3$.

   Dann ist

   $$(p + q)(x) = x^4 + x^2 + 2x + 2 \qquad \text{und} \qquad (2p)(x) = 2x^4 + 4x - 2.$$

   Die Menge aller Polynome ist ein Vektorraum.

3. Die Menge aller stetigen Funktionen $f : [0, 2\pi] \to \mathbb{R}$ ist mit $(f + g)(x) = f(x) + g(x)$ und $(\lambda \cdot f)(x) = \lambda \cdot f(x)$ ein Vektorraum.

Bemerkung 7.1.8 zu den „üblichen" Rechenregeln

Für theoretische Zwecke ist es wichtig, die „üblichen Rechenregeln", denen
die Rechenoperationen im Vektorraum genügen müssen, exakt zu formulieren. Da es hier und im Folgenden aber auf die *Anwendung* der Vektorrech-
nung ankommt, wird in diesem Rahmen darauf verzichtet.

705

7.2 Linearkombination

Definition 7.2.1 (Linearkombination)

Ist V ein Vektorraum, $\lambda_k \in \mathbb{R}$ und $\vec{v}_k \in V$, so heißt

706

$$\sum_{k=1}^{n} \lambda_k \vec{v}_k = \lambda_1 \vec{v}_1 + \lambda_2 \vec{v}_2 + \cdots + \lambda_n \vec{v}_n$$

Linearkombination der $\vec{v}_k$.

Beispiele 7.2.2

1. Eine Linearkombination der Vektoren

$$\vec{v}_1 = \begin{pmatrix} 2 \\ 2 \end{pmatrix} \quad \text{und} \quad \vec{v}_2 = \begin{pmatrix} 2 \\ -1 \end{pmatrix}$$

ist beispielsweise

$$\begin{pmatrix} 1 \\ 4 \end{pmatrix} = 1.5 \cdot \begin{pmatrix} 2 \\ 2 \end{pmatrix} + (-1) \cdot \begin{pmatrix} 2 \\ -1 \end{pmatrix}.$$

wie man an Abb. 7.7 sieht.

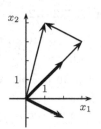

Abb. 7.7 Linearkombination
von Vektoren.

707

2. Abb. 7.8 verdeutlicht, dass sich jeder Vektor
$\vec{a} \in \mathbb{R}^2$ als Linearkombination von

$$\vec{v}_1 = \begin{pmatrix} 2 \\ 2 \end{pmatrix} \quad \text{und} \quad \vec{v}_2 = \begin{pmatrix} 2 \\ -1 \end{pmatrix}$$

darstellen lässt

Dies gilt auch bei anderen Vektoren $\vec{v}_1, \vec{v}_2 \in$
$\mathbb{R}^2$, solange $\vec{v}_1$ und $\vec{v}_2$ nicht Vielfache voneinander sind.

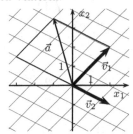

Abb. 7.8 Die Vektoren $\begin{pmatrix} 2 \\ 2 \end{pmatrix}$
und $\begin{pmatrix} 2 \\ -1 \end{pmatrix}$ spannen den $\mathbb{R}^2$ auf.

3. Die Menge aller Linearkombinationen zweier Vektoren im $\mathbb{R}^3$, die nicht auf
einer Linie liegen, bilden eine Ebene.

4. Betrachtet man im Vektorraum V aller stetigen Funktionen $f : [0, 2\pi] \to \mathbb{R}$ die Elemente $f(x) = \sin(2+x)$, $v_1(x) = \cos(x)$ und $v_2(x) = \sin(x)$ so liefert das Additionstheorem

$$\sin(2+x) = \sin(2) \cdot \cos(x) + \cos(2) \cdot \sin(x)$$

(s. Satz 1.1.55, 3.) eine Darstellung von f als Linearkombination von v_1 und v_2 mit $\lambda_1 = \sin(2)$ und $\lambda_2 = \cos(2)$:

$$f = \lambda_1 \cdot v_1 + \lambda_2 \cdot v_2.$$

708

Bemerkung 7.2.3

Mit drei Vektoren im $\mathbb{R}^3$, die nicht in einer Ebene liegen, kann man jeden Vektor $\vec{a} \in \mathbb{R}^3$ darstellen.

Beispiel 7.2.3.1

Mit den *kanonischen* Vektoren $\vec{e}_x = \left(\begin{smallmatrix} 1 \\ 0 \\ 0 \end{smallmatrix}\right)$, $\vec{e}_y = \left(\begin{smallmatrix} 0 \\ 1 \\ 0 \end{smallmatrix}\right)$ und $\vec{e}_z = \left(\begin{smallmatrix} 0 \\ 0 \\ 1 \end{smallmatrix}\right)$ ist

$$\begin{pmatrix} a_1 \\ a_2 \\ a_3 \end{pmatrix} = a_1 \cdot \vec{e}_x + a_2 \cdot \vec{e}_y + a_3 \cdot \vec{e}_z.$$

Beispiel 7.2.3.2

Die drei Vektoren $\vec{v}_1 = \left(\begin{smallmatrix} 1 \\ 0 \\ 1 \end{smallmatrix}\right)$, $\vec{v}_2 = \left(\begin{smallmatrix} 1 \\ 2 \\ -1 \end{smallmatrix}\right)$ und $\vec{v}_3 = \left(\begin{smallmatrix} -1 \\ 0 \\ 0 \end{smallmatrix}\right)$ liegen nicht in einer Ebene.

Will man beispielsweise den Vektor $\vec{a} = \left(\begin{smallmatrix} 3 \\ 2 \\ 0 \end{smallmatrix}\right)$ als Linearkombination der Vektoren $\vec{v}_1, \vec{v}_2$ und $\vec{v}_3$ darstellen, führt dies auf ein lineares Gleichungssystem für die Koeffizienten λ_k zu den Vektoren $\vec{v}_k$:

$$\vec{a} = \lambda_1 \cdot \vec{v}_1 + \lambda_2 \cdot \vec{v}_2 + \lambda_3 \cdot \vec{v}_3$$

$$\Leftrightarrow \begin{pmatrix} 3 \\ 2 \\ 0 \end{pmatrix} = \lambda_1 \cdot \begin{pmatrix} 1 \\ 0 \\ 1 \end{pmatrix} + \lambda_2 \cdot \begin{pmatrix} 1 \\ 2 \\ -1 \end{pmatrix} + \lambda_3 \cdot \begin{pmatrix} -1 \\ 0 \\ 0 \end{pmatrix}$$

$$\Leftrightarrow \begin{array}{rcccccc} 3 & = & \lambda_1 & + & \lambda_2 & - & \lambda_3 \\ 2 & = & & & 2 \cdot \lambda_2 & & \\ 0 & = & \lambda_1 & - & \lambda_2 & & \end{array}$$

Aus der zweiten Gleichung folgt $\lambda_2 = 1$, aus der dritten dann $\lambda_1 = 1$ und aus der ersten $\lambda_3 = -1$ Tatsächlich ist

$$\begin{pmatrix} 3 \\ 2 \\ 0 \end{pmatrix} = 1 \cdot \begin{pmatrix} 1 \\ 0 \\ 1 \end{pmatrix} + 1 \cdot \begin{pmatrix} 1 \\ 2 \\ -1 \end{pmatrix} + (-1) \cdot \begin{pmatrix} -1 \\ 0 \\ 0 \end{pmatrix}.$$

Definition 7.2.4 (Erzeugendensystem)

Sei V ein Vektorraum und $\vec{v}_1, \ldots, \vec{v}_n \in V$.

709

$\{\vec{v}_1, \ldots, \vec{v}_n\}$ heißt
Erzeugendensystem von V $\quad :\Leftrightarrow\quad$ jedes $\vec{v} \in V$ lässt sich als Linearkombination von $\vec{v}_1, \ldots, \vec{v}_n$ darstellen.

Beispiele 7.2.5

1. Beispiel 7.2.2, 2., erläutert, dass $\{\binom{2}{2}, \binom{2}{-1}\}$ ein Erzeugendensystem von $\mathbb{R}^2$ ist.

   Auch $\{\binom{2}{2}, \binom{2}{-1}, \binom{0}{1}\}$ ist dann ein Erzeugendensystem von $\mathbb{R}^2$.

2. Entsprechend Bemerkung 7.2.3 bilden drei Vektoren im $\mathbb{R}^3$, die nicht in einer Ebene liegen, ein Erzeugendensystem für $\mathbb{R}^3$.

   Auch wenn man noch weitere Vektoren hinzunimmt, hat man ein Erzeugendensystem; allerdings hat man dann überflüssig viele Vektoren.

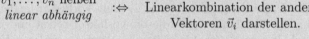

Definition 7.2.6 (Lineare (Un-)Abhängigkeit)

Sei V ein Vektorraum und $\vec{v}_1, \ldots, \vec{v}_n \in V$.

710

$\vec{v}_1, \ldots, \vec{v}_n$ heißen
linear abhängig $\quad :\Leftrightarrow\quad$ ein Vektor $\vec{v}_k$ lässt sich als Linearkombination der anderen Vektoren $\vec{v}_i$ darstellen.

Ansonsten heißen die Vektoren *linear unabhängig*.

Beispiele 7.2.7

1. Die Vektoren $\binom{2}{2}$ und $\binom{1}{1}$ sind linear abhängig, da z.B. $\binom{2}{2} = 2 \cdot \binom{1}{1}$.

2. Die Vektoren $\binom{2}{2}$ und $\binom{2}{-1}$ sind offensichtlich linear unabhängig.

3. Die Vektoren $\binom{2}{2}$, $\binom{2}{-1}$ und $\binom{0}{1}$ sind linear abhängig, denn $\{\binom{2}{2}, \binom{2}{-1}\}$ ist ein Erzeugendensystem (s. Beispiel 7.2.5, 1.), so dass sich $\binom{0}{1}$ als Linearkombination von $\binom{2}{2}$ und $\binom{2}{-1}$ darstellen lässt.

4. Die Vektoren $\binom{2}{1}$ und $\binom{0}{0}$ sind linear abhängig, da $\binom{0}{0} = 0 \cdot \binom{2}{1}$ ist.

5. Die Vektoren $\begin{pmatrix} 1 \\ 0 \\ 0 \end{pmatrix}$, $\begin{pmatrix} 0 \\ 1 \\ 0 \end{pmatrix}$ und $\begin{pmatrix} 0 \\ 0 \\ 1 \end{pmatrix}$ sind offensichtlich linear unabhängig.

Satz 7.2.8

Die Vektoren $\vec{v}_1, \ldots, \vec{v}_n$ sind linear unabhängig genau dann, wenn eine Linearkombination von $\vec{0}$, also

$$\vec{0} \; = \; \lambda_1 \vec{v}_1 + \lambda_2 \vec{v}_2 + \cdots + \lambda_n \vec{v}_n$$

nur durch $\lambda_1 = \lambda_2 = \cdots = \lambda_n = 0$ möglich ist.

Bemerkungen 7.2.9 zu Satz 7.2.8

1. Man sagt auch, $\vec{0}$ lässt sich nur als *triviale* Linearkombination der $\vec{v}_k$ darstellen.

2. Der Satz bedeutet umgekehrt, dass Vektoren linear abhängig sind genau dann, wenn es eine nichttriviale Linearkombination von $\vec{0}$ gibt, d.h. eine Linearkombination, bei der nicht alle Skalare gleich Null sind.

   Die Gleichwertigkeit mit der Definition 7.2.6 sieht man wie folgt:

   Lässt sich ein Vektor $\vec{v}_{k_0}$ als Linearkombination der anderen Vektoren darstellen, erhält man durch Subtraktion von $\vec{v}_{k_0}$ direkt eine nichttriviale Darstellung von $\vec{0}$, da dann der Vorfaktor von $\vec{v}_{k_0}$ gleich -1 ist.

   Hat man umgekehrt eine nichttriviale Linearkombination von $\vec{0}$,

   $$\vec{0} \; = \; \lambda_1 \vec{v}_1 + \lambda_2 \vec{v}_2 + \cdots + \lambda_n \vec{v}_n$$

   so gibt es bei der Darstellung einen Vektor $\vec{v}_{k_0}$ mit Vorfaktor ungleich Null. Man kann dann die Gleichung durch diesen Vorfaktor teilen und nach $\vec{v}_{k_0}$ umstellen. So erhält man $\vec{v}_{k_0}$ als Linearkombination der anderen Vektoren.

Bemerkung 7.2.10

Im Zweidimensionalen kann man zu vorgegebenen Vektoren schnell entscheiden, ob diese linear abhängig sind.

In Kapitel 8 werden Hilfmittel beschrieben, wie man im $\mathbb{R}^m$, $m > 2$, lineare (Un-)Abhängigkeit untersuchen kann:

- Die Betrachtung der Lösungsmenge zu $\vec{0} = \lambda_1 \vec{v}_1 + \lambda_2 \vec{v}_2 + \cdots + \lambda_n \vec{v}_n$ führt auf ein lineares Gleichungssystem, das man mit dem Gaußschen Eleminationsverfahren analysieren kann (vgl. Abschnitt 8.2).

- Man kann den Rang der Matrix untersuchen, die die Vektoren $\vec{v}_1, \ldots, \vec{v}_n$ als Spalten besitzt (s. Defintion 8.2.8).

- Vektoren $\vec{v}_1, \ldots, \vec{v}_n \in \mathbb{R}^n$ sind genau dann linear unabhängig, wenn die Matrix, die diese Vektoren als Spalten besitzt, invertierbar ist (s. Satz 8.4.9), was gleichbedeutend damit ist, dass diese Matrix eine Determinante ungleich Null besitzt (s. Satz 8.5.9, 1.).

Definition 7.2.11 (Basis)

Sei V ein Vektorraum und $\vec{v}_1, \ldots, \vec{v}_n \in V$.

$$\begin{array}{ll} \{\vec{v}_1, \ldots, \vec{v}_n\} \text{ heißt} \\ \textit{Basis von } V \end{array} :\Leftrightarrow \begin{array}{l} \{\vec{v}_1, \ldots, \vec{v}_n\} \text{ ist ein Erzeugendensystem} \\ \text{und } \vec{v}_1, \ldots, \vec{v}_n \text{ sind linear unabhängig.} \end{array}$$

Die Anzahl n heißt dann *Dimension* von V.

Beispiele 7.2.12

1. Die Mengen $\{\binom{1}{0}, \binom{0}{1}\}$ und $\{\binom{2}{2}, \binom{2}{-1}\}$ sind Basen von $\mathbb{R}^2$.

2. Die Menge $\{\binom{2}{2}, \binom{1}{1}\}$ ist keine Basis von $\mathbb{R}^2$, da sie kein Erzeugendensystem ist.

3. Die Menge $\{\binom{2}{2}, \binom{2}{-1}, \binom{0}{1}\}$ ist keine Basis von $\mathbb{R}^2$, da die Vektoren nicht linear unabhängig sind.

Bemerkungen 7.2.13 (Basen und ihre Eigenschaften)

1. Man kann zeigen, dass alle Basen zu einem Vektorraum gleich viele Elemente haben.

   Beispiel 7.2.13.1

   Im Raum $\mathbb{R}^2$ haben alle Basen zwei Elemente. $\mathbb{R}^2$ ist zweidimensional.

2. Im $\mathbb{R}^2$ bzw. im $\mathbb{R}^3$ heißt die Basis

$$\left\{ \begin{pmatrix} 1 \\ 0 \end{pmatrix}, \begin{pmatrix} 0 \\ 1 \end{pmatrix} \right\} \quad \text{bzw.} \quad \left\{ \begin{pmatrix} 1 \\ 0 \\ 0 \end{pmatrix}, \begin{pmatrix} 0 \\ 1 \\ 0 \end{pmatrix}, \begin{pmatrix} 0 \\ 0 \\ 1 \end{pmatrix} \right\}$$

   auch *kanonische Basis*, im $\mathbb{R}^n$ entsprechend.

3. Bei einer Basis von V besitzt jeder Vektor aus V eine *eindeutige* Darstellung als Linearkombination der Basisvektoren. Diese Eigenschaft kann man auch als Definition einer Basis nutzen.

4. Es gibt Vektorräume, die keine endliche Basis haben.

   Beispiel 7.2.13.2

   Zur Menge aller Polynome ist

$$\{1, x, x^2, x^3, \ldots\} = \{x^n \mid n \in \mathbb{N}_0\}$$

   eine Basis.

7.3 Skalarprodukt

712

Definition 7.3.1 (Skalarprodukt)

Zu Vektoren $\vec{a}, \vec{b} \in \mathbb{R}^n$, $\vec{a} = \begin{pmatrix} a_1 \\ \vdots \\ a_n \end{pmatrix}$, $\vec{b} = \begin{pmatrix} b_1 \\ \vdots \\ b_n \end{pmatrix}$ heißt

$$\vec{a} \cdot \vec{b} := a_1 b_1 + \ldots + a_n b_n$$

das *(Standard-) Skalarprodukt.*

Beispiel 7.3.2

1. Es ist $\begin{pmatrix} 2 \\ 1 \end{pmatrix} \cdot \begin{pmatrix} -3 \\ 4 \end{pmatrix} = 2 \cdot (-3) + 1 \cdot 4 = -2.$

2. Es ist $\begin{pmatrix} 1 \\ 3 \\ 0 \\ 2 \end{pmatrix} \cdot \begin{pmatrix} 5 \\ -1 \\ 2 \\ -1 \end{pmatrix} = 1 \cdot 5 + 3 \cdot (-1) + 0 \cdot 2 + 2 \cdot (-1) = 0.$

Bemerkungen 7.3.3 zur Definition des Skalarprodukts

1. Das Skalarprodukt wird manchmal auch geschrieben als $\langle a, b \rangle$.

2. Ein Skalarprodukt zwischen Vektoren mit unterschiedlichen Dimensionen, z.B. $\begin{pmatrix} 1 \\ 2 \end{pmatrix} \cdot \begin{pmatrix} 3 \\ 1 \\ 2 \end{pmatrix}$, ist nicht definiert.

713

Satz 7.3.4 (Eigenschaften des Skalarprodukts)

Für Vektoren $\vec{a}, \vec{b}, \vec{c} \in \mathbb{R}^n$ und $\lambda \in \mathbb{R}$ gilt

1. $\vec{a} \cdot \vec{a} \geq 0$ und $(\vec{a} \cdot \vec{a} = 0 \Leftrightarrow \vec{a} = \vec{0})$,

2. $\vec{a} \cdot \vec{b} = \vec{b} \cdot \vec{a}$,

3. $(\vec{a} + \vec{b}) \cdot \vec{c} = (\vec{a} \cdot \vec{c}) + (\vec{b} \cdot \vec{c})$,

      $(\lambda \cdot \vec{a}) \cdot \vec{b} = \lambda \cdot (\vec{a} \cdot \vec{b}) = \vec{a} \cdot (\lambda \cdot \vec{b})$.

Bemerkungen 7.3.5 zu den Eigenschaften des Skalarprodukts

1. Die Eigenschaften haben eigene Namen: Man sagt, das Skalarprodukt ist eine *positiv definite* (1.) *symmetrische* (2.) *Bilinearform* (3.).

2. Wie in den reellen Zahlen gilt Punkt-vor-Strich-Rechnung.

   Man schreibt z.B. „$\vec{a} \cdot \vec{c} + \vec{b} \cdot \vec{c}$" statt „$(\vec{a} \cdot \vec{c}) + (\vec{b} \cdot \vec{c})$".

3. Bei Satz 7.3.4, 3., haben die „+"- und „·"-Zeichen unterschiedliche Bedeutungen: Das „+" in der ersten Gleichung links betrifft die Addition von Vektoren, das rechte „+" die Addition reeller Zahlen. Das „·"-Zeichen in der zweiten Gleichung hat sogar drei verschiedene Bedeutungen:

   1. Multiplikation reeller Zahlen,

   2. skalare Multiplikation (reelle Zahl · Vektor),

   3. Skalarprodukt (Vektor · Vektor).

4. Die Eigenschaften kann man leicht nachrechnen, z.B.

$$(\vec{a} + \vec{b}) \cdot \vec{c} = (\begin{pmatrix} a_1 \\ \vdots \\ a_n \end{pmatrix} + \begin{pmatrix} b_1 \\ \vdots \\ b_n \end{pmatrix}) \cdot \begin{pmatrix} c_1 \\ \vdots \\ c_n \end{pmatrix} = \begin{pmatrix} a_1 + b_1 \\ \vdots \\ a_n + b_n \end{pmatrix} \cdot \begin{pmatrix} c_1 \\ \vdots \\ c_n \end{pmatrix}$$

$$= (a_1 + b_1) \cdot c_1 + \cdots + (a_n + b_n) \cdot c_n$$

$$= a_1 c_1 + \cdots + a_n c_n + b_1 c_1 + \cdots + b_n c_n$$

$$= \begin{pmatrix} a_1 \\ \vdots \\ a_n \end{pmatrix} \cdot \begin{pmatrix} c_1 \\ \vdots \\ c_n \end{pmatrix} + \begin{pmatrix} b_1 \\ \vdots \\ b_n \end{pmatrix} \cdot \begin{pmatrix} c_1 \\ \vdots \\ c_n \end{pmatrix} = \vec{a} \cdot \vec{c} + \vec{b} \cdot \vec{c}.$$

Beispiel 7.3.6

Im Folgenden werden die linke und rechte Seite der Gleichungen aus Satz 7.3.4, 3., jeweils beispielhaft separat berechnet.

Die Gleichung $(\vec{a} + \vec{b}) \cdot \vec{c} = (\vec{a} \cdot \vec{c}) + (\vec{b} \cdot \vec{c})$ liefert zum Beispiel

$$\left(\begin{pmatrix} 0 \\ 3 \\ 2 \end{pmatrix} + \begin{pmatrix} 1 \\ 0 \\ -2 \end{pmatrix}\right) \cdot \begin{pmatrix} 2 \\ -1 \\ 3 \end{pmatrix} = \begin{pmatrix} 0 \\ 3 \\ 2 \end{pmatrix} \cdot \begin{pmatrix} 2 \\ -1 \\ 3 \end{pmatrix} + \begin{pmatrix} 1 \\ 0 \\ -2 \end{pmatrix} \cdot \begin{pmatrix} 2 \\ -1 \\ 3 \end{pmatrix}$$

$$= \qquad\qquad\qquad =$$

$$\begin{pmatrix} 1 \\ 3 \\ 0 \end{pmatrix} \cdot \begin{pmatrix} 2 \\ -1 \\ 3 \end{pmatrix} \qquad\qquad \begin{matrix} (0 \cdot 2 + 3 \cdot (-1) + 2 \cdot 3) \\ +(1 \cdot 2 + 0 \cdot (-1) + (-2) \cdot 3) \end{matrix}$$

$$= \qquad\qquad\qquad =$$

$$1 \cdot 2 + 3 \cdot (-1) + 0 \cdot 3 \qquad\qquad 3 - 4$$

$$= \qquad\qquad\qquad =$$

$$-1. \qquad\qquad\qquad -1.$$

Die Gleichung $(\lambda \cdot \vec{a}) \cdot \vec{b} = \lambda \cdot (\vec{a} \cdot \vec{b})$ wird konkret zu

$$\left(2 \cdot \begin{pmatrix} -1 \\ 3 \\ 0 \end{pmatrix}\right) \cdot \begin{pmatrix} 4 \\ 1 \\ 5 \end{pmatrix} = 2 \cdot \left(\begin{pmatrix} -1 \\ 3 \\ 0 \end{pmatrix} \cdot \begin{pmatrix} 4 \\ 1 \\ 5 \end{pmatrix}\right)$$

$$\begin{matrix} = & & = \\ \begin{pmatrix} -2 \\ 6 \\ 0 \end{pmatrix} \cdot \begin{pmatrix} 4 \\ 1 \\ 5 \end{pmatrix} & \Big| & 2 \cdot ((-1) \cdot 4 + 3 \cdot 1 + 0 \cdot 5) \\ = & \Big| & = \\ -2 \cdot 4 + 6 \cdot 1 + 0 \cdot 5 & \Big| & 2 \cdot (-1) \\ = & \Big| & = \\ -2. & \Big| & -2. \end{matrix}$$

Bemerkung 7.3.7

Im Allgemeinen ist $(\vec{a} \cdot \vec{b}) \cdot \vec{c} \neq \vec{a} \cdot (\vec{b} \cdot \vec{c})$!

Beispiel 7.3.7.1

Es ist

$$\left(\begin{pmatrix} 1 \\ 0 \end{pmatrix} \cdot \begin{pmatrix} 2 \\ 3 \end{pmatrix}\right) \cdot \begin{pmatrix} -1 \\ 2 \end{pmatrix} = 2 \cdot \begin{pmatrix} -1 \\ 2 \end{pmatrix} = \begin{pmatrix} -2 \\ 4 \end{pmatrix},$$

aber

$$\begin{pmatrix} 1 \\ 0 \end{pmatrix} \cdot \left(\begin{pmatrix} 2 \\ 3 \end{pmatrix} \cdot \begin{pmatrix} -1 \\ 2 \end{pmatrix}\right) = \begin{pmatrix} 1 \\ 0 \end{pmatrix} \cdot 4 = \begin{pmatrix} 4 \\ 0 \end{pmatrix}.$$

Bemerkung 7.3.8 (Skalarprodukt in allgemeinen Vektorräumen)

Bei einem allgemeinen Vektorraum dient Satz 7.3.4 zur *Definition* eines Skalarprodukts: Eine Abbildung $\langle \cdot, \cdot \rangle$, die zwei Vektoren eine reelle Zahl zuordnet und die Eigenschaften von Satz 7.3.4 besitzt, heißt Skalarprodukt.

Beispiele 7.3.8.1

1. In $\mathbb{R}^n$ gibt es neben dem Standard-Skalarprodukt auch andere Skalarprodukte: Setzt man für positive Zahlen $c_1, \ldots, c_n$ zu $\vec{a}, \vec{b} \in \mathbb{R}^n$

$$\langle \vec{a}, \vec{b} \rangle = c_1 \cdot a_1 \cdot b_1 + \ldots + c_n \cdot a_n \cdot b_n,$$

so erfüllt $\langle \cdot, \cdot \rangle$ die Eigenschaften von Satz 7.3.4 und stellt ein Skalarprodukt im $\mathbb{R}^n$ dar. Gegenüber dem Standard-Skalarprodukt kann dieses Skalarprodukt die verschiedenen Komponenten unterschiedlich gewichten.

2. Im Vektorraum V der auf $[0, 2\pi]$ stetigen Funktionen erfüllt

$$\langle f, g \rangle = \int_0^{2\pi} f(x) \cdot g(x)\, dx$$

die Eigenschaften von Satz 7.3.4 und stellt ein Skalarprodukt in V dar. Für die Sinus-Funktion und die konstante Funktion 1 gilt dann beispielsweise

$$\langle \sin x, 1 \rangle = \int_0^{2\pi} \sin x \cdot 1\, dx = 0.$$

Bemerkung: Approximiert man das Integral durch eine Riemannsche Zwischensumme mit n Teilintervallen, so sieht man die Ähnlichkeit mit dem Skalarprodukt im $\mathbb{R}^n$.

714

Definition 7.3.9 (Länge/Norm/Betrag eines Vektors)

Zu einem Vektor $\vec{a} = \begin{pmatrix} a_1 \\ \vdots \\ a_n \end{pmatrix} \in \mathbb{R}^n$ ist die *Länge* definiert durch

$$\|\vec{a}\| := |\vec{a}| := \sqrt{\vec{a} \cdot \vec{a}} = \sqrt{a_1^2 + \cdots + a_n^2}.$$

Statt Länge spricht man auch von der *Norm* oder dem *Betrag* des Vektors.

Bemerkung 7.3.10

Es ist also $\vec{a} \cdot \vec{a} = \|\vec{a}\|^2$.

Beispiele 7.3.11

1. Nach dem Satz des Pythagoras ist

$$\left\| \begin{pmatrix} 2 \\ 1 \end{pmatrix} \right\| = \sqrt{2^2 + 1^2} = \sqrt{5}$$

die gewöhnliche Länge des Vektors $\begin{pmatrix} 2 \\ 1 \end{pmatrix}$, s. Abb. 7.9.

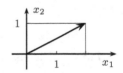

Abb. 7.9 Betrag eines Vektors im $\mathbb{R}^2$.

2. Es ist $\left\|\begin{pmatrix} 2 \\ 1 \\ 3 \end{pmatrix}\right\| = \sqrt{2^2 + 1^2 + 3^2} = \sqrt{14}.$

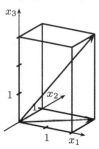

Durch zweifache Anwendung des Satzes von Pythagoras sieht man, dass dies tatsächlich die gewöhnliche Länge ist, s. Abb. 7.10:

Die Diagonale in der (x_1, x_2)-Ebene besitzt die Länge $l = \sqrt{2^2 + 1^2}$; damit ergibt sich die Gesamtlänge zu

$$\sqrt{l^2 + 3^2} = \sqrt{2^2 + 1^2 + 3^2}.$$

Abb. 7.10 Betrag eines Vektors im $\mathbb{R}^3$.

3. Es ist $\left\|\begin{pmatrix} 2 \\ 3 \\ 0 \\ 2 \end{pmatrix}\right\| = \sqrt{2^2 + 3^2 + 0^2 + 2^2} = \sqrt{17}.$

Bemerkung 7.3.12 (Norm in allgemeinen Vektorräumen)

Entsprechend Definition 7.3.9 kann man in einem allgemeinen Vektorraum mit Skalarprodukt $\langle \cdot, \cdot \rangle$ die Länge/die Norm/den Betrag eines Vektors $\vec{v}$ definieren als

$$\|\vec{v}\| := \sqrt{\langle v, v \rangle}.$$

Beispiel 7.3.12.1

Im Vektorraum V der auf $[0, 2\pi]$ stetigen Funktion mit Skalarprodukt $\langle f, g \rangle = \int\limits_0^{2\pi} f(x) \cdot g(x)\,dx$ hat die Sinus-Funktion den Betrag

$$\|\sin x\| = \sqrt{\langle \sin x, \sin x \rangle} = \sqrt{\int\limits_0^{2\pi} \sin x \cdot \sin x\,dx}$$

$$= \sqrt{\int\limits_0^{2\pi} \sin^2 x\,dx} \overset{\substack{\text{ähnlich wie} \\ \text{Beispiel 6.1.19.1}}}{=} \sqrt{\tfrac{1}{2} \cdot 2\pi} = \sqrt{\pi}.$$

715

Satz 7.3.13 (Eigenschaften der Norm)

Für Vektoren $\vec{a}, \vec{b} \in \mathbb{R}^n$ und $\lambda \in \mathbb{R}$ gilt:

1. $\|\lambda \cdot \vec{a}\| = |\lambda| \cdot \|\vec{a}\|,$

2. $\|\vec{a} + \vec{b}\| \leq \|\vec{a}\| + \|\vec{b}\|$ (Dreiecksungleichung),

3. $|\vec{a} \cdot \vec{b}| \leq \|\vec{a}\| \cdot \|\vec{b}\|$ (Cauchy-Schwarzsche Ungleichung).

Bemerkungen 7.3.14 zu den Eigenschaften der Norm

1. Die Dreiecksungleichung ist in $\mathbb{R}^2$ und $\mathbb{R}^3$ anschaulich klar: Die Summe zweier Dreiecksseiten ist mindestens so groß wie die dritte Seite, s. Abb. 7.11

Abb. 7.11 Dreiecksungleichung.

2. Satz 7.3.13 gilt allgemein für eine Norm, die entsprechend Bemerkung 7.3.12 durch ein Skalarprodukt erzeugt wird.

3. Erfüllt in einem allgemeinen Vektorraum V eine Abbildung $\|\cdot\|$, die jedem Vektor $\vec{v} \in V$ eine Zahl $\|\vec{v}\| \geq 0$ zuordnet, die beiden ersten Eigenschaften von Satz 7.3.13, so bezeichnet man sie auch als *Norm* oder *Metrik*.

Beispiel 7.3.14.1

Im $\mathbb{R}^n$ sind die Summennorm $\|\cdot\|_{\mathrm{sum}}$ und die Maximum-Norm $\|\cdot\|_{\mathrm{max}}$ gebräuchlich, definiert durch

$$\|\vec{a}\|_{\mathrm{sum}} = |a_1| + \ldots + |a_n| \quad \text{und} \quad \|\vec{a}\|_{\mathrm{max}} = \max\{|a_1|, \ldots, |a_n|\}.$$

Bemerkung 7.3.15 (Abstand zweier Punkte)

Der Abstand d zweier Punkte P, $Q \in \mathbb{R}^n$ mit zugehörigen Ortsvektoren $\vec{p}$ und $\vec{q}$ berechnet sich als Länge des Differenzvektors: $d = \|\vec{q} - \vec{p}\|$.

716

Wegen $\| - \vec{a}\| = \|(-1) \cdot \vec{a}\| = |-1| \cdot \|\vec{a}\| = \|\vec{a}\|$ gilt auch

$$d = \| - (\vec{q} - \vec{p})\| = \| - \vec{q} + \vec{p}\| = \|\vec{p} - \vec{q}\|.$$

Beispiel 7.3.15.1

Der Abstand d der Punkte $P = (1, 2)$ und $Q = (3, 1)$ ist

$$d = \left\| \begin{pmatrix} 3 \\ 1 \end{pmatrix} - \begin{pmatrix} 1 \\ 2 \end{pmatrix} \right\| = \left\| \begin{pmatrix} 2 \\ -1 \end{pmatrix} \right\|$$

$$= \sqrt{2^2 + (-1)^2} = \sqrt{5}$$

und ebenso

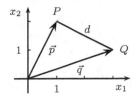

Abb. 7.12 Abstand zwischen zwei Punkten.

$$d = \left\| \begin{pmatrix} 1 \\ 2 \end{pmatrix} - \begin{pmatrix} 3 \\ 1 \end{pmatrix} \right\| = \left\| \begin{pmatrix} -2 \\ 1 \end{pmatrix} \right\| = \sqrt{(-2)^2 + 1^2} = \sqrt{5}.$$

In allgemeinen Vektorräumen mit einer Norm $\|\cdot\|$ kann man entsprechend den Abstand zweier Vektoren $\vec{p}$ und $\vec{q}$ definieren als $d = \|\vec{q} - \vec{p}\|$.

717

Satz 7.3.16

Für Vektoren $\vec{a}, \vec{b} \in \mathbb{R}^n$ gilt

$$\vec{a} \cdot \vec{b} = \|\vec{a}\| \cdot \|\vec{b}\| \cdot \cos\varphi,$$

wobei φ der von $\vec{a}$ und $\vec{b}$ eingeschlossene Winkel ist.

Bemerkungen 7.3.17 zu Satz 7.3.16

1. Satz 7.3.16 kann man bei gegebenen Koordinatendarstellungen zweier Vektoren dazu nutzen, den Winkel zwischen diesen Vektoren zu berechnen.

   Beispiel 7.3.17.1

   Zu $\vec{a} = \begin{pmatrix} 2 \\ 1 \end{pmatrix}$, $\vec{b} = \begin{pmatrix} -3 \\ 4 \end{pmatrix}$ ist

$$\begin{aligned} \cos\varphi &= \frac{\vec{a} \cdot \vec{b}}{\|\vec{a}\| \cdot \|\vec{b}\|} \\ &= \frac{-2}{\sqrt{5} \cdot \sqrt{25}} \approx -0.179, \end{aligned}$$

   also

$$\varphi \approx \arccos(-0.179) \approx 1.75 \overset{\wedge}{\approx} 100°.$$

Abb. 7.13 Winkel zwischen zwei Vektoren.

2. In $\mathbb{R}^2$ und $\mathbb{R}^3$ kann man Satz 7.3.16 aus Definition 7.3.1 des Standardskalarprodukts elementar geometrisch herleiten.

   Man kann Satz 7.3.16 aber auch als Koordinaten-unabhängige *Definition* des Skalarprodukts heranziehen und dann Definition 7.3.1 als Satz formulieren.

   Im $\mathbb{R}^n$, $n \geq 4$, fehlt die Anschauung. Durch $\vec{a} \cdot \vec{b} = \|\vec{a}\| \cdot \|\vec{b}\| \cdot \cos\varphi$ *definiert* man den Winkel φ zwischen $\vec{a}$ und $\vec{b}$, entsprechend in allgemeinen Vektorräumen mit Skalarprodukt.

718

3. An Abb. 7.14 sieht man, dass das Skalarprodukt ein Produkt ist, das nur den projizierten Beitrag des einen Vektors in Richtung des anderen Vektors berücksichtigt.

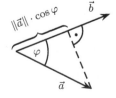
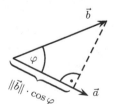

Abb. 7.14 Skalarprodukt als Produkt des projizierten Anteils.

4. Die Cauchy-Schwarzsche Ungleichung (s. Satz 7.3.13, 3.)

$$|\vec{a} \cdot \vec{b}| \; \leq \; \|\vec{a}\| \cdot \|\vec{b}\|$$

ist wegen $|\cos\varphi| \leq 1$ ein Spezialfall von Satz 7.3.16.

Gleichheit erreicht man hier bei $\cos\varphi = 1$ bzw. $\cos\varphi = -1$, also wenn $\vec{a}$ und $\vec{b}$ parallel sind bzw. in entgegengesetzte Richtungen zeigen („antiparallel"). Bei vorgegebener Länge wird das Skalarprodukt also maximal bzw. minimal bei parallelen bzw. antiparallelen Vektoren, wie man auch an der Interpretation entsprechend Abb. 7.14 sieht.

5. Zeigen die Vektoren $\vec{a}$ und $\vec{b}$ in die gleiche Richtung, so ist der eingeschlossene Winkel gleich 0 und man erhält wegen $\cos 0 = 1$:

$$\vec{a} \cdot \vec{b} \; = \; \|\vec{a}\| \cdot \|\vec{b}\| \cdot \cos 0 \; = \; \|\vec{a}\| \cdot \|\vec{b}\|.$$

Für den Spezialfall $\vec{a} = \vec{b}$ erhält man wieder $\vec{a} \cdot \vec{a} = \|\vec{a}\|^2$, s. Bemerkung 7.3.10.

Stehen zwei Vektoren senkrecht aufeinander (synonym: sind sie orthogonal), so ist $\varphi = \frac{\pi}{2}$, also $\cos\varphi = 0$ und damit das Skalarprodukt der Vektoren gleich Null:

Definition 7.3.18 (Orthogonalität)

Zwei Vektoren $\vec{a}, \vec{b} \in \mathbb{R}^n$ heißen *orthogonal* ($\vec{a} \perp \vec{b}$) $:\Leftrightarrow \vec{a} \cdot \vec{b} = 0$.

719

Beispiele 7.3.19

1. Die Vektoren $\binom{2}{1}$ und $\binom{-2}{4}$ sind orthogonal:

$$\binom{2}{1} \cdot \binom{-2}{4} \; = \; 2 \cdot (-2) + 1 \cdot 4 \; = \; 0.$$

2. Die Vektoren $\begin{pmatrix} 1 \\ 3 \\ -2 \end{pmatrix}$ und $\begin{pmatrix} 2 \\ 0 \\ 1 \end{pmatrix}$ sind orthogonal:

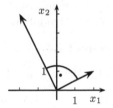

Abb. 7.15 Orthogonale Vektoren.

$$\begin{pmatrix} 1 \\ 3 \\ -2 \end{pmatrix} \cdot \begin{pmatrix} 2 \\ 0 \\ 1 \end{pmatrix} \; = \; 1 \cdot 2 + 3 \cdot 0 + (-2) \cdot 1 \; = \; 0.$$

3. Die Vektoren $\begin{pmatrix} 1 \\ 3 \\ 0 \\ 2 \end{pmatrix}$ und $\begin{pmatrix} 5 \\ -1 \\ 2 \\ -1 \end{pmatrix}$ sind orthogonal:

$$\begin{pmatrix} 1 \\ 3 \\ 0 \\ 2 \end{pmatrix} \cdot \begin{pmatrix} 5 \\ -1 \\ 2 \\ -1 \end{pmatrix} \; = \; 1 \cdot 5 + 3 \cdot (-1) + 0 \cdot 2 + 2 \cdot (-1) \; = \; 0.$$

Bemerkung 7.3.20 (orthogonale Vektoren im $\mathbb{R}^2$)

Zu einem gegebenen Vektor $\vec{a}$ erhält man orthogonale Vektoren $\vec{b}$, wenn $\vec{a} \cdot \vec{b} = 0$ ist. Im $\mathbb{R}^2$ erhält man konkret zu $\vec{a} = \left(\begin{smallmatrix} a_1 \\ a_2 \end{smallmatrix}\right)$ einen orthogonalen Vektor durch Vertauschen der Komponenten und Vorzeichenwechsel in einer der beiden Komponenten:

$$\begin{pmatrix} a_1 \\ a_2 \end{pmatrix} \cdot \begin{pmatrix} a_2 \\ -a_1 \end{pmatrix} = a_1 \cdot a_2 + a_2 \cdot (-a_1) = 0.$$

Alle anderen zu $\vec{a}$ orthogonalen Vektoren sind Vielfache von $\left(\begin{smallmatrix} a_2 \\ -a_1 \end{smallmatrix}\right)$.

Beispiel 7.3.20.1

Zum Vektor $\left(\begin{smallmatrix} -2 \\ 1 \end{smallmatrix}\right)$ findet man mit $\left(\begin{smallmatrix} 1 \\ 2 \end{smallmatrix}\right)$ einen orthogonalen Vektor (s. Abb. 7.16).

Sämtliche Vielfache von $\left(\begin{smallmatrix} 1 \\ 2 \end{smallmatrix}\right)$ sind dann auch orthogonal zu $\left(\begin{smallmatrix} -2 \\ 1 \end{smallmatrix}\right)$:

$$\begin{pmatrix} -2 \\ 1 \end{pmatrix} \cdot \left(\lambda \cdot \begin{pmatrix} 1 \\ 2 \end{pmatrix}\right)$$

$$= \lambda \cdot \left(\begin{pmatrix} -2 \\ 1 \end{pmatrix} \cdot \begin{pmatrix} 1 \\ 2 \end{pmatrix}\right)$$

$$= \lambda \quad \cdot \quad 0 \quad = 0.$$

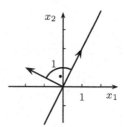

Abb. 7.16 Orthogonale Vektoren.

Bemerkung 7.3.21 (Orthogonalität in allgemeinen Vektorräumen)

Entsprechend Definition 7.3.18 sagt man auch bei einem allgemeinen Vektorraum V mit Skalarprodukt $\langle \cdot, \cdot \rangle$, dass zwei Vektoren $\vec{v}_1$ und $\vec{v}_2$ senkrecht bzw. orthogonal zueinander sind, wenn $\langle \vec{v}_1, \vec{v}_2 \rangle = 0$ ist.

Beispiel 7.3.21.1

Im Vektorraum V der auf $[0, 2\pi]$ stetigen Funktionen mit Skalarprodukt $\langle f, g \rangle = \int_0^{2\pi} f(x) \cdot g(x)\, dx$ sind die Sinus Funktion $\sin x$ und die konstante Funktion 1 orthogonal zueinander (s. Beispiel 7.3.8.1, 2.).

Bemerkung: Man kann nachrechnen, dass auch die Funktionen $\sin(nx)$ und $\cos(nx)$ mit $n \in \mathbb{N}$ alle paarweise orthogonal zueinander sind. Dies ist die Grundlage der sogenannten Fouriertheorie, bei der Funktionen $f \in V$ als Linearkombinationen dieser Funktionen angenähert werden.

7.4 Vektorprodukt

Zu zwei linear unabhängigen Vektoren im $\mathbb{R}^3$ gibt es eine eindeutige Richtung, die zu den beiden Vektoren orthogonal ist. Einen Vektor in diese Richtung kann man direkt angeben:

Definition 7.4.1 (Vektor-/Kreuzprodukt)

Zu zwei Vektoren $\vec{a}, \vec{b} \in \mathbb{R}^3$, $\vec{a} = \begin{pmatrix} a_1 \\ a_2 \\ a_3 \end{pmatrix}$, $\vec{b} = \begin{pmatrix} b_1 \\ b_2 \\ b_3 \end{pmatrix}$, ist

$$\vec{a} \times \vec{b} \; := \; \begin{pmatrix} a_2 b_3 - a_3 b_2 \\ a_3 b_1 - a_1 b_3 \\ a_1 b_2 - a_2 b_1 \end{pmatrix}$$

das *Vektor-* oder *Kreuzprodukt*.

720

721

722

Bemerkungen 7.4.2 zur Definition des Vektor-/Kreuzprodukts

1. Das Skalarprodukt ist in jedem Raum $\mathbb{R}^n$ mit beliebigem n definiert.

   Das Vektorprodukt hingegen gibt es nur im $\mathbb{R}^3$.

2. Die Berechnung kann man sich beispielsweise auf die folgenden zwei Weisen merken:

   a) Zyklische Fortsetzung der Vektoren und kreuzweise Produkt-Differenz-Bildung, s. Abb. 7.17, links.

   b) Kreuzweise Produkt-Differenz-Bildung bei Ausblenden einer Komponente und „$-$" in der Mitte, s. Abb. 7.17, rechts.

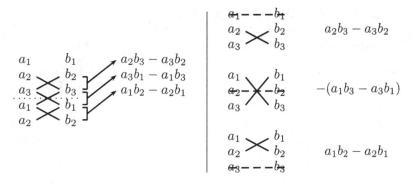

Abb. 7.17 Merkregeln zur Bildung des Kreuzprodukts.

Beispiele 7.4.3

Mit zyklischer Fortsetzung und der Berechnungsmethode von Bemerkung 7.4.2, 2.a) ist

$$
\begin{pmatrix} 3 \\ 0 \\ -1 \end{pmatrix} \times \begin{pmatrix} 2 \\ 1 \\ 0 \end{pmatrix} = \begin{pmatrix} 0 \cdot 0 \ - \ (-1) \cdot 1 \\ -1 \cdot 2 \ - \ 3 \cdot 0 \\ 3 \cdot 1 \ - \ 0 \cdot 2 \end{pmatrix} = \begin{pmatrix} 1 \\ -2 \\ 3 \end{pmatrix}.
$$

Mit der Berechnungsmethode von Bemerkung 7.4.2, 2.b) ist

$$
\begin{pmatrix} 5 \\ 0 \\ 3 \end{pmatrix} \times \begin{pmatrix} -1 \\ 2 \\ 3 \end{pmatrix} = \begin{pmatrix} 0 \cdot 3 - 3 \cdot 2 \\ -\big(5 \cdot 3 - 3 \cdot (-1)\big) \\ 5 \cdot 2 - 0 \cdot (-1) \end{pmatrix} = \begin{pmatrix} -6 \\ -18 \\ 10 \end{pmatrix}.
$$

Satz 7.4.4 (Eigenschaften des Vektorprodukts)

Für Vektoren $\vec{a}, \vec{b} \in \mathbb{R}^3$ und $\vec{c} = \vec{a} \times \vec{b}$ gilt:

1. Der Vektor $\vec{c}$ ist orthogonal zu den Vektoren $\vec{a}$ und $\vec{b}$.

2. Die drei Vektoren $\vec{a}$, $\vec{b}$ und $\vec{c}$ bilden ein Rechtssystem.

3. Ist φ der von den Vektoren $\vec{a}$ und $\vec{b}$ eingeschlossene Winkel, so gilt

$$
\|\vec{c}\| \;=\; \|\vec{a}\| \cdot \|\vec{b}\| \cdot \sin \varphi.
$$

723

724

Bemerkungen 7.4.5 zu den Eigenschaften des Vektorprodukts

1. „Rechtssystem" bedeutet, dass $\vec{a}$, $\vec{b}$ und $\vec{c}$ in Richtungen wie Daumen, Zeige- und Mittelfinger der rechten Hand zeigen.

Beispiel 7.4.5.1

Die Vektoren $\vec{a} = \begin{pmatrix} 3 \\ 0 \\ -1 \end{pmatrix}$, $\vec{b} = \begin{pmatrix} 2 \\ 1 \\ 0 \end{pmatrix}$ und $\vec{c} = \vec{a} \times \vec{b} = \begin{pmatrix} 1 \\ -2 \\ 3 \end{pmatrix}$ aus Beispiel 7.4.3 bilden ein Rechtssystem, s. Abb. 7.18.

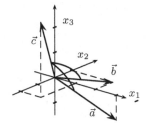

Abb. 7.18 Veranschaulichung des Kreuzprodukts.

2. Durch die Eigenschaften aus Satz 7.4.4 ist der Vektor $\vec{c} = \vec{a} \times \vec{b}$ in Abhängigkeit von $\vec{a}$ und $\vec{b}$ eindeutig festgelegt. Man kann den Satz daher auch als Koordinaten-unabhängige *Definition* des Vektorprodukts heranziehen und dann Definition 7.4.1 als Satz formulieren.

3. Der Wert

$$\|\vec{a} \times \vec{b}\| = \|\vec{a}\| \cdot \|\vec{b}\| \cdot \sin \varphi$$

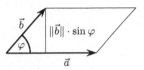

ist genau der Flächeninhalt des von $\vec{a}$ und $\vec{b}$ aufgespannten Parallelogramms, denn dessen Fläche berechnet sich als Grundseite mal Höhe, wobei $\|\vec{b}\| \cdot \sin \varphi$ der Höhe entspricht, wenn man $\vec{a}$ als Grundseite ansieht, s. Abb. 7.19.

Abb. 7.19 Das von $\vec{a}$ und $\vec{b}$ aufgespannte Parallelogramm.

Entsprechend Abb. 7.20 ist die Fläche A_Δ eines Dreiecks, das $\vec{a}$ und $\vec{b}$ als Kanten besitzt, gleich der Hälfte der entsprechenden Parallelogrammfläche, also

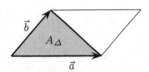

$$A_\Delta = \frac{1}{2}\|\vec{a}\| \cdot \|\vec{b}\| \cdot \sin \varphi = \frac{1}{2}\|\vec{a} \times \vec{b}\|.$$

Abb. 7.20 Dreieck mit Kanten $\vec{a}$ und $\vec{b}$.

4. Bei vorgegebener Länge von $\vec{a}$ und $\vec{b}$ wird $\|\vec{a} \times \vec{b}\|$ maximal, wenn $\vec{a}$ und $\vec{b}$ orthogonal sind. Sind $\vec{a}$ und $\vec{b}$ parallel, so ist $\vec{a} \times \vec{b} = \vec{0}$.

Beispiel 7.4.6

Zu Vektoren $\vec{a} = \begin{pmatrix} 3 \\ 0 \\ -1 \end{pmatrix}$ und $\vec{b} = \begin{pmatrix} 2 \\ 1 \\ 0 \end{pmatrix}$ ist $\vec{c} := \vec{a} \times \vec{b} = \begin{pmatrix} 1 \\ -2 \\ 3 \end{pmatrix}$ (s. Beispiel 7.4.3).

Der Vektor $\vec{c}$ steht tatsächlich senkrecht auf $\vec{a}$ und $\vec{b}$ (s. auch Abb. 7.18), denn es gilt

$$\vec{a} \cdot \vec{c} = \begin{pmatrix} 3 \\ 0 \\ -1 \end{pmatrix} \cdot \begin{pmatrix} 1 \\ -2 \\ 3 \end{pmatrix} = 3 + 0 - 3 = 0,$$

$$\vec{b} \cdot \vec{c} = \begin{pmatrix} 2 \\ 1 \\ 0 \end{pmatrix} \cdot \begin{pmatrix} 1 \\ -2 \\ 3 \end{pmatrix} = 2 - 2 + 0 = 0.$$

Für den von $\vec{a}$ und $\vec{b}$ eingeschlossenen Winkel φ gilt

$$\cos \varphi = \frac{\vec{a} \cdot \vec{b}}{\|\vec{a}\| \cdot \|\vec{b}\|} = \frac{3 \cdot 2 + 0 \cdot 1 + (-1) \cdot 0}{\sqrt{3^2 + 0^2 + (-1)^2} \cdot \sqrt{2^2 + 1^2 + 0^2}}$$

$$= \frac{6}{\sqrt{10} \cdot \sqrt{5}}.$$

Damit kann man die Formel von Satz 7.4.4, 2., verifizieren: Es ist

$$\sin \varphi = \sqrt{1 - \cos^2 \varphi} = \sqrt{1 - \frac{6^2}{10 \cdot 5}} = \sqrt{1 - \frac{36}{50}} = \sqrt{\frac{14}{50}}$$

und damit tatsächlich

$$\|\vec{a}\| \cdot \|\vec{b}\| \cdot \sin\varphi \; = \; \sqrt{10} \cdot \sqrt{5} \cdot \sqrt{\frac{14}{50}} \; = \; \sqrt{14}$$

$$= \; \sqrt{1^2 + (-2)^2 + 3^2} \; = \; \|\vec{a} \times \vec{b}\|.$$

725

Satz 7.4.7

Für Vektoren $\vec{a}, \vec{b}, \vec{c} \in \mathbb{R}^3$ und $\lambda \in \mathbb{R}$ gilt:

1. $\vec{a} \times \vec{b} \; = \; -(\vec{b} \times \vec{a})$,

2. $(\lambda \cdot \vec{a}) \times \vec{b} \; = \; \lambda \cdot (\vec{a} \times \vec{b}) \; = \; \vec{a} \times (\lambda \cdot \vec{b})$,

3. $\vec{a} \times (\vec{b} + \vec{c}) \; = \; (\vec{a} \times \vec{b}) + (\vec{a} \times \vec{c})$.

Bemerkungen 7.4.8

1. Man nutzt hier wieder „Punkt"-vor-Strich-Rechnung und schreibt „$\vec{a} \times \vec{b} + \vec{a} \times \vec{c}$" statt „$(\vec{a} \times \vec{b}) + (\vec{a} \times \vec{c})$".

2. Im Allgemeinen ist $(\vec{a} \times \vec{b}) \times \vec{c} \neq \vec{a} \times (\vec{b} \times \vec{c})$!

7.5 Geraden und Ebenen

7.5.1 Geraden

726

727

Definition 7.5.1 (Gerade)

Durch einen Punkt P und eine Richtung $\vec{v}$ wird eine Gerade g festgelegt:

$$g \; = \; \{\vec{p} + \lambda\vec{v} \,|\, \lambda \in \mathbb{R}\}.$$

Bemerkungen 7.5.2 zur Definition einer Geraden

1. Die Schreibweise $\{\vec{p} + \lambda\vec{v} \,|\, \lambda \in \mathbb{R}\}$ liest man als „Die Menge der $\vec{p} + \lambda\vec{v}$, für die gilt: $\lambda \in \mathbb{R}$". Man betrachtet also alle entsprechenden Vektoren, die man bei Einsetzen beliebiger λ-Werte erhält.

2. Der Vektor $\vec{p}$ in der Definition heißt *Ortsvektor*, $\vec{v}$ *Richtungsvektor*.

3. Die Geraden-Definition im $\mathbb{R}^2$ und im $\mathbb{R}^3$ ist anschaulich (s. Beispiel 7.5.3). Auch in allgemeinen Vektorräumen kann man eine entsprechende Menge g als Gerade bezeichnen.

Beispiele 7.5.3

1. Die Gerade g_1 im $\mathbb{R}^2$ durch den Punkt $P = (2, 2)$ mit Richtung $\vec{v} = \begin{pmatrix} 2 \\ -1 \end{pmatrix}$ wird beschrieben durch

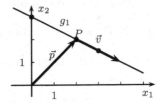

$$g_1 = \left\{ \begin{pmatrix} 2 \\ 2 \end{pmatrix} + \lambda \begin{pmatrix} 2 \\ -1 \end{pmatrix} \middle| \lambda \in \mathbb{R} \right\},$$

s. Abb. 7.21. Geradenpunkte erhält man beispielsweise zu $\lambda = 0.5$ bzw. $\lambda = -1$ als

Abb. 7.21 Vektorielle Darstellung einer Geraden im $\mathbb{R}^2$.

$$\begin{pmatrix} 2 \\ 2 \end{pmatrix} + 0.5 \cdot \begin{pmatrix} 2 \\ -1 \end{pmatrix} = \begin{pmatrix} 3 \\ 1.5 \end{pmatrix} \quad \text{bzw.} \quad \begin{pmatrix} 2 \\ 2 \end{pmatrix} + (-1) \cdot \begin{pmatrix} 2 \\ -1 \end{pmatrix} = \begin{pmatrix} 0 \\ 3 \end{pmatrix}.$$

2. Im $\mathbb{R}^3$ wird durch

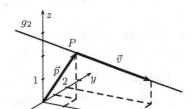

$$g_2 = \left\{ \begin{pmatrix} 1 \\ 1 \\ 2 \end{pmatrix} + \lambda \begin{pmatrix} 3 \\ 1 \\ -1 \end{pmatrix} \middle| \lambda \in \mathbb{R} \right\}$$

eine Gerade beschrieben, die durch den Punkt $P = (1, 1, 2)$ verläuft und die Richtung $\begin{pmatrix} 3 \\ 1 \\ -1 \end{pmatrix}$ besitzt, s. Abb. 7.22.

Abb. 7.22 Vektorielle Darstellung einer Geraden im $\mathbb{R}^3$.

Bemerkungen 7.5.4

1. Orts- und Richtungsvektoren einer Geraden g sind nicht eindeutig bestimmt, denn jedes $\vec{q} \in g$ kann als Ortsvektor dienen, und ist $\vec{v}$ Richtungsvektor zu g, so auch jedes $\vec{w} = \alpha \vec{v}$ mit $\alpha \neq 0$.

Beispiel 7.5.4.1

Die Gerade g_1 aus Beispiel 7.5.3 kann mit dem Ortsvektor $\begin{pmatrix} 0 \\ 3 \end{pmatrix}$ und dem Richtungsvektor $\begin{pmatrix} 3 \\ -1.5 \end{pmatrix} = 1.5 \cdot \begin{pmatrix} 2 \\ -1 \end{pmatrix}$ auch beschrieben werden als

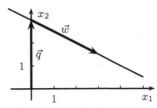

$$g_1 = \left\{ \begin{pmatrix} 0 \\ 3 \end{pmatrix} + \lambda \begin{pmatrix} 3 \\ -1.5 \end{pmatrix} \middle| \lambda \in \mathbb{R} \right\},$$

Abb. 7.23 Andere Darstellung von g_1.

s. Abb. 7.23.

728

2. Will man die Gerade g, die durch zwei vorgegebene Punkte P_1 und P_2 führt, bestimmen, so kann man einen der Punkte als Ortsvektor und den Differenzvektor $\vec{v} = \vec{p}_2 - \vec{p}_1$ als Richtungsvektor nutzen.

Beispiel 7.5.4.2

Die Gerade g durch die Punkte

$$P_1 = (1, -1) \quad \text{und} \quad P_2 = (4, 1)$$

(s. Abb. 7.24) kann mit dem Differenzvektor

$$\vec{v} = \begin{pmatrix} 4 \\ 1 \end{pmatrix} - \begin{pmatrix} 1 \\ -1 \end{pmatrix} = \begin{pmatrix} 3 \\ 2 \end{pmatrix}$$

beschrieben werden durch

$$g = \left\{ \begin{pmatrix} 1 \\ -1 \end{pmatrix} + \lambda \begin{pmatrix} 3 \\ 2 \end{pmatrix} \,\middle|\, \lambda \in \mathbb{R} \right\}.$$

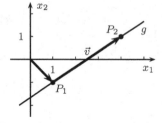

Abb. 7.24 Gerade durch P_1 und P_2.

3. Will man testen, ob ein Punkt Q auf einer Geraden $g = \{\vec{p} + \lambda\vec{v} \,|\, \lambda \in \mathbb{R}\}$ liegt, muss man untersuchen, ob es ein $\lambda \in \mathbb{R}$ gibt mit $\vec{q} = \vec{p} + \lambda\vec{v}$.

Beispiel 7.5.4.3

Betrachtet wird die Gerade

$$g = \left\{ \begin{pmatrix} 2 \\ 2 \end{pmatrix} + \lambda \begin{pmatrix} 2 \\ -1 \end{pmatrix} \,\middle|\, \lambda \in \mathbb{R} \right\}.$$

Liegt $Q_1 = (5, 0.5)$ auf g?

Die Gleichung

$$\begin{pmatrix} 5 \\ 0.5 \end{pmatrix} = \begin{pmatrix} 2 \\ 2 \end{pmatrix} + \lambda \begin{pmatrix} 2 \\ -1 \end{pmatrix}$$

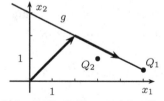

Abb. 7.25 Q_1 liegt auf der Geraden, Q_2 nicht.

besitzt die Lösung $\lambda = 1.5$, also liegt Q_1 auf g.

Liegt $Q_2 = (3, 1)$ auf g?

Bei der Gleichung

$$\begin{pmatrix} 3 \\ 1 \end{pmatrix} = \begin{pmatrix} 2 \\ 2 \end{pmatrix} + \lambda \begin{pmatrix} 2 \\ -1 \end{pmatrix}$$

erzwingt die erste Komponente $\lambda = \frac{1}{2}$, was bei der zweiten Komponente aber zu einem Widerspruch führt. Also ist $Q_2 \notin g$.

Bemerkung 7.5.5 (Lineare Funktion und Gerade im $\mathbb{R}^2$)

1. Im Zweidimensionalen kann man eine Gerade als Funktionsgraf einer linearen Funktion

$$y = mx + a$$

oder in vektorieller Form

$$g = \{\vec{p} + \lambda\vec{v} \mid \lambda \in \mathbb{R}\}$$

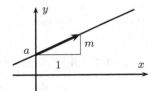

Abb. 7.26 Gerade.

auffassen. Wie hängen diese beiden Darstellungen miteinander zusammen?

Durch Betrachtung des Steigungsdreiecks (s. Abb. 7.26) sieht man, dass $\binom{1}{m}$ ein Richtungsvektor der Geraden ist. Der y-Achsenabschnitt a besagt, dass der Punkt $(0, a)$ auf der Geraden liegt. Damit kann $\binom{0}{a}$ als Ortsvektor dienen. Also ist

$$g = \left\{\binom{0}{a} + \lambda\binom{1}{m} \,\middle|\, \lambda \in \mathbb{R}\right\}.$$

Beispiel 7.5.5.1

Den Funktionsgrafen zu $y = 2x - 1$ (s. Abb. 7.27) kann man beschreiben durch

$$g = \left\{\binom{0}{-1} + \lambda\binom{1}{2} \,\middle|\, \lambda \in \mathbb{R}\right\}.$$

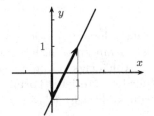

Abb. 7.27 Gerade mit Orts- und Richtungsvektor.

2. Um umgekehrt von einer vektoriellen Beschreibung auf eine lineare Funktion zu kommen, kann man nutzen, dass die Beschreibung $\vec{p} + \lambda\vec{v}$ genau aussagt, welche Punkte $\binom{x}{y}$ auf der Geraden liegen. Über λ erhält man so die Abhängigkeit von y bzgl. x.

Beispiel 7.5.5.2

Auf der Geraden

$$g = \left\{\binom{2}{2} + \lambda\binom{2}{-1} \,\middle|\, \lambda \in \mathbb{R}\right\}$$

(s. Abb. 7.28) liegen genau die Punkte $\binom{x}{y}$, für die gilt

$$\binom{x}{y} = \binom{2}{2} + \lambda\binom{2}{-1} \quad \Leftrightarrow \quad \begin{array}{l} x = 2 + 2\lambda \quad (\text{I}) \\ y = 2 - \lambda \quad (\text{II}) \end{array}.$$

Aus (I) folgt $2\lambda = x - 2$, also $\lambda = \frac{1}{2}x - 1$.

In (II) eingesetzt ergibt sich

$$y = 2 - (\tfrac{1}{2}x - 1) = 2 - \tfrac{1}{2}x + 1 = -\tfrac{1}{2}x + 3.$$

Alternativ kann man den Richtungsvektor so skalieren, dass die x-Komponente gleich 1 ist; dann gibt die y-Komponente die Steigung m an (s. Abb. 7.28). Mit Hilfe des Ortsvektors als Punkt auf der Geraden und der Punkt-Steigungs-Formel (s. Satz 1.1.6) kann man dann die Geradengleichung aufstellen.

Beispiel 7.5.5.3 (Fortsetzung von Beispiel 7.5.5.2)

Mit $\left(\begin{smallmatrix}2\\-1\end{smallmatrix}\right)$ ist auch $\frac{1}{2}\left(\begin{smallmatrix}2\\-1\end{smallmatrix}\right) = \left(\begin{smallmatrix}1\\-0.5\end{smallmatrix}\right)$ ein Richtungsvektor, d.h. die Steigung ist $m = -0.5$. Da $(2,2)$ auf der Geraden liegt, erhält man mit der Punkt-Steigungs-Formel

$$
\begin{aligned}
y &= 2 + (-0.5) \cdot (x - 2) \\
&= 2 - \tfrac{1}{2}x + 1 \\
&= -\tfrac{1}{2}x + 3.
\end{aligned}
$$

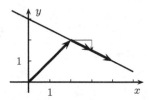

Abb. **7.28** Gerade mit skaliertem Richtungsvektor.

3. Eine Gerade g, die parallel zur y-Achse ist, kann man nicht durch eine Funktion in Abhängigkeit von x beschreiben, sondern nur in vektorieller Form; ein möglicher Richtungsvektor ist $\left(\begin{smallmatrix}0\\1\end{smallmatrix}\right)$, s. Abb. 7.29.

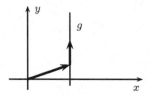

Abb. **7.29** Zur y-Achse parallele Gerade.

4. Zwei Geraden stehen senkrecht aufeinander, wenn deren Richtungsvektoren senkrecht zueinander sind. Besitzen die Geraden die Steigungen m_1 bzw. m_2, so sind nach 1. $\left(\begin{smallmatrix}1\\m_1\end{smallmatrix}\right)$ bzw. $\left(\begin{smallmatrix}1\\m_2\end{smallmatrix}\right)$ Richtungsvektoren der Geraden. Senkrecht stehen die Geraden also genau dann, wenn

$$
0 = \begin{pmatrix}1\\m_1\end{pmatrix} \cdot \begin{pmatrix}1\\m_2\end{pmatrix} = 1 + m_1 \cdot m_2,
$$

wenn also $m_1 \cdot m_2 = -1$ ist (vgl. Bemerkung 1.1.10).

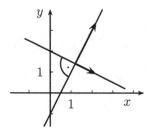

Abb. **7.30** Zueinander senkrechte Geraden.

7.5.2 Ebenen

Die Menge aller Linearkombinationen zweier nicht paralleler Vektoren $\vec{v}_1$ und $\vec{v}_2$ im $\mathbb{R}^3$ ausgehend vom Ursprung spannen eine Ebene durch den Ursprung auf:

$$E_{\text{Ursprung}} = \{\alpha\vec{v}_1 + \beta\vec{v}_2 \,|\, \alpha, \beta \in \mathbb{R}\}$$

(vgl. Beispiel 7.2.2, 3.).

Eine Ebene durch einen beliebigen Punkt $P \in \mathbb{R}^3$ erhält man durch Verschiebung:

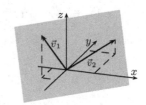

Abb. 7.31 Ebene durch den Ursprung.

Definition 7.5.6 (Parameterdarstellung einer Ebene)

730

Durch einen Punkt P und zwei nicht-parallele Richtungen $\vec{v}_1$ und $\vec{v}_2$ wird eine Ebene E festgelegt:

$$E = \{\vec{p} + \alpha\vec{v}_1 + \beta\vec{v}_2 \,|\, \alpha, \beta \in \mathbb{R}\}.$$

Bemerkungen 7.5.7 zur Parameterdarstellung einer Ebene

1. Diese Darstellung nennt man wegen der freien Parameter α und β auch *Parameterdarstellung*.

   Den Vektor $\vec{p}$ nennt man *Ortsvektor* und $\vec{v}_1$, $\vec{v}_2$ *Richtungsvektoren*. Diese Vektoren sind wie bei den Geraden nicht eindeutig bestimmt.

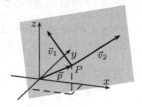

Abb. 7.32 Ebene durch P.

2. Eine Ebene ist durch drei Punkte, die nicht auf einer Geraden liegen, eindeutig festgelegt. Für eine Parameterdarstellung der Ebene kann man einen Punkt als Ortsvektor und zwei Differenzvektoren zwischen den Punkten als Richtungsvektoren wählen.

731

   Beispiel 7.5.7.1

   Zu der Ebene durch die Punkte

   $$P_1 = \begin{pmatrix} 1 \\ 1 \\ 2 \end{pmatrix}, \quad P_2 = \begin{pmatrix} 4 \\ 1 \\ 1 \end{pmatrix}$$

   $$\text{und} \quad P_3 = \begin{pmatrix} 3 \\ 2 \\ 2 \end{pmatrix}.$$

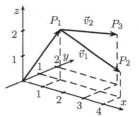

Abb. 7.33 Ebene durch drei Punkte.

erhält man beispielsweise Richtungsvektoren durch

$$\vec{v}_1 = \vec{p}_2 - \vec{p}_1 = \begin{pmatrix} 4 \\ 1 \\ 1 \end{pmatrix} - \begin{pmatrix} 1 \\ 1 \\ 2 \end{pmatrix} = \begin{pmatrix} 3 \\ 0 \\ -1 \end{pmatrix},$$

$$\vec{v}_2 = \vec{p}_3 - \vec{p}_1 = \begin{pmatrix} 3 \\ 2 \\ 2 \end{pmatrix} - \begin{pmatrix} 1 \\ 1 \\ 2 \end{pmatrix} = \begin{pmatrix} 2 \\ 1 \\ 0 \end{pmatrix}.$$

Damit ergibt sich eine Parameterdarstellung

$$E = \{ \ \vec{p}_1 \ + \ \alpha\vec{v}_1 \ + \ \beta\vec{v}_2 \ | \ \alpha, \beta \in \mathbb{R} \}$$

$$= \left\{ \begin{pmatrix} 1 \\ 1 \\ 2 \end{pmatrix} + \alpha \begin{pmatrix} 3 \\ 0 \\ -1 \end{pmatrix} + \beta \begin{pmatrix} 2 \\ 1 \\ 0 \end{pmatrix} \ \middle| \ \alpha, \beta \in \mathbb{R} \right\}.$$

Zu einer Ebene E im $\mathbb{R}^3$ gibt es eine eindeutige senkrechte Richtung. Ein Vektor in dieser Richtung heißt *Normalenvektor* zu E.

Durch einen Normalenvektor $\vec{n} \in \mathbb{R}^3$ und einen Punkt $\vec{p} \in \mathbb{R}^3$ ist eine Ebene E eindeutig bestimmt:

732

Satz 7.5.8 (Normalendarstellung einer Ebene)

Die Ebene E durch den Punkt P senkrecht zum Normalenvektor $\vec{n}$ wird beschrieben durch die *Normalendarstellung*

$$E = \{\vec{x} \mid (\vec{x} - \vec{p}) \perp \vec{n}\} = \{\vec{x} \mid \vec{x} \cdot \vec{n} = \vec{p} \cdot \vec{n}\}.$$

Bemerkungen 7.5.9 zur Normalendarstellung

1. Satz 7.5.8 charakterisiert zunächst die Punkte der Ebene E dadurch, dass deren Differenzvektor zu $\vec{p}$ senkrecht zu $\vec{n}$ steht:

$$E = \{\vec{x} \mid (\vec{x} - \vec{p}) \perp \vec{n}\}.$$

(Die Mengen-Schreibweise liest man „Die Menge der $\vec{x}$, für die gilt: $\vec{x} - \vec{p}$ steht senkrecht auf $\vec{n}$".)

Die Orthogonalität kann man durch das Skalarprodukt ausdrücken:

$$(\vec{x} - \vec{p}) \perp \vec{n} \quad \Leftrightarrow \quad (\vec{x} - \vec{p}) \cdot \vec{n} = 0 \quad \Leftrightarrow \quad \vec{x} \cdot \vec{n} = \vec{p} \cdot \vec{n}.$$

2. Hat die Ebene E die Richtungsvektoren $\vec{v}_1$ und $\vec{v}_2$, so steht $\vec{n} = \vec{v}_1 \times \vec{v}_2$ senkrecht auf $\vec{v}_1$ und $\vec{v}_2$, ist also ein Normalenvektor.

733

Beispiel 7.5.9.1

Ein Normalenvektor zur Ebene E aus
Beispiel 7.5.7.1 ist

$$\vec{n} = \vec{v}_1 \times \vec{v}_2$$

$$= \begin{pmatrix} 3 \\ 0 \\ -1 \end{pmatrix} \times \begin{pmatrix} 2 \\ 1 \\ 0 \end{pmatrix} = \begin{pmatrix} 1 \\ -2 \\ 3 \end{pmatrix}.$$

Damit ist

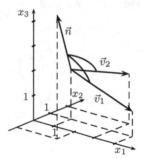

Abb. 7.34 Normalenvektor.

$$E = \left\{ \vec{x} \;\middle|\; \left(\vec{x} - \begin{pmatrix} 1 \\ 1 \\ 2 \end{pmatrix}\right) \perp \begin{pmatrix} 1 \\ -2 \\ 3 \end{pmatrix} \right\}$$

$$= \left\{ \vec{x} \;\middle|\; \left(\vec{x} - \begin{pmatrix} 1 \\ 1 \\ 2 \end{pmatrix}\right) \cdot \begin{pmatrix} 1 \\ -2 \\ 3 \end{pmatrix} = 0 \right\}$$

$$= \left\{ \vec{x} \;\middle|\; \vec{x} \cdot \begin{pmatrix} 1 \\ -2 \\ 3 \end{pmatrix} = \begin{pmatrix} 1 \\ 1 \\ 2 \end{pmatrix} \cdot \begin{pmatrix} 1 \\ -2 \\ 3 \end{pmatrix} = 5 \right\}$$

$$= \left\{ \begin{pmatrix} x_1 \\ x_2 \\ x_3 \end{pmatrix} \;\middle|\; x_1 - 2x_2 + 3x_3 = 5 \right\}.$$

3. Im $\mathbb{R}^3$ erhält man aus der Normalendarstellung in Komponentenschreibweise allgemein die Darstellung

$$E = \left\{ \begin{pmatrix} x_1 \\ x_2 \\ x_3 \end{pmatrix} \;\middle|\; n_1 x_1 + n_2 x_2 + n_3 x_3 = r \right\}.$$

Diese Darstellung wird auch *Komponentendarstellung* genannt. Dabei ist $\vec{n} = \begin{pmatrix} n_1 \\ n_2 \\ n_3 \end{pmatrix}$ ein Normalenvektor zu E und $r = \vec{p} \cdot \vec{n}$.

4. Ist $\|\vec{n}\| = 1$, so heißt die Darstellung auch *Hessesche Normalendarstellung*.

5. Durch $E = \{\vec{x} \mid \vec{x} \cdot \vec{n} = r\}$ kann man in allgemeinen Vektorräumen eine *Hyperebene* definieren. Durch die Normalenbedingung $\vec{x} \cdot \vec{n} = r$ wird die Dimension um Eins reduziert, im $\mathbb{R}^3$ erhält man eine zweidimensionale Ebene.

Im $\mathbb{R}^2$ kann man so eine Gerade in Normalendarstellung darstellen.

734

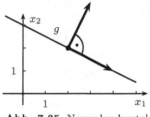

Abb. 7.35 Normalendarstellung einer Geraden.

Beispiel 7.5.9.2

Eine zur Gerade

$$g = \left\{ \begin{pmatrix} 2 \\ 2 \end{pmatrix} + \lambda \begin{pmatrix} 2 \\ -1 \end{pmatrix} \mid \lambda \in \mathbb{R} \right\}$$

senkrechte Richtung, also ein Normalenvektor, ist $\begin{pmatrix} 1 \\ 2 \end{pmatrix}$, (s. Abb. 7.35).
Mit dem Punkt $\begin{pmatrix} 2 \\ 2 \end{pmatrix} \in g$ ist dann eine Normalendarstellung

$$\begin{aligned}
g &= \left\{ \vec{x} \in \mathbb{R}^2 \mid (\vec{x} - \begin{pmatrix} 2 \\ 2 \end{pmatrix}) \perp \begin{pmatrix} 1 \\ 2 \end{pmatrix} \right\} \\
&= \left\{ \begin{pmatrix} x_1 \\ x_2 \end{pmatrix} \mid \begin{pmatrix} x_1 \\ x_2 \end{pmatrix} \cdot \begin{pmatrix} 1 \\ 2 \end{pmatrix} = \begin{pmatrix} 2 \\ 2 \end{pmatrix} \cdot \begin{pmatrix} 1 \\ 2 \end{pmatrix} \right\} \\
&= \left\{ \begin{pmatrix} x_1 \\ x_2 \end{pmatrix} \mid x_1 + 2x_2 = 6 \right\}.
\end{aligned}$$

Durch die Umformung der Bedingung zu $x_2 = 3 - \frac{1}{2}x_1$ erhält man die
Darstellung der Geraden als Funktion in Abhängigkeit von x_1 (vgl. auch
Beispiel 7.5.5.2 und Beispiel 7.5.5.3).

7.5.3 Schnittpunkte

Schnittpunkte zwischen Geraden und Ebenen können auf verschiedene Weisen
berechnet werden:

1. bei gegebenen Parameterdarstellungen durch Gleichsetzen,

2. bei einer Parameter- und einer Normalendarstellung durch Einsetzen,

3. bei gegebenen Normalendarstellungen durch ein Gleichungssystem.

735

736

Beispiel 7.5.10

Zur Berechnung des Schnittpunkts der beiden Geraden

$$g_1 = \left\{ \begin{pmatrix} 0 \\ 2 \end{pmatrix} + \lambda \begin{pmatrix} 1 \\ 2 \end{pmatrix} \mid \lambda \in \mathbb{R} \right\},$$

$$g_2 = \left\{ \begin{pmatrix} 3 \\ -2 \end{pmatrix} + \lambda \begin{pmatrix} -3 \\ -1 \end{pmatrix} \mid \lambda \in \mathbb{R} \right\}$$

kann man die beiden Parameterdarstellungen gleichsetzen, muss dabei aber beachten,
dass der Schnittpunkt durch verschiedene
Parameterwerte λ_1 bzw. λ_2 bei g_1 bzw. g_2
erreicht werden kann:

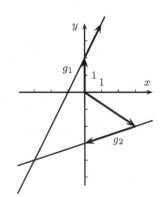

Abb. 7.36 Schnittpunkt
zweier Geraden.

$$\begin{pmatrix} 0 \\ 2 \end{pmatrix} + \lambda_1 \begin{pmatrix} 1 \\ 2 \end{pmatrix} = \begin{pmatrix} 3 \\ -2 \end{pmatrix} + \lambda_2 \begin{pmatrix} -3 \\ -1 \end{pmatrix}.$$

Damit erhält man ein Gleichungssystem für λ_1 und λ_2:

$$\begin{array}{rcl} \lambda_1 & = & 3 - 3\lambda_2 \\ 2 + 2\lambda_1 & = & -2 - \lambda_2 \end{array} \quad \Leftrightarrow \quad \begin{array}{rclr} \lambda_1 + 3\lambda_2 & = & 3 & \text{(I)} \\ 2\lambda_1 + \lambda_2 & = & -4. & \text{(II)} \end{array}$$

Durch (II) $- 2 \cdot$ (I) erhält man $-5\lambda_2 = -10$, also $\lambda_2 = 2$.

Aus (I) erhält man daraus $\lambda_1 = 3 - 3\lambda_2 = 3 - 3 \cdot 2 = -3$.

Den Schnittpunkt kann man nun durch λ_1 eingesetzt in g_1 oder durch λ_2 eingesetzt in g_2 berechnen:

$$\begin{pmatrix} 0 \\ 2 \end{pmatrix} + (-3) \cdot \begin{pmatrix} 1 \\ 2 \end{pmatrix} = \begin{pmatrix} -3 \\ -4 \end{pmatrix} = \begin{pmatrix} 3 \\ -2 \end{pmatrix} + 2 \cdot \begin{pmatrix} -3 \\ -1 \end{pmatrix}.$$

Beispiel 7.5.11

737

Gesucht ist der Schnittpunkt der Geraden

$$g = \left\{ \begin{pmatrix} 0 \\ 0 \\ -1 \end{pmatrix} + \lambda \begin{pmatrix} 1 \\ 0 \\ 1 \end{pmatrix} \,\middle|\, \lambda \in \mathbb{R} \right\}$$

mit der Ebene (vgl. Beispiel 7.5.7.1 und 7.5.9.1)

$$\begin{aligned} E &= \left\{ \begin{pmatrix} 1 \\ 1 \\ 2 \end{pmatrix} + \alpha \begin{pmatrix} 3 \\ 0 \\ -1 \end{pmatrix} + \beta \begin{pmatrix} 2 \\ 1 \\ 0 \end{pmatrix} \,\middle|\, \alpha, \beta \in \mathbb{R} \right\} \\ &= \left\{ \begin{pmatrix} x_1 \\ x_2 \\ x_3 \end{pmatrix} \,\middle|\, x_1 - 2x_2 + 3x_3 = 5 \right\} = \left\{ \vec{x} \,\middle|\, \vec{x} \cdot \begin{pmatrix} 1 \\ -2 \\ 3 \end{pmatrix} = 5 \right\}. \end{aligned}$$

1. Möglichkeit (Gleichsetzen der Parameterdarstellungen):

Durch Gleichsetzen der Parameterdarstellungen erhält man ein Gleichungssystem für die Parameter:

$$\begin{pmatrix} 1 \\ 1 \\ 2 \end{pmatrix} + \alpha \begin{pmatrix} 3 \\ 0 \\ -1 \end{pmatrix} + \beta \begin{pmatrix} 2 \\ 1 \\ 0 \end{pmatrix} = \begin{pmatrix} 0 \\ 0 \\ -1 \end{pmatrix} + \lambda \begin{pmatrix} 1 \\ 0 \\ 1 \end{pmatrix}$$

$$\Rightarrow \quad \begin{array}{rclr} 3\alpha + 2\beta - \lambda & = & -1 & \text{(I)} \\ + \beta & = & -1 & \text{(II)} \\ -\alpha \quad\quad - \lambda & = & -3 & \text{(III)} \end{array}$$

Aus der Gleichung (II) erhält man $\beta = -1$; in Gleichung (I) eingesetzt, ergibt sich $3\alpha - \lambda = 1$. Subtrahiert man hiervon Gleichung (III), erhält man $4\alpha = 4$, also $\alpha = 1$, und dann aus Gleichung (III): $\lambda = 3 - \alpha = 3 - 1 = 2$.

Die Lösung ist also $\alpha = 1$, $\beta = -1$ und $\lambda = 2$. Den Schnittpunkt erhält man nun mit diesen Parameterwerten einerseits über die Ebenendarstellung oder andererseits über die Geradendarstellung

$$\begin{pmatrix} 1 \\ 1 \\ 2 \end{pmatrix} + 1 \cdot \begin{pmatrix} 3 \\ 0 \\ -1 \end{pmatrix} + (-1) \cdot \begin{pmatrix} 2 \\ 1 \\ 0 \end{pmatrix} = \begin{pmatrix} 2 \\ 0 \\ 1 \end{pmatrix} = \begin{pmatrix} 0 \\ 0 \\ -1 \end{pmatrix} + 2 \cdot \begin{pmatrix} 1 \\ 0 \\ 1 \end{pmatrix}.$$

738

2. Möglichkeit (Einsetzen der Geradendarstellung in die Normalendarstellung der Ebene):

Der allgemeine Geradenpunkt hat die Form

$$\begin{pmatrix} x_1 \\ x_2 \\ x_3 \end{pmatrix} = \begin{pmatrix} 0 \\ 0 \\ -1 \end{pmatrix} + \lambda \begin{pmatrix} 1 \\ 0 \\ 1 \end{pmatrix} = \begin{pmatrix} \lambda \\ 0 \\ -1 + \lambda \end{pmatrix}.$$

Dies eingesetzt in die Normalendarstellung der Ebene ergibt

$$\lambda - 2 \cdot 0 + 3 \cdot (-1 + \lambda) = 5$$
$$\Leftrightarrow \quad -3 + 4\lambda = 5 \quad \Leftrightarrow \quad 4\lambda = 8 \quad \Leftrightarrow \quad \lambda = 2.$$

Man erhält dies auch, wenn man die Darstellung $\vec{x} = \begin{pmatrix} 0 \\ 0 \\ -1 \end{pmatrix} + \lambda \begin{pmatrix} 1 \\ 0 \\ 1 \end{pmatrix}$ in die vektoriell dargestellte Normalenbedingung $\vec{x} \cdot \begin{pmatrix} 1 \\ -2 \\ 3 \end{pmatrix} = 5$ einsetzt:

$$\left(\begin{pmatrix} 0 \\ 0 \\ -1 \end{pmatrix} + \lambda \begin{pmatrix} 1 \\ 0 \\ 1 \end{pmatrix} \right) \cdot \begin{pmatrix} 1 \\ -2 \\ 3 \end{pmatrix} = 5$$

$$\Leftrightarrow \quad \begin{pmatrix} 0 \\ 0 \\ -1 \end{pmatrix} \cdot \begin{pmatrix} 1 \\ -2 \\ 3 \end{pmatrix} + \lambda \begin{pmatrix} 1 \\ 0 \\ 1 \end{pmatrix} \cdot \begin{pmatrix} 1 \\ -2 \\ 3 \end{pmatrix} = 5$$

$$\Leftrightarrow \quad -3 + \lambda \cdot 4 = 5 \quad \Leftrightarrow \quad 4\lambda = 8 \quad \Leftrightarrow \quad \lambda = 2.$$

Damit ist der Schnittpunkt

$$\begin{pmatrix} 0 \\ 0 \\ -1 \end{pmatrix} + 2 \cdot \begin{pmatrix} 1 \\ 0 \\ 1 \end{pmatrix} = \begin{pmatrix} 2 \\ 0 \\ 1 \end{pmatrix}.$$

Hätten die Gleichungssysteme zu einem Widerspruch geführt, so gäbe es keinen Schnittpunkt, d.h., die Gerade verliefe oberhalb oder unterhalb der Ebene parallel zu ihr. Wäre die Lösung mehrdeutig, so läge die Gerade innerhalb der Ebene.

Im $\mathbb{R}^2$ schneiden sich zwei nicht-parallele Geraden stets. Im $\mathbb{R}^3$ können sie auch *windschief* liegen, d.h. keinen gemeinsamen Schnittpunkt haben.

Beispiel 7.5.12

Die Suche nach einem Schnittpunkt der Geraden

$$g_1 = \left\{ \begin{pmatrix} 0 \\ 0 \\ 0 \end{pmatrix} + \lambda \begin{pmatrix} 1 \\ 0 \\ -2 \end{pmatrix} \,\middle|\, \lambda \in \mathbb{R} \right\},$$

$$g_2 = \left\{ \begin{pmatrix} 2 \\ 3 \\ -1 \end{pmatrix} + \mu \begin{pmatrix} 0 \\ 2 \\ 4 \end{pmatrix} \,\middle|\, \mu \in \mathbb{R} \right\}.$$

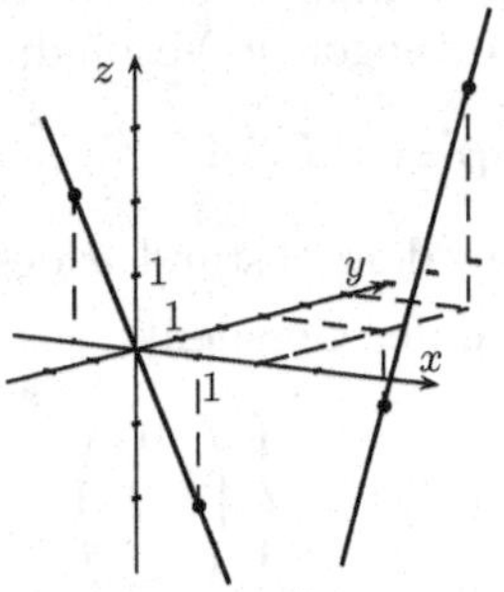

führt zum Gleichungssystem

Abb. 7.37 Zwei zueinander windschiefe Geraden.

$$\begin{pmatrix} 0 \\ 0 \\ 0 \end{pmatrix} + \lambda \begin{pmatrix} 1 \\ 0 \\ -2 \end{pmatrix} = \begin{pmatrix} 2 \\ 3 \\ -1 \end{pmatrix} + \mu \begin{pmatrix} 0 \\ 2 \\ 4 \end{pmatrix} \quad \Leftrightarrow \quad \begin{array}{rcl} \lambda & = & 2 \\ 0 & = & 3 + 2\mu \\ -2\lambda & = & -1 + 4\mu \end{array}.$$

Aus den ersten beiden Komponenten folgt $\lambda = 2$ und $\mu = -1.5$; dies führt in die dritte Komponente eingesetzt zu

$$-2 \cdot 2 = -1 + 4 \cdot (-1.5) \quad \Leftrightarrow \quad -4 = -7,$$

einem Widerspruch. Also gibt es keinen gemeinsamen Schnittpunkt.

Bemerkung 7.5.13 (Schnitt zweier Ebenen)

739

Schneidet man zwei Ebenen im $\mathbb{R}^3$ erhält man üblicherweise eine Gerade, allerdings könnte der Schnitt auch leer sein (die Ebenen sind parallel und versetzt zueinander) oder die beiden Ebenen sind identisch.

Die Schnittmenge kann man durch alle drei Methoden berechnen:

1. Das Gleichsetzen der Parameterdarstellungen führt auf ein Gleichungssystem mit drei Gleichungen für die insgesamt vier Parameter der beiden Ebenen.

2. Das Einsetzen einer Parameterdarstellung der einen in die Normalendarstellung der anderen Ebene führt zu *einer* Gleichung für die beiden Parameter der einen Ebene.

3. Zwei Normalendarstellungen führen zu einem Gleichungssystem mit zwei Gleichungen für die drei Komponenten.

Man hat also jeweils eine Unbekannte mehr als Gleichungen, was üblicherweise zu einer Lösungsgeraden führt (s. Abschnitt 8.2). Allerdings könnte es auch einen Widerspruch geben, so dass der Schnitt leer ist, oder sogar mehr Redundanz, so dass man darauf schließen kann, dass die Ebenen identisch sind.

7.5.4 Abstände

Zur Bestimmung des Abstands zwischen Punkten, Geraden und Ebenen kann man orthogonale Verbindungen suchen und deren Länge bestimmen.

740

Beispiel 7.5.14

741

Um den Abstand d des Punktes $Q = \begin{pmatrix} 3 \\ 2 \\ 2 \end{pmatrix}$ von der Geraden

$$g = \left\{ \begin{pmatrix} 0 \\ -1 \\ 2 \end{pmatrix} + \lambda \begin{pmatrix} 2 \\ 1 \\ -2 \end{pmatrix} \,\middle|\, \lambda \in \mathbb{R} \right\}$$

zu bestimmen, kann man den Punkt L auf der Geraden suchen, für den der Verbindungsvektor $\overrightarrow{LQ} = \vec{q} - \vec{l}$ zu Q senkrecht zur Geraden g, also senkrecht zum Richtungsvektor von g ist (s. Abb. 7.38):

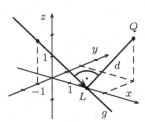

Abb. 7.38 Abstand von Q zu g.

$$\left(\begin{pmatrix} 3 \\ 2 \\ 2 \end{pmatrix} - \left(\begin{pmatrix} 0 \\ -1 \\ 2 \end{pmatrix} + \lambda \begin{pmatrix} 2 \\ 1 \\ -2 \end{pmatrix} \right) \right) \perp \begin{pmatrix} 2 \\ 1 \\ -2 \end{pmatrix}$$

$$\Leftrightarrow 0 = \left(\begin{pmatrix} 3 \\ 2 \\ 2 \end{pmatrix} - \begin{pmatrix} 0 \\ -1 \\ 2 \end{pmatrix} - \lambda \begin{pmatrix} 2 \\ 1 \\ -2 \end{pmatrix} \right) \cdot \begin{pmatrix} 2 \\ 1 \\ -2 \end{pmatrix}$$

$$= \begin{pmatrix} 3 \\ 3 \\ 0 \end{pmatrix} \cdot \begin{pmatrix} 2 \\ 1 \\ -2 \end{pmatrix} - \lambda \begin{pmatrix} 2 \\ 1 \\ -2 \end{pmatrix} \cdot \begin{pmatrix} 2 \\ 1 \\ -2 \end{pmatrix}$$

$$= 9 - 9\lambda$$

$$\Leftrightarrow \lambda = 1.$$

Also ist

$$\vec{l} = \begin{pmatrix} 0 \\ -1 \\ 2 \end{pmatrix} + 1 \cdot \begin{pmatrix} 2 \\ 1 \\ -2 \end{pmatrix} = \begin{pmatrix} 2 \\ 0 \\ 0 \end{pmatrix}$$

und damit gilt für den Abstand

$$d = \|\vec{q} - \vec{l}\| = \left\| \begin{pmatrix} 3 \\ 2 \\ 2 \end{pmatrix} - \begin{pmatrix} 2 \\ 0 \\ 0 \end{pmatrix} \right\| = \left\| \begin{pmatrix} 1 \\ 2 \\ 2 \end{pmatrix} \right\| = \sqrt{9} = 3.$$

Satz 7.5.15 (Abstandsformeln)

1. Für den Abstand d eines Punktes Q zu einer Ebene, die durch den Punkt P führt und den Normalenvektor $\vec{n}$ besitzt, gilt

$$d = \frac{|(\vec{p} - \vec{q}) \cdot \vec{n}|}{\|\vec{n}\|}.$$

742

2. Für den Abstand d zweier nicht paralleler Geraden $g_1 = \{\vec{p}_1 + \lambda \cdot \vec{v}_1 \mid \lambda \in \mathbb{R}\}$ und $g_2 = \{\vec{p}_2 + \lambda \cdot \vec{v}_2 \mid \lambda \in \mathbb{R}\}$ im $\mathbb{R}^3$ gilt

$$d = \frac{|(\vec{p}_2 - \vec{p}_1) \cdot (\vec{v}_1 \times \vec{v}_2)|}{\|\vec{v}_1 \times \vec{v}_2\|}.$$

743

3. Für den Abstand d eines Punktes Q zu einer Geraden $g = \{\vec{p} + \lambda \cdot \vec{v} \mid \lambda \in \mathbb{R}\}$ im $\mathbb{R}^3$ gilt

$$d = \frac{\|\vec{v} \times (\vec{q} - \vec{p})\|}{\|\vec{v}\|}.$$

744

Bemerkungen 7.5.16 (Herleitung der Abstandsformeln)

1. Entsprechend Bemerkung 7.3.17, 3., stellt das Skalarprodukt $(\vec{p} - \vec{q}) \cdot \vec{n}$ das Produkt des auf $\vec{n}$ projizierten Anteils von $\vec{p} - \vec{q}$ mit $\|\vec{n}\|$ dar. Dieser Anteil ist genau der Abstand d, also

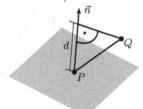

$$|(\vec{p} - \vec{q}) \cdot \vec{n}| = d \cdot \|\vec{n}\|,$$

woraus die erste Formel folgt.

Abb. 7.39 Auf $\vec{n}$ projizierter Verbindungsvektor.

Bei einer Hesseschen Normalenform ist $\|\vec{n}\| = 1$, und die Abstandsformel vereinfacht sich zu $d = |(\vec{p} - \vec{q}) \cdot \vec{n}|$.

2. Zur Bestimmung des Abstands d zweier nicht paralleler Geraden

$$g_1 = \{\vec{p}_1 + \lambda \cdot \vec{v}_1 \mid \lambda \in \mathbb{R}\} \quad \text{und} \quad g_2 = \{\vec{p}_2 + \lambda \cdot \vec{v}_2 \mid \lambda \in \mathbb{R}\}$$

im $\mathbb{R}^3$ kann man sich die Ebene vorstellen, die g_2 enthält und parallel zu g_1 ist, also den Ortsvektor $\vec{p}_2$ und die Richtungsvektoren $\vec{v}_1$ und $\vec{v}_2$ besitzt. Der gesuchte Abstand d ist gleich dem Abstand des Punktes p_1 zu dieser Ebene, den man wie unter 1. hergeleitet berechnen kann. Mit dem Normalenvektor $\vec{n} = \vec{v}_1 \times \vec{v}_2$ dieser Ebene erhält man also

$$d = \frac{|(\vec{p}_2 - \vec{p}_1) \cdot \vec{n}|}{\|\vec{n}\|} = \frac{|(\vec{p}_2 - \vec{p}_1) \cdot (\vec{v}_1 \times \vec{v}_2)|}{\|\vec{v}_1 \times \vec{v}_2\|}.$$

3. Den Abstand d eines Punktes $\vec{q}$ zu einer Geraden $g = \{\vec{p} + \lambda \cdot \vec{v} \,|\, \lambda \in \mathbb{R}\}$ im Dreidimensionalen kann man durch folgenden Trick leicht berechnen:

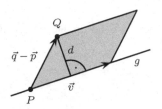

Der Betrag des Vektorprodukts $\vec{v} \times (\vec{q} - \vec{p})$ ist nach Bemerkung 7.4.5, 3., gleich der Fläche des von $\vec{v}$ und $\vec{q} - \vec{p}$ aufgespannten Parallelogramms. Entsprechend Abb. 7.40 ist dies aber gemäß „Fläche gleich Grundseite mal Höhe" auch gleich $\|\vec{v}\| \cdot d$, also

Abb. 7.40 Parallelogrammfläche.

$$\|\vec{v} \times (\vec{q} - \vec{p})\| \;=\; \|\vec{v}\| \cdot d \quad \Leftrightarrow \quad d \;=\; \frac{\|\vec{v} \times (\vec{q} - \vec{p})\|}{\|\vec{v}\|}.$$

Beispiel 7.5.16.1

Für den Abstand d des Punktes $Q = \begin{pmatrix} 3 \\ 2 \\ 2 \end{pmatrix}$ von der Geraden

$$g \;=\; \left\{ \begin{pmatrix} 0 \\ -1 \\ 2 \end{pmatrix} + \lambda \begin{pmatrix} 2 \\ 1 \\ -2 \end{pmatrix} \,\middle|\, \lambda \in \mathbb{R} \right\}$$

(vgl. Beispiel 7.5.14) ergibt sich

$$d \;=\; \frac{\left\| \begin{pmatrix} 2 \\ 1 \\ -2 \end{pmatrix} \times \left(\begin{pmatrix} 3 \\ 2 \\ 2 \end{pmatrix} - \begin{pmatrix} 0 \\ -1 \\ 2 \end{pmatrix} \right) \right\|}{\left\| \begin{pmatrix} 2 \\ 1 \\ -2 \end{pmatrix} \right\|} \;=\; \frac{\left\| \begin{pmatrix} 2 \\ 1 \\ -2 \end{pmatrix} \times \begin{pmatrix} 3 \\ 3 \\ 0 \end{pmatrix} \right\|}{\sqrt{9}}$$

$$=\; \frac{1}{3} \cdot \left\| \begin{pmatrix} 6 \\ -6 \\ 3 \end{pmatrix} \right\| \;=\; \left\| \begin{pmatrix} 2 \\ -2 \\ 1 \end{pmatrix} \right\| \;=\; \sqrt{9} \;=\; 3.$$

8 Lineare Gleichungssysteme und Matrizen

Das Lösen linearer Gleichungssysteme bildet die Grundlage fast aller numerischen Verfahren in der Praxis. Auch wenn man später in der Regel lineare Gleichungssysteme mit dem Computer löst, ist es wichtig zu verstehen, wie eine Lösung grundsätzlich berechnet werden kann, und welche Effekte dabei auftreten können.

Die Darstellung von linearen Gleichungssystemen mit Hilfe der Matrix-Vektor-Multiplikation führt dabei auf die Matrizenrechnung.

In diesem Kapitel werden Vektoren aus $\mathbb{R}^n$ meist ohne den Vektorpfeil „$\vec{}$" geschrieben, da die Vorstellung als Pfeil nicht im Vordergrund steht.

Üblicherweise ist im Folgenden $x \in \mathbb{R}^n$, $x = \begin{pmatrix} x_1 \\ \vdots \\ x_n \end{pmatrix}$, entsprechend für andere Variablen.

8.1 Grundlagen

800

Definition 8.1.1 (Matrix und Matrix-Vektor-Multiplikation)

Eine *Matrix* $A \in \mathbb{R}^{m \times n}$ ist ein Zahlenschema bestehend aus m Zeilen und n Spalten:

$$A = \begin{pmatrix} a_{11} & a_{12} & \dots & a_{1n} \\ a_{21} & a_{22} & \dots & a_{2n} \\ \vdots & \vdots & \ddots & \vdots \\ a_{m1} & a_{m2} & \dots & a_{mn} \end{pmatrix}.$$

© Springer-Verlag GmbH Deutschland, ein Teil von Springer Nature 2020
G. Hoever, *Höhere Mathematik kompakt*,
https://doi.org/10.1007/978-3-662-62080-9_8

801

Zu einer Matrix $A \in \mathbb{R}^{m \times n}$ und einem Vektor $x \in \mathbb{R}^n$ ist die Matrix-Vektor-Multiplikation $A \cdot x = Ax \in \mathbb{R}^m$ definiert durch

$$A \cdot x = \begin{pmatrix} a_{11} & a_{12} & \cdots & a_{1n} \\ a_{21} & a_{22} & \cdots & a_{2n} \\ \vdots & \vdots & \ddots & \vdots \\ a_{m1} & a_{m2} & \cdots & a_{mn} \end{pmatrix} \cdot \begin{pmatrix} x_1 \\ \vdots \\ x_n \end{pmatrix}$$

$$= \begin{pmatrix} a_{11}x_1 + a_{12}x_2 + \cdots + a_{1n}x_n \\ a_{21}x_1 + a_{22}x_2 + \cdots + a_{2n}x_n \\ \vdots \\ a_{m1}x_1 + a_{m2}x_2 + \cdots + a_{mn}x_n \end{pmatrix}.$$

Bemerkungen 8.1.2 zu Definition 8.1.1

1. Man schreibt auch $A = (a_{ij})_{1 \leq i \leq m, \, 1 \leq j \leq n}$ oder kurz $A = (a_{ij})$.

2. Die Matrix-Vektor-Multiplikation kann man mittels eines linearen Gleichungssystems motivieren.

   Beispiel 8.1.2.1

   Beim Gleichungssystem

   $$\begin{aligned} 2x_1 - x_2 - x_3 &= 1 \\ x_1 + x_2 + 4x_3 &= 5. \end{aligned}$$

   kann man die Koeffizienten als Matrix

   $$A = \begin{pmatrix} 2 & -1 & -1 \\ 1 & 1 & 4 \end{pmatrix}$$

   und die rechte Seite als Vektor $b = \left(\begin{smallmatrix} 1 \\ 5 \end{smallmatrix} \right)$ auffassen.

   Durch Ausprobieren sieht man, dass $\left(\begin{smallmatrix} x_1 \\ x_2 \\ x_3 \end{smallmatrix} \right) = \left(\begin{smallmatrix} 2 \\ 3 \\ 0 \end{smallmatrix} \right)$ eine Lösung ist.

   Das Einsetzen entspricht genau der Matrix-Vektor-Multiplikation:

   $$\begin{pmatrix} 2 & -1 & -1 \\ 1 & 1 & 4 \end{pmatrix} \cdot \begin{pmatrix} 2 \\ 3 \\ 0 \end{pmatrix} = \begin{pmatrix} 2 \cdot 2 + (-1) \cdot 3 + (-1) \cdot 0 \\ 1 \cdot 2 + 1 \cdot 3 + 4 \cdot 0 \end{pmatrix} = \begin{pmatrix} 1 \\ 5 \end{pmatrix}.$$

   Das lineare Gleichungssystem wird allgemein beschrieben durch

   $$\begin{pmatrix} 2 & -1 & -1 \\ 1 & 1 & 4 \end{pmatrix} \cdot \begin{pmatrix} x_1 \\ x_2 \\ x_3 \end{pmatrix} = \begin{pmatrix} 1 \\ 5 \end{pmatrix},$$

   kurz: $Ax = b$ mit $x = \left(\begin{smallmatrix} x_1 \\ x_2 \\ x_3 \end{smallmatrix} \right)$.

3. Abb. 8.1 verdeutlicht, wie bei der Matrix-Vektor-Multiplikation die Dimensionen zueinander passen:

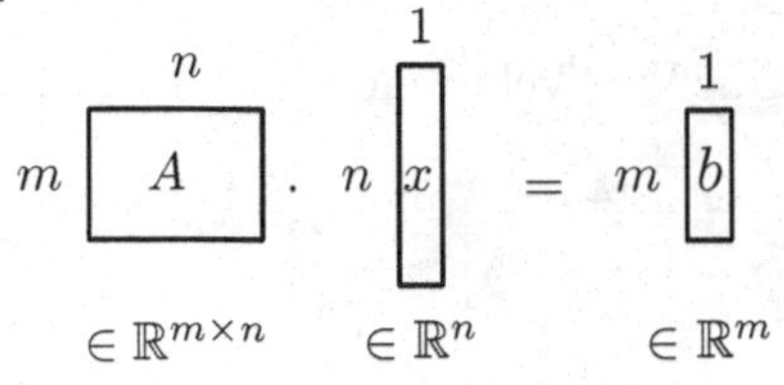

$$m \boxed{\;\;A\;\;} \cdot \; n\,\boxed{x}^{\,1} \; = \; m\,\boxed{b}^{\,1}$$

$$\in \mathbb{R}^{m \times n} \qquad \in \mathbb{R}^n \qquad \in \mathbb{R}^m$$

Abb. 8.1 Dimensionen beim Matrix-Vektor-Produkt.

Beispiel 8.1.2.2

Eine Multiplikation $\begin{pmatrix} 2 & -1 \\ 0 & 3 \end{pmatrix} \cdot \begin{pmatrix} 1 \\ 2 \\ 3 \end{pmatrix}$ ist nicht definiert.

4. Bei einer festen Matrix $A \in \mathbb{R}^{m \times n}$ bezeichnet man die Abbildung

$$f : \mathbb{R}^n \to \mathbb{R}^m, \quad x \mapsto A \cdot x,$$

802

die jedem $x \in \mathbb{R}^n$ den Vektor $A \cdot x$ zuordnet, als *lineare Abbildung*.

803

Beispiel 8.1.2.3

Die Abbildungen

$$f : \mathbb{R}^2 \to \mathbb{R}^2, \; x \mapsto \begin{pmatrix} 1 & 1 \\ 0 & 1 \end{pmatrix} \cdot x \quad \text{bzw.} \quad g : \mathbb{R}^2 \to \mathbb{R}^2, \; x \mapsto \begin{pmatrix} 1 & -1 \\ 1 & 1 \end{pmatrix} \cdot x$$

beschreiben eine Scherung in horizontaler Richtung bzw. eine Streckung verknüpft mit einer Drehung, s. Abb. 8.2. Beispielsweise ist zu $c = \begin{pmatrix} 2 \\ 1 \end{pmatrix}$

$$f(c) = \begin{pmatrix} 1 & 1 \\ 0 & 1 \end{pmatrix} \cdot \begin{pmatrix} 2 \\ 1 \end{pmatrix} = \begin{pmatrix} 3 \\ 1 \end{pmatrix},$$

$$g(c) = \begin{pmatrix} 1 & -1 \\ 1 & 1 \end{pmatrix} \cdot \begin{pmatrix} 2 \\ 1 \end{pmatrix} = \begin{pmatrix} 1 \\ 3 \end{pmatrix}.$$

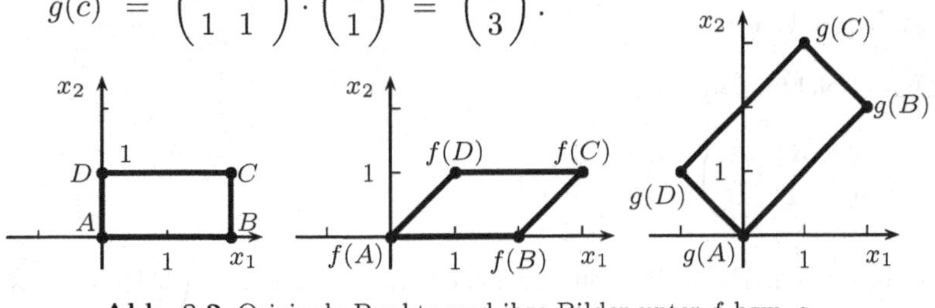

Abb. 8.2 Originale Punkte und ihre Bilder unter f bzw. g.

804

Satz 8.1.3 (Rechenregeln für die Matrix-Vektor-Multiplikation)

Für eine Matrix $A \in \mathbb{R}^{m \times n}$, Vektoren $x, y \in \mathbb{R}^n$ und $\lambda \in \mathbb{R}$ gilt

$$A \cdot (x \pm y) = Ax \pm Ay \quad \text{und} \quad A \cdot (\lambda x) = \lambda \cdot (Ax).$$

Beispiel 8.1.4

Die Gleichung $A \cdot (x + y) = Ax + Ay$ soll mit $A = \begin{pmatrix} 2 & -1 & -1 \\ 1 & 1 & 4 \end{pmatrix}$, $x = \begin{pmatrix} 2 \\ 3 \\ 0 \end{pmatrix}$ und $y = \begin{pmatrix} 1 \\ 1 \\ 1 \end{pmatrix}$ nachgerechnet werden:

Es ist

$$\begin{pmatrix} 2 & -1 & -1 \\ 1 & 1 & 4 \end{pmatrix} \cdot \begin{pmatrix} 2 \\ 3 \\ 0 \end{pmatrix} = \begin{pmatrix} 1 \\ 5 \end{pmatrix}, \quad \begin{pmatrix} 2 & -1 & -1 \\ 1 & 1 & 4 \end{pmatrix} \cdot \begin{pmatrix} 1 \\ 1 \\ 1 \end{pmatrix} = \begin{pmatrix} 0 \\ 6 \end{pmatrix}$$

und

$$\begin{pmatrix} 2 & -1 & -1 \\ 1 & 1 & 4 \end{pmatrix} \cdot \left(\begin{pmatrix} 2 \\ 3 \\ 0 \end{pmatrix} + \begin{pmatrix} 1 \\ 1 \\ 1 \end{pmatrix} \right) = \begin{pmatrix} 2 & -1 & -1 \\ 1 & 1 & 4 \end{pmatrix} \cdot \begin{pmatrix} 3 \\ 4 \\ 1 \end{pmatrix} = \begin{pmatrix} 1 \\ 11 \end{pmatrix}$$

$$= \begin{pmatrix} 1 \\ 5 \end{pmatrix} + \begin{pmatrix} 0 \\ 6 \end{pmatrix}.$$

805

Definition 8.1.5 ((in-)homogenes lineares Gleichungssystem)

Ein lineares Gleichungssystem $Ax = b$ mit einer Matrix $A \in \mathbb{R}^{m \times n}$ und einer rechten Seite $b \in \mathbb{R}^m$ heißt *homogen*, falls $b = 0$ ist, ansonsten *inhomogen*.

Beispiel 8.1.6

Das Gleichungssystem

$$\begin{pmatrix} 2 & -1 & -1 \\ 1 & 1 & 4 \end{pmatrix} \cdot x = \begin{pmatrix} 0 \\ 0 \end{pmatrix}$$

ist homogen. Es besitzt offensichtlich die Lösung $x = \begin{pmatrix} 0 \\ 0 \\ 0 \end{pmatrix}$.

Weitere Lösungen sind $x = \begin{pmatrix} 1 \\ 3 \\ -1 \end{pmatrix}$ und $x = \begin{pmatrix} 2 \\ 6 \\ -2 \end{pmatrix}$.

Satz 8.1.7 (Lösungsstruktur eines linearen Gleichungssystems)

1. Ein homogenes lineares Gleichungssystem $Ax = 0$ besitzt immer die triviale Lösung $x = 0$. Summen und Vielfache von Lösungen sind wieder Lösungen.

   Die Menge aller Lösungen bildet einen Vektorraum.

806

2. Ist x_s eine spezielle Lösung des inhomogenen Gleichungssystems $Ax = b$, so erhält man sämtliche Lösungen von $Ax = b$ durch $x_s + x_h$, wobei x_h Lösung des homogenen Systems $Ax = 0$ ist.

807

Bemerkungen 8.1.8 zur Lösungsstruktur eines lin. Gleichungssystems

1. Dass $x = 0$ eine Lösung eines homogenen Gleichungssystems $Ax = 0$ ist, ist klar.

2. Sind x und y Lösungen des homogenen Gleichungssystems, also $Ax = 0$ und $Ay = 0$, so folgt mit Satz 8.1.3

$$A(x + y) \;=\; Ax + Ay \;=\; 0 + 0 \;=\; 0,$$
$$A(\lambda \cdot x) \;=\; \lambda \cdot Ax \;=\; \lambda \cdot 0 \;=\; 0,$$

d.h. auch $x + y$ und $\lambda \cdot x$ sind Lösungen. Damit ist der Lösungsraum ein Vektorraum.

Beispiel 8.1.8.1 (vgl. Beispiel 8.1.6)

Die Lösungsmenge zu

$$\begin{pmatrix} 2 & -1 & -1 \\ 1 & 1 & 4 \end{pmatrix} \cdot x \;=\; \begin{pmatrix} 0 \\ 0 \end{pmatrix}$$

ist die Gerade

$$g \;=\; \left\{ \lambda \cdot \begin{pmatrix} 1 \\ 3 \\ -1 \end{pmatrix} \,\middle|\, \lambda \in \mathbb{R} \right\}.$$

Dass die Lösungsmenge eine Gerade ist, ist auch anschaulich klar, denn die beiden Gleichungen des entsprechenden Gleichungssystems

$$2x_1 - x_2 - x_3 \;=\; 0$$
$$x_1 + x_2 + 4x_3 \;=\; 0.$$

beschreiben jeweils eine dreidimensionale Ebene in Normalendarstellung. Die Lösungsmenge des Gleichungssystems ist der Schnitt dieser beiden Ebenen.

3. Ist x_s eine Lösung des inhomogenen Gleichungssystems $Ax = b$ und x_h Lösung des entsprechenden homogenen Gleichungssystems $Ax = 0$, so folgt mit Satz 8.1.3

$$A(x_s + x_h) \;=\; Ax_s + Ax_h \;=\; b + 0 \;=\; b,$$

d.h, $x_s + x_h$ ist auch Lösung des inhomogenen Gleichungssystems.

Auf diese Weise kann man alle Lösungen des inhomogenen Gleichungssystems erreichen, denn ist y eine weitere Lösung des inhomogenen Gleichungssystems, also $Ay = b$, so folgt ähnlich

$$A(y - x_s) \;=\; Ay - Ax_s \;=\; b - b \;=\; 0,$$

d.h. $x_h = y - x_s$ ist eine Lösung des homogenen Gleichungssystems, also $y = x_s + x_h$.

Beispiel 8.1.8.2

Eine spezielle Lösung des inhomogenen Gleichungssystems

$$\begin{pmatrix} 2 & -1 & -1 \\ 1 & 1 & 4 \end{pmatrix} \cdot x \;=\; \begin{pmatrix} 1 \\ 5 \end{pmatrix}$$

ist $x_s = \begin{pmatrix} 2 \\ 3 \\ 0 \end{pmatrix}$.

Mit der Lösungsmenge g des entsprechenden homogenen Gleichungssystems aus Beispiel 8.1.8.1 erhält man damit als Lösungsmenge des inhomogenen Gleichungssystems

$$\left\{ \begin{pmatrix} 2 \\ 3 \\ 0 \end{pmatrix} + \lambda \begin{pmatrix} 1 \\ 3 \\ -1 \end{pmatrix} \;\middle|\; \lambda \in \mathbb{R} \right\}.$$

Weitere Lösungen sind also beispielsweise $\begin{pmatrix} 3 \\ 6 \\ -1 \end{pmatrix}$ und $\begin{pmatrix} 1 \\ 0 \\ 1 \end{pmatrix}$.

Die Lösungsmenge kann man damit auch beschreiben durch

$$\left\{ \begin{pmatrix} 1 \\ 0 \\ 1 \end{pmatrix} + \lambda \begin{pmatrix} 1 \\ 3 \\ -1 \end{pmatrix} \;\middle|\; \lambda \in \mathbb{R} \right\}$$

(Mehrdeutigkeit einer Geradendarstellung, s. Bemerkung 7.5.4, 1.).

8.2 Gaußsches Eliminationsverfahren

Das Gaußsche Eliminationsverfahren dient zur Bestimmung der Lösungsmenge eines linearen Gleichungssystems.

Beispiel 8.2.1

808

Betrachtet wird das lineare Gleichungssystem

$$
\begin{aligned}
2x_1 + 4x_2 \quad\;\; + 4x_4 &= 8 \\
x_1 + 3x_2 + x_3 + 4x_4 &= 10 \\
-2x_1 - 2x_2 + x_3 + x_4 &= 7 \\
- x_2 \quad\;\; + x_4 &= -1.
\end{aligned}
$$

Eine übersichtliche Darstellung bietet die erweiterte Koeffizientenmatrix (Koeffizienten | rechte Seite):

$$
\left(\begin{array}{cccc|c}
2 & 4 & 0 & 4 & 8 \\
1 & 3 & 1 & 4 & 10 \\
-2 & -2 & 1 & 1 & 7 \\
0 & -1 & 0 & 1 & -1
\end{array}\right).
$$

Die Lösungsmenge ändert sich nicht bei *elementaren Zeilenoperationen*, d.h., wenn man

- Gleichungen bzw. Zeilen mit einem Faktor ungleich Null multipliziert,

- Gleichungen bzw. Zeilen vertauscht,

- Vielfache einer Gleichung bzw. Zeile auf eine andere Gleichung bzw. Zeile addiert bzw. davon subtrahiert.

Mit diesen Umformungen versucht man, eine *Zeilen-Stufen-Form* zu erreichen, d.h. im unteren linken Teil der Matrix Nullen zu erzeugen und möglichst Einsen auf der Diagonalen.

809

Dazu behandelt man schrittweise die Spalten von links nach rechts: Im ersten Teilschritt wird die entsprechende Gleichung so mit einer Zahl multipliziert bzw. durch eine Zahl dividiert, dass das entsprechende Diagonalelement gleich 1 wird. Im zweiten Teilschritt wird ein geeignetes Vielfaches dieser Zeile so zu den darunter liegenden Zeilen addiert, dass in der entsprechenden Spalte Nullen entstehen.

Beispiel 8.2.2 (Fortsetzung von Beispiel 8.2.1)

Im Folgenden ist hinter der Matrix jeweils vermerkt, welche elementare Zeilenoperation beim Übergang zur nächsten Matrix durchgeführt wird. Römische Ziffern beziehen sich auf die entsprechende Zeile.

$$\begin{pmatrix} 2 & 4 & 0 & 4 & \vdots & 8 \\ 1 & 3 & 1 & 4 & \vdots & 10 \\ -2 & -2 & 1 & 1 & \vdots & 7 \\ 0 & -1 & 0 & 1 & \vdots & -1 \end{pmatrix} \begin{matrix} :2 \\ \\ \\ \end{matrix}$$

Schritt 1a:
a_{11} soll 1 werden.

$$\rightarrow \begin{pmatrix} 1 & 2 & 0 & 2 & \vdots & 4 \\ 1 & 3 & 1 & 4 & \vdots & 10 \\ -2 & -2 & 1 & 1 & \vdots & 7 \\ 0 & -1 & 0 & 1 & \vdots & -1 \end{pmatrix} \begin{matrix} \\ -\mathrm{I} \\ +2\cdot\mathrm{I} \\ \end{matrix}$$

Schritt 1b:
a_{21}, a_{31} und a_{41} sollen 0 werden.

$$\rightarrow \begin{pmatrix} 1 & 2 & 0 & 2 & \vdots & 4 \\ 0 & 1 & 1 & 2 & \vdots & 6 \\ 0 & 2 & 1 & 5 & \vdots & 15 \\ 0 & -1 & 0 & 1 & \vdots & -1 \end{pmatrix} \begin{matrix} \\ \\ -2\cdot\mathrm{II} \\ +\mathrm{II} \end{matrix}$$

Schritt 2a:
a_{22} soll 1 sein (schon erfüllt).
Schritt 2b:
a_{32} und a_{42} sollen 0 werden.

$$\rightarrow \begin{pmatrix} 1 & 2 & 0 & 2 & \vdots & 4 \\ 0 & 1 & 1 & 2 & \vdots & 6 \\ 0 & 0 & -1 & 1 & \vdots & 3 \\ 0 & 0 & 1 & 3 & \vdots & 5 \end{pmatrix} \begin{matrix} \\ \\ \cdot(-1) \\ \end{matrix}$$

Schritt 3a:
a_{33} soll 1 werden.

$$\rightarrow \begin{pmatrix} 1 & 2 & 0 & 2 & \vdots & 4 \\ 0 & 1 & 1 & 2 & \vdots & 6 \\ 0 & 0 & 1 & -1 & \vdots & -3 \\ 0 & 0 & 1 & 3 & \vdots & 5 \end{pmatrix} \begin{matrix} \\ \\ \\ -\mathrm{III} \end{matrix}$$

Schritt 3b:
a_{43} soll 0 werden.

$$\rightarrow \begin{pmatrix} 1 & 2 & 0 & 2 & \vdots & 4 \\ 0 & 1 & 1 & 2 & \vdots & 6 \\ 0 & 0 & 1 & -1 & \vdots & -3 \\ 0 & 0 & 0 & 4 & \vdots & 8 \end{pmatrix} \begin{matrix} \\ \\ \\ \cdot\frac{1}{4} \end{matrix}$$

Schritt 4a:
a_{44} soll 1 werden.

$$\rightarrow \begin{pmatrix} 1 & 2 & 0 & 2 & \vdots & 4 \\ 0 & 1 & 1 & 2 & \vdots & 6 \\ 0 & 0 & 1 & -1 & \vdots & -3 \\ 0 & 0 & 0 & 1 & \vdots & 2 \end{pmatrix}$$

810

In ausführlicher Form lautet das umgeformte Gleichungssystem also

$$\begin{aligned} x_1 + 2x_2 \quad\quad\; + 2x_4 &= 4 \\ x_2 + x_3 + 2x_4 &= 6 \\ x_3 - x_4 &= -3 \\ x_4 &= 2. \end{aligned}$$

Durch rückwärts-Einsetzen erhält man nun die Lösung:

$$x_4 = 2,$$
$$x_3 = -3 + x_4 = -3 + 2 = -1,$$
$$x_2 = 6 - x_3 - 2x_4 = 6 - (-1) - 2 \cdot 2 = 3,$$
$$x_1 = 4 - 2x_2 - 2x_4 = 4 - 2 \cdot 3 - 2 \cdot 2 = -6.$$

Statt des rückwärts-Einsetzens kann man auch bei der erweiterten Koeffizientenmatrix mit elementaren Zeilenumformungen den oberen rechten Teil der Matrix zu Null machen, z.B. spaltenweise von rechts nach links.

Beispiel 8.2.3 (Fortsetzung von Beispiel 8.2.1 und Beispiel 8.2.2)

$$\left(\begin{array}{cccc|c} 1 & 2 & 0 & 2 & 4 \\ 0 & 1 & 1 & 2 & 6 \\ 0 & 0 & 1 & -1 & -3 \\ 0 & 0 & 0 & 1 & 2 \end{array} \right) \begin{array}{l} -2 \cdot \text{IV} \\ -2 \cdot \text{IV} \\ +\text{IV} \\ \\ \end{array}$$

$$\rightarrow \left(\begin{array}{cccc|c} 1 & 2 & 0 & 0 & 0 \\ 0 & 1 & 1 & 0 & 2 \\ 0 & 0 & 1 & 0 & -1 \\ 0 & 0 & 0 & 1 & 2 \end{array} \right) \begin{array}{l} \\ -\text{III} \\ \\ \\ \end{array}$$

$$\rightarrow \left(\begin{array}{cccc|c} 1 & 2 & 0 & 0 & 0 \\ 0 & 1 & 0 & 0 & 3 \\ 0 & 0 & 1 & 0 & -1 \\ 0 & 0 & 0 & 1 & 2 \end{array} \right) \begin{array}{l} -2 \cdot \text{II} \\ \\ \\ \\ \end{array}$$

$$\rightarrow \left(\begin{array}{cccc|c} 1 & 0 & 0 & 0 & -6 \\ 0 & 1 & 0 & 0 & 3 \\ 0 & 0 & 1 & 0 & -1 \\ 0 & 0 & 0 & 1 & 2 \end{array} \right)$$

Man kann nun die Lösung ablesen:

$$x_1 = -6, \quad x_2 = 3, \quad x_3 = -1, \quad x_4 = 2.$$

Ein mögliches Problem ist, dass beim m-ten Schritt das entsprechende Diagonalelement a_{mm} gleich Null ist, so dass man es nicht zu 1 machen kann. Es gibt dann zwei Fälle:

811

1. Es gibt in der Spalte unterhalb von a_{mm} ein Element ungleich Null.

   Dann kann man die entsprechenden Zeilen vertauschen und anschließend weiter vorgehen wie beschrieben.

2. Alle Elemente in der Spalte unterhalb von a_{mm} sind auch gleich Null.

   Dann bewirkt diese Spalte eine lange Stufe und damit einen freien Parameter in der Lösungsdarstellung (s. unten), und man macht zunächst weiter mit der nächsten Spalte (aber gleicher Zeile).

Beispiel 8.2.4

Betrachtet wird das Gleichungssystem

$$\begin{aligned} x_1 + 2x_2 - x_3 + x_4 &= 1 \\ 3x_1 + 6x_2 - 3x_3 + 4x_4 &= 5 \\ x_1 + 4x_2 + 3x_3 + x_4 &= 3 \\ -x_1 - x_2 + 3x_3 + 2x_4 &= 6 \end{aligned}$$

bzw. als erweiterte Koeffizientenmatrix:

$$\left(\begin{array}{cccc|c} 1 & 2 & -1 & 1 & 1 \\ 3 & 6 & -3 & 4 & 5 \\ 1 & 4 & 3 & 1 & 3 \\ -1 & -1 & 3 & 2 & 6 \end{array}\right) \begin{array}{l} \\ -3\cdot\mathrm{I} \\ -\mathrm{I} \\ +\mathrm{I} \end{array}$$

$$\rightarrow \left(\begin{array}{cccc|c} 1 & 2 & -1 & 1 & 1 \\ 0 & 0 & 0 & 1 & 2 \\ 0 & 2 & 4 & 0 & 2 \\ 0 & 1 & 2 & 3 & 7 \end{array}\right)$$

(a_{22} ist 0, aber es gibt unterhalb von a_{22} noch nicht-Null-Elemente; daher werden Zeilen getauscht.)

$$\rightarrow \left(\begin{array}{cccc|c} 1 & 2 & -1 & 1 & 1 \\ 0 & 1 & 2 & 3 & 7 \\ 0 & 2 & 4 & 0 & 2 \\ 0 & 0 & 0 & 1 & 2 \end{array}\right) \begin{array}{l} \\ \\ -2\cdot\mathrm{II} \\ \end{array}$$

$$\rightarrow \left(\begin{array}{cccc|c} 1 & 2 & -1 & 1 & 1 \\ 0 & 1 & 2 & 3 & 7 \\ 0 & 0 & 0 & -6 & -12 \\ 0 & 0 & 0 & 1 & 2 \end{array}\right) :(-6)$$

(a_{33} ist 0, und es gibt unterhalb von a_{33} keine nicht-Null-Elemente; daher wird mit der vierten Spalte weiter gemacht und a_{34} zu 1 gemacht.)

$$\rightarrow \left(\begin{array}{cccc|c} 1 & 2 & -1 & 1 & 1 \\ 0 & 1 & 2 & 3 & 7 \\ 0 & 0 & 0 & 1 & 2 \\ 0 & 0 & 0 & 1 & 2 \end{array}\right) \begin{array}{l} \\ \\ \\ -\mathrm{III} \end{array}$$

$$\rightarrow \left(\begin{array}{cccc|c} 1 & 2 & -1 & 1 & 1 \\ 0 & 1 & 2 & 3 & 7 \\ 0 & 0 & 0 & 1 & 2 \\ 0 & 0 & 0 & 0 & 0 \end{array}\right) \begin{array}{l} -\mathrm{III} \\ -3\cdot\mathrm{III} \\ \\ \end{array}$$

(Hier hat man schon eine Zeilen-Stufen-Form erreicht, aber zur Interpretation ist es besser, oberhalb der führenden Einsen Nullen zu erzeugen.)

$$\rightarrow \left(\begin{array}{cccc|c} 1 & 2 & -1 & 0 & -1 \\ 0 & 1 & 2 & 0 & 1 \\ 0 & 0 & 0 & 1 & 2 \\ 0 & 0 & 0 & 0 & 0 \end{array}\right) \begin{array}{l} -2\cdot\mathrm{II} \\ \\ \\ \end{array}$$

$$\rightarrow \begin{pmatrix} 1 & 0 & -5 & 0 & \vdots & -3 \\ 0 & 1 & 2 & 0 & \vdots & 1 \\ 0 & 0 & 0 & 1 & \vdots & 2 \\ 0 & 0 & 0 & 0 & \vdots & 0 \end{pmatrix}$$

In ausführlicher Form lautet das umgeformte Gleichungssystem also

812

$$\begin{aligned} x_1 \quad - 5x_3 \quad &= -3 \\ x_2 + 2x_3 \quad &= 1 \\ x_4 &= 2 \\ 0 &= 0. \end{aligned}$$

Beim rückwärts-Einsetzen ist x_3 unbestimmt und kann als Parameter genutzt werden; mit $x_3 = \lambda$ gilt dann

$$x_2 = 1 - 2\lambda \quad \text{und} \quad x_1 = -3 + 5\lambda,$$

also

$$\begin{pmatrix} x_1 \\ x_2 \\ x_3 \\ x_4 \end{pmatrix} = \begin{pmatrix} -3 + 5\lambda \\ 1 - 2\lambda \\ \lambda \\ 2 \end{pmatrix} = \begin{pmatrix} -3 \\ 1 \\ 0 \\ 2 \end{pmatrix} + \lambda \cdot \begin{pmatrix} 5 \\ -2 \\ 1 \\ 0 \end{pmatrix}.$$

Die Lösungsmenge ist eine Gerade; $\begin{pmatrix} -3 \\ 1 \\ 0 \\ 2 \end{pmatrix}$ ist eine spezielle Lösung des inhomogenen und $\begin{pmatrix} 5 \\ -2 \\ 1 \\ 0 \end{pmatrix}$ eine Lösung des homogenen Gleichungssystems.

Um ausgehend von der Zeilen-Stufen-Matrix die allgemeine Lösung zu erhalten, kann man auch wie folgt vorgehen:

813

In der Matrix lässt man die Null-Zeile weg und fügt eine Zeile ein, die ausdrückt, dass $x_3 = \lambda$ ist. Nun kann man eine vollständige Diagonalgestalt erhalten und damit das rückwärts-Einsetzen auch innerhalb der Koeffizientenmatrix durchführen:

$$\begin{pmatrix} 1 & 0 & -5 & 0 & \vdots & -3 \\ 0 & 1 & 2 & 0 & \vdots & 1 \\ 0 & 0 & 1 & 0 & \vdots & \lambda \\ 0 & 0 & 0 & 1 & \vdots & 2 \end{pmatrix} \begin{matrix} +5 \cdot \text{III} \\ -2 \cdot \text{III} \\ \text{neue Zeile} \\ {} \end{matrix}$$

$$\rightarrow \begin{pmatrix} 1 & 0 & 0 & 0 & \vdots & -3 + 5\lambda \\ 0 & 1 & 0 & 0 & \vdots & 1 - 2\lambda \\ 0 & 0 & 1 & 0 & \vdots & \lambda \\ 0 & 0 & 0 & 1 & \vdots & 2 \end{pmatrix}$$

Hier kann man rechts die vollständige Lösung ablesen.

814

Im Allgemeinen (auch wenn die Anzahl der Variablen und Gleichungen unterschiedlich ist) erreicht man durch elementare Zeilenumformungen eine Form wie

$$\begin{pmatrix} 1 & * & 0 & 0 & * & \cdots & 0 & * & | & c_1 \\ 0 & 0 & 1 & 0 & * & \cdots & 0 & * & | & \vdots \\ 0 & \cdots & 0 & 1 & * & \cdots & 0 & * & | & \\ 0 & & & \cdots & & & 0 & 1 & * & | & c_k \\ 0 & & & \cdots & & & & 0 & | & c_{k+1} \\ \vdots & & & \ddots & & & & \vdots & | & \vdots \\ 0 & & & \cdots & & & & 0 & | & c_m \end{pmatrix}.$$

Die dargestellte Form mit führenden Einsen und darüber Nullen nennt man auch die *reduzierte, normierte* oder *normalisierte* Zeilenstufenform. Man kann sie folgendermaßen weiter interpretieren:

- Ist eines der Elemente $c_{k+1}, \ldots, c_m$ ungleich Null, so ist das Gleichungssystem nicht lösbar.

- Bei langen Stufen führt jede Variable zu einer $*$–Spalte zu einem freien Parameter.

- Setzt man die Variablen, die zu einer führenden Eins einer Stufe gehören (man nennt diese Variablen auch *Stufenvariablen*), also die Variablen zu den nicht-$*$-Spalten, auf den der Stufe entsprechenden Wert c_l und die restlichen Variablen auf 0, so erhält man eine spezielle Lösung des Gleichungssystems.

Wie am Ende von Beispiel 8.2.4 kann man Zeilen mit einem freien Parameter zu den $*$-Spalten-Variablen einfügen, um dann auch die $*$-Spalten zu Null zu machen. Damit erhält man die Abhängigkeit der anderen Variablen von diesen Parametern. Eine entsprechende Lösungsdarstellung nennt man *allgemeine Lösung* des Gleichungssystems.

Beispiel 8.2.5

Zu der schon in vollständige Zeilen-Stufen-Form gebrachten erweiterten Koeffizientenmatrix mit Nullen über den führenden Einsen

$$\begin{array}{cccccc} x_1 & x_2 & x_3 & x_4 & x_5 & x_6 \end{array}$$
$$\begin{pmatrix} 1 & 0 & 3 & 0 & 0 & 8 & | & 2 \\ 0 & 1 & 2 & 0 & 0 & 1 & | & 4 \\ 0 & 0 & 0 & 1 & 0 & 5 & | & 6 \\ 0 & 0 & 0 & 0 & 1 & 4 & | & 0 \end{pmatrix}$$

ist

$$\begin{pmatrix} x_1 \\ x_2 \\ x_3 \\ x_4 \\ x_5 \\ x_6 \end{pmatrix} = \begin{pmatrix} 2 \\ 4 \\ 0 \\ 6 \\ 0 \\ 0 \end{pmatrix}$$

eine spezielle Lösung.

Unbestimmt sind x_3 und x_6. Setzt man $x_3 = \lambda$, $x_6 = \mu$ und fügt entsprechende Zeilen ein, erhält man

$$\left(\begin{array}{cccccc|c} 1 & 0 & 3 & 0 & 0 & 8 & 2 \\ 0 & 1 & 2 & 0 & 0 & 1 & 4 \\ 0 & 0 & 1 & 0 & 0 & 0 & \lambda \\ 0 & 0 & 0 & 1 & 0 & 5 & 6 \\ 0 & 0 & 0 & 0 & 1 & 4 & 0 \\ 0 & 0 & 0 & 0 & 0 & 1 & \mu \end{array} \right) \begin{array}{l} -8 \cdot \text{VI} \\ -1 \cdot \text{VI} \\ \\ -5 \cdot \text{VI} \\ -4 \cdot \text{VI} \\ \\ \end{array}$$

$$\rightarrow \left(\begin{array}{cccccc|c} 1 & 0 & 3 & 0 & 0 & 0 & 2-8\mu \\ 0 & 1 & 2 & 0 & 0 & 0 & 4-\mu \\ 0 & 0 & 1 & 0 & 0 & 0 & \lambda \\ 0 & 0 & 0 & 1 & 0 & 0 & 6-5\mu \\ 0 & 0 & 0 & 0 & 1 & 0 & -4\mu \\ 0 & 0 & 0 & 0 & 0 & 1 & \mu \end{array} \right) \begin{array}{l} -3 \cdot \text{III} \\ -2 \cdot \text{III} \\ \\ \\ \\ \\ \end{array}$$

$$\rightarrow \left(\begin{array}{cccccc|c} 1 & 0 & 0 & 0 & 0 & 0 & 2-3\lambda-8\mu \\ 0 & 1 & 0 & 0 & 0 & 0 & 4-2\lambda-\mu \\ 0 & 0 & 1 & 0 & 0 & 0 & \lambda \\ 0 & 0 & 0 & 1 & 0 & 0 & 6-5\mu \\ 0 & 0 & 0 & 0 & 1 & 0 & 0-4\mu \\ 0 & 0 & 0 & 0 & 0 & 1 & \mu \end{array} \right) .$$

Damit ist die allgemeine Lösung

$$\begin{pmatrix} x_1 \\ x_2 \\ x_3 \\ x_4 \\ x_5 \\ x_6 \end{pmatrix} = \begin{pmatrix} 2-3\lambda-8\mu \\ 4-2\lambda-\mu \\ \lambda \\ 6-5\mu \\ 0-4\mu \\ \mu \end{pmatrix} = \begin{pmatrix} 2 \\ 4 \\ 0 \\ 6 \\ 0 \\ 0 \end{pmatrix} + \lambda \begin{pmatrix} -3 \\ -2 \\ 1 \\ 0 \\ 0 \\ 0 \end{pmatrix} + \mu \begin{pmatrix} -8 \\ -1 \\ 0 \\ -5 \\ -4 \\ 1 \end{pmatrix} .$$

Bemerkung 8.2.6 (Anzahl der Lösungen)

Lineare Gleichungssysteme können keine, genau eine oder unendlich viele Lösungen haben. An der Zeilen-Stufen-Form kann man sehen, welcher Fall auftritt:

815

1. Gibt es eine Zeile mit Nullen links und einem Eintrag ungleich Null rechts, so gibt es keine Lösung.

2. Tritt 1. nicht auf, und sind alle Stufen kurz, so ist die Lösung eindeutig.

3. Tritt 1. nicht auf, und gibt es lange Stufen, also *-Spalten, so gibt es unendlich viele Lösungen.

In Abhängigkeit von der Anzahl der Gleichungen und Variablen gibt es folgende Fälle:

- Genau so viele Gleichungen wie Variablen:

  Gibt es nur kurze Stufen, so gibt es keine Null-Zeile, und die Lösung ist eindeutig.

  Gibt es mindestens eine lange Stufe, so entsteht unten mindestens eine Null-Zeile links. Es gibt dann keine oder unendlich viele Lösungen.

- Mehr Variablen als Gleichungen:

  Es gibt mindestens eine lange Stufe (spätestens in der letzten Zeile), also unendlich viele Lösungen oder – falls es eine Nullzeile links mit nicht-Null Eintrag rechts gibt – keine Lösung.

- Mehr Gleichungen als Variablen:

  Es gibt mindestens eine Nullzeile links. Je nach den Einträgen rechts bzw. dem Auftreten von langen Stufen gibt es keine, genau eine oder unendlich viele Lösungen.

Bemerkungen 8.2.7

1. Allgemein bedeutet das Auftreten von kompletten Null-Zeilen (links und rechts), dass es Redundanz in den ursprünglichen Gleichungen gibt: eine oder mehrere Gleichungen sind darstellbar als Linearkombinationen von anderen Gleichungen.

   Entsteht links eine Null-Zeile und rechts ein Eintrag ungleich Null, so enthält das zugrunde liegende Gleichungssystem einen Widerspruch.

2. Bei der Durchführung des Gaußschen Eliminationsverfahrens von Hand führt man gerne mehrere Schritte gleichzeitig aus. Man muss aber darauf achten, dass man nicht gleichzeitig Dinge macht, die hintereinander ausgeführt zu anderen Ergebnissen führen, da man dann ggf. Information verliert.

Beispiel 8.2.7.1

Gleichzeitiges Addieren der ersten auf die zweite Zeile und der zweiten auf die erste Zeile führt zu einem Informationsverlust:

$$\begin{pmatrix} 1 & 3 & | & -2 \\ -1 & 1 & | & 3 \end{pmatrix} \begin{matrix} +II \\ +I \end{matrix} \rightarrow \begin{pmatrix} 0 & 4 & | & 1 \\ 0 & 4 & | & 1 \end{pmatrix}.$$

Definition 8.2.8 (Rang)

816

Die Anzahl der nicht-Null-Zeilen in der Zeilen-Stufen-Form zu einer Matrix A heißt *Rang* von A.

Beispiele 8.2.9

1. Wie man an dem durchgeführten Gaußschen Eliminationsverfahren bei Beispiel 8.2.4 sieht, ist der Rang von $\begin{pmatrix} 1 & 2 & -1 & 1 \\ 3 & 6 & -3 & 4 \\ 1 & 4 & 3 & 1 \\ -1 & -1 & 3 & 2 \end{pmatrix}$ gleich 3.

2. Durch elementare Zeilenoperationen erhält man

$$\begin{pmatrix} 1 & 3 \\ 2 & 6 \\ 1 & 4 \\ 0 & 3 \end{pmatrix} \begin{matrix} \\ -2\cdot\mathrm{I} \\ -\mathrm{I} \\ \\ \end{matrix} \rightarrow \begin{pmatrix} 1 & 3 \\ 0 & 0 \\ 0 & 1 \\ 0 & 3 \end{pmatrix} \Big] {\scriptstyle -3\cdot\mathrm{III}} \rightarrow \begin{pmatrix} 1 & 3 \\ 0 & 1 \\ 0 & 0 \\ 0 & 0 \end{pmatrix}.$$

Der Rang der ersten Matrix (und auch der anderen) ist also gleich 2.

Bemerkung 8.2.10

Bei einem linearen Gleichungssystem $Ax = b$ mit n Variablen, gibt es in der Zeilen-Stufen-Form Rang(A) viele führende Einsen, also $n - $ Rang(A) viele ∗-Spalten.

Im Falle der Lösbarkeit gibt es also $n - $ Rang(A) viele freie Parameter.

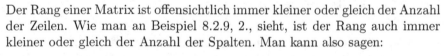

Abb. 8.3 Rang einer Matrix.

Bemerkung 8.2.11

817

Der Rang einer Matrix ist offensichtlich immer kleiner oder gleich der Anzahl der Zeilen. Wie man an Beispiel 8.2.9, 2., sieht, ist der Rang auch immer kleiner oder gleich der Anzahl der Spalten. Man kann also sagen:

Der Rang von $A \in \mathbb{R}^{m \times n}$ ist immer kleiner oder gleich $\min\{m, n\}$.

Definition 8.2.12 (voller Rang)

Die Matrix $A \in \mathbb{R}^{m \times n}$ hat *vollen Rang* $:\Leftrightarrow$ der Rang ist $\min\{m, n\}$.

Beispiel 8.2.13

Entsprechend der Angaben des Rangs bei Beispiel 8.2.9 hat die Matrix $\begin{pmatrix} 1 & 3 \\ 2 & 6 \\ 1 & 4 \\ 0 & 3 \end{pmatrix}$ vollen Rang, $\begin{pmatrix} 1 & 2 & -1 & 1 \\ 3 & 6 & -3 & 4 \\ 1 & 4 & 3 & 1 \\ -1 & -1 & 3 & 2 \end{pmatrix}$ nicht.

8.3 Matrizen

In naheliegender Weise (komponentenweise) definiert man eine Addition und skalare Multiplikation von Matrizen:

818

> **Definition 8.3.1** (Addition und skalare Multiplikation)
>
> Zu Matrizen $A, B \in \mathbb{R}^{m \times n}$, $A = (a_{ij})$, $B = (b_{ij})$ und $\alpha \in \mathbb{R}$ ist
>
> $$A + B := (a_{ij} + b_{ij}) \in \mathbb{R}^{m \times n},$$
> $$\alpha \cdot A := (\alpha \cdot a_{ij}) \in \mathbb{R}^{m \times n} \quad \text{(skalare Multiplikation)}.$$

Beispiel 8.3.2

Es ist $\begin{pmatrix} 2 & 3 & -1 \\ 1 & 0 & -1 \end{pmatrix} + \begin{pmatrix} -1 & 0 & 2 \\ 1 & 1 & 1 \end{pmatrix} = \begin{pmatrix} 1 & 3 & 1 \\ 2 & 1 & 0 \end{pmatrix}$.

Bemerkungen 8.3.3 zur Matrizen-Addition und skalaren Multiplikation

1. Offensichtlich gelten die üblichen Rechenregeln, z.B. $\alpha \cdot (A + B) = \alpha A + \alpha B$, d.h. $\mathbb{R}^{m \times n}$ ist ein Vektorraum.

2. Die Operationen sind auch verträglich mit der Matrix-Vektor-Multiplikation. Beispielsweise gilt $(A + B) \cdot x = A \cdot x + B \cdot x$.

Eine Matrix-Matrix-Multiplikation ist nicht komponentenweise definiert, sondern kann durch Einsetzen in ein lineares Gleichungssystem motiviert werden.

819

Beispiel 8.3.4

Setzt man verschiedene x-Werte in die linke Seite eines Gleichungssystems

$$
\begin{aligned}
2x_1 & + & 3x_2 & - & x_3 \\
x_1 & & & - & x_3
\end{aligned}
$$

ein, so erhält man verschiedene Ergebnisse:

$$\begin{pmatrix} x_1 \\ x_2 \\ x_3 \end{pmatrix} = \begin{pmatrix} 1 \\ 2 \\ 0 \end{pmatrix} \text{ ergibt } \begin{pmatrix} 8 \\ 1 \end{pmatrix}, \qquad \begin{pmatrix} x_1 \\ x_2 \\ x_3 \end{pmatrix} = \begin{pmatrix} 0 \\ 0 \\ 0 \end{pmatrix} \text{ ergibt } \begin{pmatrix} 0 \\ 0 \end{pmatrix},$$

$$\begin{pmatrix} x_1 \\ x_2 \\ x_3 \end{pmatrix} = \begin{pmatrix} 0 \\ 1 \\ -1 \end{pmatrix} \text{ ergibt } \begin{pmatrix} 4 \\ 1 \end{pmatrix}, \qquad \begin{pmatrix} x_1 \\ x_2 \\ x_3 \end{pmatrix} = \begin{pmatrix} 1 \\ 0 \\ 0 \end{pmatrix} \text{ ergibt } \begin{pmatrix} 2 \\ 1 \end{pmatrix}.$$

Schematisch kann man das wie folgt zusammenfassen:

$$\begin{pmatrix} 2 & 3 & -1 \\ 1 & 0 & -1 \end{pmatrix} \cdot \begin{pmatrix} 1 & 0 & 0 & 1 \\ 2 & 0 & 1 & 0 \\ 0 & 0 & -1 & 0 \end{pmatrix} = \begin{pmatrix} 8 & 0 & 4 & 2 \\ 1 & 0 & 1 & 1 \end{pmatrix}.$$

Definition 8.3.5 (Matrix-Matrix-Multiplikation)

Zu zwei Matrizen $A \in \mathbb{R}^{m \times n}$ und $B \in \mathbb{R}^{n \times l}$, $A = (a_{ij})$, $B = (b_{ij})$ ist das Matrix-Matrix-Produkt $C = (c_{ij}) = A \cdot B \in \mathbb{R}^{m \times l}$ definiert durch:

$$c_{ij} = a_{i1}b_{1j} + a_{i2}b_{2j} + \cdots + a_{in}b_{nj} = \sum_{k=1}^{n} a_{ik}b_{kj}.$$

Bemerkungen 8.3.6 zur Matrix-Matrix-Multiplikation

1. Das Element c_{ij} in der i-ten Zeile und j-ten Spalte der Produktmatrix erhält man also durch Verknüpfung der i-ten Zeile der ersten Matrix mit der j-ten Spalte der zweiten Matrix (s. Abb. 8.4). Dabei müssen die Dimensionen passen (Spaltenanzahl der ersten Matrix gleich Zeilenanzahl der zweiten).

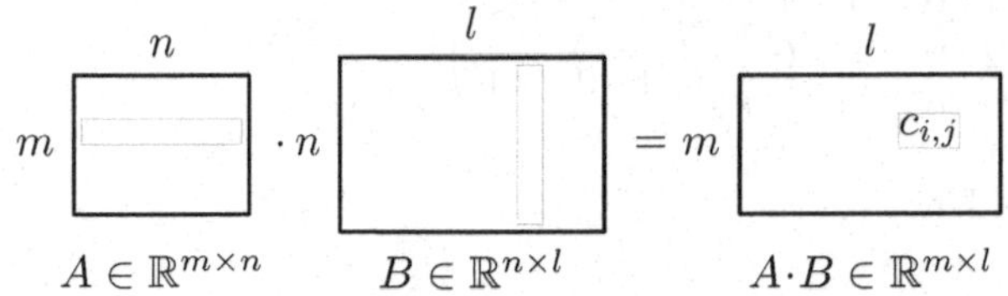

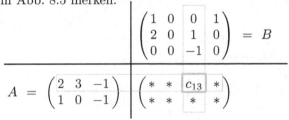

Abb. 8.4 Struktur beim Matrix-Matrix-Produkt.

2. Die Matrix-Matrix-Multiplikation kann man sich durch das *Falk-Schema* wie in Abb. 8.5 merken:

820

$$\begin{pmatrix} 1 & 0 & 0 & 1 \\ 2 & 0 & 1 & 0 \\ 0 & 0 & -1 & 0 \end{pmatrix} = B$$

$$A = \begin{pmatrix} 2 & 3 & -1 \\ 1 & 0 & -1 \end{pmatrix} \begin{pmatrix} * & * & c_{13} & * \\ * & * & * & * \end{pmatrix}$$

Abb. 8.5 Falk-Schema.

Das Ergebniselement ergibt sich ähnlich wie beim Skalarprodukt aus der entsprechenden Zeile bzw. Spalte von A bzw. B:

$$c_{13} = 2 \cdot 0 + 3 \cdot 1 + (-1) \cdot (-1).$$

3. Einen (Spalten-)Vektor $x \in \mathbb{R}^n$ kann man auch als $(n \times 1)$-Matrix auffassen. Damit ist die Matrix-Vektor-Multiplikation $Ax = b$ ein Spezialfall der Matrix-Matrix-Multiplikation.
821

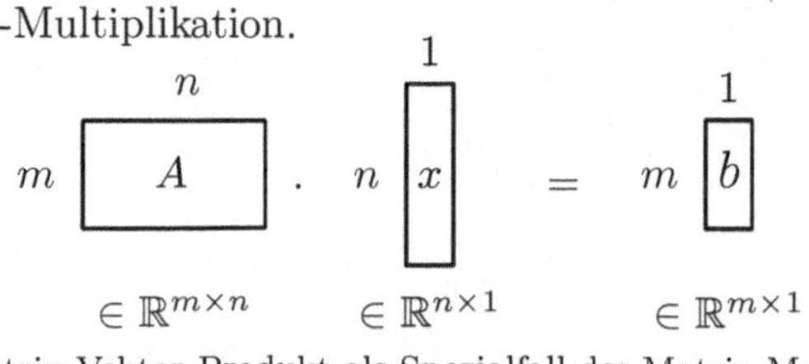

Abb. 8.6 Matrix-Vektor-Produkt als Spezialfall des Matrix-Matrix-Produkts.

Beispiel 8.3.6.1

Den Vektor $\begin{pmatrix} 1 \\ 2 \\ 0 \end{pmatrix}$ kann man als (3×1)-Matrix auffassen und erhält als Matrix-Matrix-Produkt

$$\begin{pmatrix} 2 & 3 & -1 \\ 1 & 0 & -1 \end{pmatrix} \cdot \begin{pmatrix} 1 \\ 2 \\ 0 \end{pmatrix} = \begin{pmatrix} 8 \\ 1 \end{pmatrix}.$$

822

4. Eine Vertauschung bei der Matrix-Matrix-Multiplikation ($B \cdot A$ statt $A \cdot B$) geht im Allgemeinen nicht.

Beispiele 8.3.6.2

a) Schon aus Dimensionsgründen kann man

$$\begin{pmatrix} 1 & 0 & 0 & 1 \\ 2 & 0 & 1 & 0 \\ 0 & 0 & -1 & 0 \end{pmatrix} \cdot \begin{pmatrix} 2 & 3 & -1 \\ 1 & 0 & -1 \end{pmatrix}$$

nicht bilden.

b) Bei

$$A = \begin{pmatrix} 2 & 3 & -1 \\ 1 & 0 & -1 \end{pmatrix} \in \mathbb{R}^{2\times3} \quad \text{und} \quad B = \begin{pmatrix} 1 & 0 \\ 2 & 0 \\ 0 & 0 \end{pmatrix} \in \mathbb{R}^{3\times2}$$

kann man sowohl $A \cdot B$ als auch $B \cdot A$ bilden. Die Ergebnisse haben unterschiedliche Dimensionen:

$$A \cdot B = \begin{pmatrix} 2 & 3 & -1 \\ 1 & 0 & -1 \end{pmatrix} \cdot \begin{pmatrix} 1 & 0 \\ 2 & 0 \\ 0 & 0 \end{pmatrix} = \begin{pmatrix} 8 & 0 \\ 1 & 0 \end{pmatrix} \in \mathbb{R}^{2\times2},$$

$$B \cdot A = \begin{pmatrix} 1 & 0 \\ 2 & 0 \\ 0 & 0 \end{pmatrix} \cdot \begin{pmatrix} 2 & 3 & -1 \\ 1 & 0 & -1 \end{pmatrix} = \begin{pmatrix} 2 & 3 & -1 \\ 4 & 6 & -2 \\ 0 & 0 & 0 \end{pmatrix} \in \mathbb{R}^{3\times3}.$$

c) Bei $A = \begin{pmatrix} 0 & 1 \\ 0 & 0 \end{pmatrix} \in \mathbb{R}^{2\times2}$, $B = \begin{pmatrix} 0 & 0 \\ 0 & 1 \end{pmatrix} \in \mathbb{R}^{2\times2}$ sind $A \cdot B$ und $B \cdot A$ aus $\mathbb{R}^{2\times2}$, aber

$$A \cdot B = \begin{pmatrix} 0 & 1 \\ 0 & 0 \end{pmatrix} \cdot \begin{pmatrix} 0 & 0 \\ 0 & 1 \end{pmatrix} = \begin{pmatrix} 0 & 1 \\ 0 & 0 \end{pmatrix},$$

$$B \cdot A = \begin{pmatrix} 0 & 0 \\ 0 & 1 \end{pmatrix} \cdot \begin{pmatrix} 0 & 1 \\ 0 & 0 \end{pmatrix} = \begin{pmatrix} 0 & 0 \\ 0 & 0 \end{pmatrix}.$$

823

Satz 8.3.7 (Rechenregeln für Matrizen)

Abgesehen von der Vertauschung gelten für die Matrizen-Rechnungen die üblichen Regeln, z.B.:

$$A \cdot (B + C) = A \cdot B + A \cdot C, \qquad A \cdot (B \cdot C) = (A \cdot B) \cdot C,$$
$$(\alpha \cdot A) \cdot B = \alpha \cdot (A \cdot B), \qquad A \cdot (B \cdot x) = (A \cdot B) \cdot x.$$

Beispiel 8.3.8

Bei $A = \begin{pmatrix} 2 & 3 & -1 \\ 1 & 0 & -1 \end{pmatrix}$, $B = \begin{pmatrix} 1 & 0 \\ 2 & 0 \\ 0 & 0 \end{pmatrix}$ und $x = \begin{pmatrix} 2 \\ -3 \end{pmatrix}$ ist

$$(A \cdot B) \cdot x = \left(\begin{pmatrix} 2 & 3 & -1 \\ 1 & 0 & -1 \end{pmatrix} \cdot \begin{pmatrix} 1 & 0 \\ 2 & 0 \\ 0 & 0 \end{pmatrix} \right) \cdot \begin{pmatrix} 2 \\ -3 \end{pmatrix}$$

$$= \begin{pmatrix} 8 & 0 \\ 1 & 0 \end{pmatrix} \cdot \begin{pmatrix} 2 \\ -3 \end{pmatrix} = \begin{pmatrix} 16 \\ 2 \end{pmatrix}$$

und ebenso

$$A \cdot (B \cdot x) = \begin{pmatrix} 2 & 3 & -1 \\ 1 & 0 & -1 \end{pmatrix} \cdot \left(\begin{pmatrix} 1 & 0 \\ 2 & 0 \\ 0 & 0 \end{pmatrix} \cdot \begin{pmatrix} 2 \\ -3 \end{pmatrix} \right)$$

$$= \begin{pmatrix} 2 & 3 & -1 \\ 1 & 0 & -1 \end{pmatrix} \cdot \begin{pmatrix} 2 \\ 4 \\ 0 \end{pmatrix} = \begin{pmatrix} 16 \\ 2 \end{pmatrix}.$$

824

Definition 8.3.9 (transponierte Matrix)

Durch Vertauschen von Zeilen und Spalten erhält man aus einer Matrix $A \in \mathbb{R}^{m \times n}$ die *transponierte Matrix* $A^T \in \mathbb{R}^{n \times m}$.

Bemerkung 8.3.10 zur transponierten Matrix

Die transponierte Matrix A^T erhält man durch Spiegelung der Elemente von A an der (von links oben diagonal abwärts führenden) Hauptdiagonalen.

Beispiel 8.3.11

Zu $A = \begin{pmatrix} 2 & 3 & -1 \\ 1 & 0 & -1 \end{pmatrix} \in \mathbb{R}^{2 \times 3}$ ist $A^T = \begin{pmatrix} 2 & 1 \\ 3 & 0 \\ -1 & -1 \end{pmatrix} \in \mathbb{R}^{3 \times 2}$.

Zu $B = \begin{pmatrix} 1 & 0 & 0 & 1 \\ 2 & 0 & 1 & 0 \\ 0 & 0 & 1 & 0 \end{pmatrix} \in \mathbb{R}^{3 \times 4}$ ist $B^T = \begin{pmatrix} 1 & 2 & 0 \\ 0 & 0 & 0 \\ 0 & 1 & 1 \\ 1 & 0 & 0 \end{pmatrix} \in \mathbb{R}^{4 \times 3}$.

Bemerkungen 8.3.12

1. Offensichtlich ist $\left(A^T\right)^T = A$.

2. Man kann bei Matrizen als Einträge statt reeller Zahlen auch komplexe Zahlen nehmen. Man schreibt entsprechend $A \in \mathbb{C}^{n \times m}$. Statt der transponierten Matrix wird dann oft die *hermitesche* Matrix A^* (oder A^H) betrachtet, die sich aus A^T ergibt, indem alle Einträge konjugiert komplex genommen werden.

Beispiel 8.3.12.1

$$\text{Zu } A = \begin{pmatrix} j & 2+j \\ 0 & 3j \end{pmatrix} \text{ ist } A^* = \begin{pmatrix} -j & 0 \\ 2-j & -3j \end{pmatrix}.$$

825

Satz 8.3.13

Für Matrizen $A \in \mathbb{R}^{m \times n}$ und $B \in \mathbb{R}^{n \times l}$ gilt:

$$(A \cdot B)^T = B^T \cdot A^T.$$

Beispiel 8.3.14

Der Vergleich der Multiplikationen mittels des Falk-Schemas (s. Abb. 8.7 im Vergleich zu Abb. 8.5, S. 195) macht transparent, dass bei der Berechnung von $B^T \cdot A^T$ tatsächlich die gleichen Berechnungen wie bei $A \cdot B$ gemacht werden.

$$
\begin{pmatrix} 2 & 1 \\ 3 & 0 \\ -1 & -1 \end{pmatrix} = A^T
$$

$$
B^T = \begin{pmatrix} 1 & 2 & 0 \\ 0 & 0 & 0 \\ 0 & 1 & -1 \\ 1 & 0 & 0 \end{pmatrix} \quad \begin{pmatrix} * & * \\ * & * \\ 4 & * \\ * & * \end{pmatrix}
$$

Abb. 8.7 Berechnung von $B^T \cdot A^T$ mit dem Falk-Schema.

826

Satz 8.3.15

Der Rang der Matrix A ist gleich dem Rang von A^T.

Beispiel 8.3.16

Der Rang von $\begin{pmatrix} 1 & 2 & -1 & 1 \\ 3 & 6 & -3 & 4 \\ 1 & 4 & 3 & 1 \\ -1 & -1 & 3 & 2 \end{pmatrix}$ ist gleich 3, vgl. Beispiel 8.2.9. Tatsächlich erhält man auch bei der transponierten Matrix durch elementare Zeilenoperationen eine Null-Zeile:

$$\begin{pmatrix} 1 & 3 & 1 & -1 \\ 2 & 6 & 4 & -1 \\ -1 & -3 & 3 & 3 \\ 1 & 4 & 1 & 2 \end{pmatrix} \begin{matrix} \\ -2 \cdot \mathrm{I} \\ +\mathrm{I} \\ -\mathrm{I} \end{matrix} \rightarrow \begin{pmatrix} 1 & 3 & 1 & -1 \\ 0 & 0 & 2 & 1 \\ 0 & 0 & 4 & 2 \\ 0 & 1 & 0 & 3 \end{pmatrix} \Biggr\}$$

$$\rightarrow \begin{pmatrix} 1 & 3 & 1 & -1 \\ 0 & 1 & 0 & 3 \\ 0 & 0 & 4 & 2 \\ 0 & 0 & 2 & 1 \end{pmatrix} \begin{matrix} \\ \\ : 4 \\ -\frac{1}{2} \cdot \mathrm{III} \end{matrix} \rightarrow \begin{pmatrix} 1 & 3 & 1 & -1 \\ 0 & 1 & 0 & 3 \\ 0 & 0 & 1 & \frac{1}{2} \\ 0 & 0 & 0 & 0 \end{pmatrix}.$$

Bemerkung 8.3.17 (Zeilenrang und Spaltenrang)

Der Rang ist in Definition 8.2.8 definiert als Anzahl der nicht-Null-Zeilen nach dem Gaußschen Eliminationsverfahren mit elementaren Zeilenoperationen. Man spricht dabei auch vom *Zeilenrang*. Man kann entsprechend elementare Spaltenoperationen durchführen und die Anzahl der resultierenden nicht-Null-Spalten den *Spaltenrang* nennen.

Da Spaltenoperationen bei A Zeilenoperationen bei A^T entsprechen, ist der Spaltenrang von A gleich dem Zeilenrang von A^T, der nach Satz 8.3.15 gleich dem Zeilenrang von A ist, also:

$$\text{Zeilenrang} = \text{Spaltenrang}.$$

Bemerkungen 8.3.18 (Skalarprodukt und Matrix-Matrix-Multiplikation)

827

1. Einen Vektor $x \in \mathbb{R}^n$ fasst man je nach Zusammenhang auch als $(n \times 1)$-Matrix auf (Spaltenvektor). Der transponierte Vektor $x^T \in \mathbb{R}^{1 \times n}$ ist dann ein Zeilenvektor.

Beispiel 8.3.18.1

Zu $x = \begin{pmatrix} 1 \\ 2 \\ 3 \end{pmatrix}$ ist $x^T = (1\ 2\ 3)$.

Das Skalarprodukt $x \cdot y$ ergibt sich dann auch durch die Matrix-Matrix-Multiplikation $x^T \cdot y$, wobei die (1×1)-Ergebnismatrix als Zahl interpretiert werden kann.

Beispiel 8.3.18.2

Für $x = \begin{pmatrix} 1 \\ 2 \\ 3 \end{pmatrix}$ und $y = \begin{pmatrix} 0 \\ -1 \\ 1 \end{pmatrix}$ ist

$$x \cdot y = \begin{pmatrix} 1 \\ 2 \\ 3 \end{pmatrix} \cdot \begin{pmatrix} 0 \\ -1 \\ 1 \end{pmatrix} = 1 \cdot 0 + 2 \cdot (-1) + 3 \cdot 1 = 1.$$

Als Matrix-Matrix-Multiplikation ist

$$x^T \cdot y = (1 \ 2 \ 3) \begin{pmatrix} 0 \\ -1 \\ 1 \end{pmatrix} = (1).$$

Es ist aber

$$x \cdot y^T = \begin{pmatrix} 1 \\ 2 \\ 3 \end{pmatrix} \cdot (0 \ -1 \ 1) = \begin{array}{c} \\ 1 \\ 2 \\ 3 \end{array} \begin{array}{|ccc} 0 & -1 & 1 \\ \hline 0 & -1 & 1 \\ 0 & -2 & 2 \\ 0 & -3 & 3 \end{array} \in \mathbb{R}^{3 \times 3}.$$

2. Bei einer Matrix-Matrix-Multiplikation $A \cdot B$ kann man die Zeilen von A und die Spalten von B als Vektoren auffassen. Das Produkt $A \cdot B$ besteht dann aus den einzelnen Skalarprodukten:

$$\text{Zu } A = \begin{pmatrix} a_1{}^T \\ \vdots \\ a_m{}^T \end{pmatrix} \text{ und } B = \begin{pmatrix} b_1 & \cdots & b_l \end{pmatrix}$$

$$\text{ist } A \cdot B = \begin{pmatrix} a_1{}^T \\ \vdots \\ a_m{}^T \end{pmatrix} \cdot \begin{pmatrix} b_1 & \cdots & b_l \end{pmatrix} = \begin{pmatrix} a_1 \cdot b_1 & \cdots & a_1 \cdot b_l \\ \vdots & \ddots & \vdots \\ a_m \cdot b_1 & \cdots & a_m \cdot b_l \end{pmatrix}.$$

8.4 Quadratische Matrizen

828

Definition 8.4.1

Eine Matrix $A \in \mathbb{R}^{n \times n}$ heißt *quadratische Matrix*.

Gilt $A = A^T$, so heißt A *symmetrisch*.

Weiterhin heißt

$$D = \begin{pmatrix} d_{11} & 0 & \cdots & 0 \\ 0 & d_{22} & \ddots & \vdots \\ \vdots & \ddots & \ddots & 0 \\ 0 & \cdots & 0 & d_{nn} \end{pmatrix} \quad Diagonalmatrix,$$

$$E = I = \begin{pmatrix} 1 & 0 & \cdots & 0 \\ 0 & 1 & \ddots & \vdots \\ \vdots & \ddots & \ddots & 0 \\ 0 & \cdots & 0 & 1 \end{pmatrix} \quad Einheitsmatrix,$$

$$0 = \begin{pmatrix} 0 & \cdots & \cdots & 0 \\ \vdots & \ddots & & \vdots \\ \vdots & & \ddots & \vdots \\ 0 & \cdots & \cdots & 0 \end{pmatrix} \quad Nullmatrix.$$

Bemerkungen 8.4.2 zu Definition 8.4.1

1. Bei einer symmetrischen Matrix sind die Einträge symmetrisch zur Hauptdiagonalen.

   Beispiel 8.4.2.1

   Die Matrix $\begin{pmatrix} 1 & 2 & 3 \\ 2 & 0 & -1 \\ 3 & -1 & 5 \end{pmatrix}$ ist symmetrisch.

2. Die $(n \times n)$-Einheitsmatrix wird auch mit I_n, $I_{n \times n}$, E_n oder ähnlich bezeichnet. „I" steht für Identität.

3. Produkte mit Diagonalmatrizen sind einfach:

   Beispiel 8.4.2.2

   Mit der Diagonalmatrix $D = \begin{pmatrix} 1 & 0 & 0 \\ 0 & 0 & 0 \\ 0 & 0 & 5 \end{pmatrix}$ und $A = \begin{pmatrix} 3 & 1 & 0 \\ -1 & 4 & 1 \\ -1 & 1 & 0 \end{pmatrix}$ ist

   $$D \cdot A = \begin{pmatrix} 1 & 0 & 0 \\ 0 & 0 & 0 \\ 0 & 0 & 5 \end{pmatrix} \cdot \begin{pmatrix} 3 & 1 & 0 \\ -1 & 4 & 1 \\ -1 & 1 & 0 \end{pmatrix} = \begin{pmatrix} 3 & 1 & 0 \\ 0 & 0 & 0 \\ -5 & 5 & 0 \end{pmatrix},$$

   $$A \cdot D = \begin{pmatrix} 3 & 1 & 0 \\ -1 & 4 & 1 \\ -1 & 1 & 0 \end{pmatrix} \cdot \begin{pmatrix} 1 & 0 & 0 \\ 0 & 0 & 0 \\ 0 & 0 & 5 \end{pmatrix} = \begin{pmatrix} 3 & 0 & 0 \\ -1 & 0 & 5 \\ -1 & 0 & 0 \end{pmatrix}.$$

   Allgemein gilt: Ist $D = \begin{pmatrix} d_{11} & & 0 \\ & \ddots & \\ 0 & & d_{nn} \end{pmatrix}$ eine Diagonalmatrix, so ergibt sich $D \cdot A$ bzw. $A \cdot D$ aus der Matrix A durch Multiplikation der k-ten Zeile bzw. Spalte mit dem Diagonalelement d_{kk}.

   Für die Einheitsmatrix I gilt insbesondere $I \cdot A = A \cdot I = A$.

4. Wie in den reellen Zahlen gilt auch mit der Nullmatrix 0 bei Matrizen $0 \cdot A = 0$. Aber aus $A \cdot B = 0$ folgt nicht notwendigerweise $A = 0$ oder $B = 0$, z.B.

   $$\begin{pmatrix} 0 & 0 \\ 0 & 1 \end{pmatrix} \cdot \begin{pmatrix} 0 & 1 \\ 0 & 0 \end{pmatrix} = \begin{pmatrix} 0 & 0 \\ 0 & 0 \end{pmatrix}.$$

829

Definition 8.4.3 (inverse Matrix)

Eine Matrix $A \in \mathbb{R}^{n \times n}$ heißt *regulär* oder *invertierbar*

$$:\Leftrightarrow \text{ es gibt eine } inverse \text{ Matrix } A^{-1} \in \mathbb{R}^{n \times n} \text{ mit } A \cdot A^{-1} = I.$$

Ansonsten heißt A *singulär*.

830

Beispiel 8.4.4

Zur Untersuchung, ob die Matrix

$$A = \begin{pmatrix} 1 & 2 & 1 \\ 0 & -1 & 0 \\ 2 & 4 & 3 \end{pmatrix}$$

invertierbar ist, sucht man eine Matrix $X = (x_{ij})$ mit $A \cdot X = I$, also

$$\begin{pmatrix} 1 & 2 & 1 \\ 0 & -1 & 0 \\ 2 & 4 & 3 \end{pmatrix} \cdot \begin{pmatrix} x_{11} & x_{12} & x_{13} \\ x_{21} & x_{22} & x_{23} \\ x_{31} & x_{32} & x_{33} \end{pmatrix} = \begin{pmatrix} 1 & 0 & 0 \\ 0 & 1 & 0 \\ 0 & 0 & 1 \end{pmatrix}.$$

Dies entspricht drei Gleichungssystemen mit verschiedenen rechten Seiten:

$$A \cdot \begin{pmatrix} x_{11} \\ x_{21} \\ x_{31} \end{pmatrix} = \begin{pmatrix} 1 \\ 0 \\ 0 \end{pmatrix}, \quad A \cdot \begin{pmatrix} x_{12} \\ x_{22} \\ x_{32} \end{pmatrix} = \begin{pmatrix} 0 \\ 1 \\ 0 \end{pmatrix}, \quad A \cdot \begin{pmatrix} x_{13} \\ x_{23} \\ x_{33} \end{pmatrix} = \begin{pmatrix} 0 \\ 0 \\ 1 \end{pmatrix}$$

Die Gleichungssysteme kann man simultan lösen:

$$\begin{pmatrix} 1 & 2 & 1 & | & 1 & 0 & 0 \\ 0 & -1 & 0 & | & 0 & 1 & 0 \\ 2 & 4 & 3 & | & 0 & 0 & 1 \end{pmatrix} \quad \begin{matrix} \\ \cdot(-1) \\ -2 \cdot I \end{matrix}$$

$$\rightarrow \begin{pmatrix} 1 & 2 & 1 & | & 1 & 0 & 0 \\ 0 & 1 & 0 & | & 0 & -1 & 0 \\ 0 & 0 & 1 & | & -2 & 0 & 1 \end{pmatrix} \quad \begin{matrix} -2 \cdot II - III \\ \\ \end{matrix}$$

$$\rightarrow \begin{pmatrix} 1 & 0 & 0 & | & 3 & 2 & -1 \\ 0 & 1 & 0 & | & 0 & -1 & 0 \\ 0 & 0 & 1 & | & -2 & 0 & 1 \end{pmatrix}$$

Man kann nun rechts die einzelnen Lösungsvektoren bzw. direkt die gesamte inverse Matrix ablesen:

$$A^{-1} = \begin{pmatrix} 3 & 2 & -1 \\ 0 & -1 & 0 \\ -2 & 0 & 1 \end{pmatrix}.$$

Tatsächlich liefert ein Test:

$$A \cdot A^{-1} = \begin{pmatrix} 1 & 2 & 1 \\ 0 & -1 & 0 \\ 2 & 4 & 3 \end{pmatrix} \cdot \begin{pmatrix} 3 & 2 & -1 \\ 0 & -1 & 0 \\ -2 & 0 & 1 \end{pmatrix} = \begin{pmatrix} 1 & 0 & 0 \\ 0 & 1 & 0 \\ 0 & 0 & 1 \end{pmatrix}.$$

Bemerkung 8.4.5 (Gauß-Jordan-Verfahren)

Das Verfahren wie im Beispiel 8.4.4 kann man allgemein zur Berechnung einer Inversen zu $A \in \mathbb{R}^{n \times n}$ nutzen. Man nennt es auch *Gauß-Jordan-Verfahren*:

Man startet links mit der zu invertierenden Matrix A und rechts mit der Einheitsmatrix I und versucht dann, mit elementaren Zeilenoperationen links die Einheismatrix zu erzeugen. Gelingt das, steht rechts die inverse Matrix A^{-1}:

$$\begin{pmatrix} A & | & I \end{pmatrix} \xrightarrow[\text{Zeilenoperationen}]{\text{elementare}} \begin{pmatrix} I & | & A^{-1} \end{pmatrix}.$$

Man kann also sagen:

Die Matrix $A \in \mathbb{R}^{n \times n}$ ist invertierbar,

⇔ sie lässt sich durch elementare Zeilenoperationen auf die Einheitsmatrix bringen,

⇔ bei der Gauß-Elimination entsteht keine Null-Zeile,

⇔ A hat vollen Rang.

Satz 8.4.6

Für Matrizen $A, B \in \mathbb{R}^{n \times n}$ gilt:

1. Ist A invertierbar, so auch A^{-1} mit $(A^{-1})^{-1} = A$, also $A^{-1} \cdot A = I$.

2. Ist A invertierbar, so auch A^T mit $(A^T)^{-1} = (A^{-1})^T$.

3. Sind A und B invertierbar, so auch $A \cdot B$ mit $(A \cdot B)^{-1} = B^{-1} \cdot A^{-1}$.

Bemerkungen 8.4.7 zu Satz 8.4.6

1. Die Definition 8.4.3 der inversen Matrix verlangt $A \cdot A^{-1} = I$ (auch *Rechtsinverse* genannt). Die erste Aussage von Satz 8.4.6 sagt aus, dass eine Rechtsinverse auch eine Linksinverse ist, was – da die Matrix-Matrix-Multiplikation nicht kommutativ ist – nicht selbstverständlich ist.

Beispiel 8.4.7.1

Tatsächlich gilt mit $A = \begin{pmatrix} 1 & 2 & 1 \\ 0 & -1 & 0 \\ 2 & 4 & 3 \end{pmatrix}$ und $A^{-1} = \begin{pmatrix} 3 & 2 & -1 \\ 0 & -1 & 0 \\ -2 & 0 & 1 \end{pmatrix}$ (s. Beispiel 8.4.4) auch

$$A^{-1} \cdot A = \begin{pmatrix} 3 & 2 & -1 \\ 0 & -1 & 0 \\ -2 & 0 & 1 \end{pmatrix} \cdot \begin{pmatrix} 1 & 2 & 1 \\ 0 & -1 & 0 \\ 2 & 4 & 3 \end{pmatrix} = \begin{pmatrix} 1 & 0 & 0 \\ 0 & 1 & 0 \\ 0 & 0 & 1 \end{pmatrix}.$$

Dass A tatsächlich immer die Inverse zu A^{-1} ist, sieht man am Gauß-Jordan-Verfahren (s. Bemerkung 8.4.5), wenn man es von rechts nach links liest: Aus A^{-1} und der Einheitsmatrix entsteht durch die entsprechenden „inversen" elementaren Zeilenoperationen die Einheitsmatrix und A.

2. Dass A^T mit $(A^{-1})^T$ multipliziert tatsächlich die Einheitsmatrix ergibt, sieht man wie folgt:

$$A^T \cdot (A^{-1})^T \overset{\text{Satz 8.3.13}}{=} (A^{-1} \cdot A)^T \overset{\text{Satz 8.4.6, 1.}}{=} I^T = I.$$

3. Dass sich die Inverse zu $A \cdot B$ aus dem Produkt der einzelnen Inversen in umgekehrter Reihenfolge ergibt, sieht man leicht, wenn man testweise ausmultipliziert:

$$(A \cdot B) \cdot (B^{-1} \cdot A^{-1}) = A \cdot (B \cdot B^{-1}) \cdot A^{-1}$$
$$= A \cdot I \cdot A^{-1} = A \cdot A^{-1} = I.$$

Bemerkungen 8.4.8 (Lin. Gleichungssysteme mit invertierbaren Matrizen)

832

1. Ist die Matrix A bei einem linearen Gleichungssystem $Ax = b$ invertierbar, so erhält man durch Multiplikation mit A^{-1}

$$Ax = b \quad \Leftrightarrow \quad x = A^{-1} \cdot A \cdot x = A^{-1} \cdot b,$$

d.h., das Gleichungssystem $Ax = b$ ist bei einer invertierbaren Matrix A eindeutig lösbar mit Lösung $A^{-1} \cdot b$.

Beispiel 8.4.8.1

Gesucht ist die Lösung zu

$$\begin{array}{rcrcrcl} x_1 & + & 2x_2 & + & x_3 & = & 1 \\ & - & x_2 & & & = & 2 \\ 2x_1 & + & 4x_2 & + & 3x_3 & = & 1 \end{array}$$

also zu $Ax = b$ mit

$$A = \begin{pmatrix} 1 & 2 & 1 \\ 0 & -1 & 0 \\ 2 & 4 & 3 \end{pmatrix} \quad \text{und} \quad b = \begin{pmatrix} 1 \\ 2 \\ 1 \end{pmatrix}.$$

Nach Beispiel 8.4.4 ist $A^{-1} = \begin{pmatrix} 3 & 2 & -1 \\ 0 & -1 & 0 \\ -2 & 0 & 1 \end{pmatrix}$ und damit

$$x = A^{-1}b = \begin{pmatrix} 3 & 2 & -1 \\ 0 & -1 & 0 \\ -2 & 0 & 1 \end{pmatrix} \begin{pmatrix} 1 \\ 2 \\ 1 \end{pmatrix} = \begin{pmatrix} 6 \\ -2 \\ -1 \end{pmatrix}.$$

2. Ein lineares Gleichungssystem $Ax = b$ kann man so interpretieren, dass man versucht, den Vektor b als Linearkombination der Spalten von A darzustellen.

833

Beispiel 8.4.8.2

Das lineare Gleichungssystem

$$\begin{pmatrix} 1 & 2 & 1 \\ 0 & -1 & 0 \\ 2 & 4 & 3 \end{pmatrix} \cdot \begin{pmatrix} x_1 \\ x_2 \\ x_3 \end{pmatrix} = \begin{pmatrix} 1 \\ 2 \\ 1 \end{pmatrix}$$

ist gleichbedeutend mit der Suche nach einer Linearkombination

$$x_1 \cdot \begin{pmatrix} 1 \\ 0 \\ 2 \end{pmatrix} + x_2 \cdot \begin{pmatrix} 2 \\ -1 \\ 4 \end{pmatrix} + x_3 \cdot \begin{pmatrix} 1 \\ 0 \\ 3 \end{pmatrix} = \begin{pmatrix} 1 \\ 2 \\ 1 \end{pmatrix}.$$

Wenn die Matrix A invertierbar ist, so bedeutet dies, dass es für jedes b genau eine entsprechende Linearkombination gibt, was wiederum äquivalent dazu ist, dass die Spalten von A linear unabhängig sind, also eine Basis von $\mathbb{R}^n$ bilden.

Satz 8.4.9

Eine Matrix $A \in \mathbb{R}^{n \times n}$ ist invertierbar genau dann, wenn die Spalten von A als Vektoren aufgefasst linear unabhängig sind, also eine Basis des $\mathbb{R}^n$ bilden.

Bemerkung 8.4.10

Da eine Matrix A genau dann invertierbar ist, wenn A^T invertierbar ist, gilt Satz 8.4.9 entsprechend auch für die *Zeilen* von A:

Eine Matrix $A \in \mathbb{R}^{n \times n}$ ist invertierbar genau dann, wenn die Zeilen von A als Vektoren aufgefasst linear unabhängig sind, also eine Basis des $\mathbb{R}^n$ bilden.

8.5 Determinanten

834

Definition 8.5.1 (Determinante)

Durch die *Determinante* wird jeder quadratischen Matrix $A \in \mathbb{R}^{n \times n}$ eine Zahl $\det A \in \mathbb{R}$ zugeordnet, wobei gilt:

1. Hat A Dreiecksgestalt, d.h.

$$A = \begin{pmatrix} * & & 0 \\ \vdots & \ddots & \\ * & \cdots & * \end{pmatrix} \quad \text{oder} \quad A = \begin{pmatrix} * & \cdots & * \\ & \ddots & \vdots \\ 0 & & * \end{pmatrix},$$

so ist die Determinante das Produkt der Diagonalelemente.

2. Man kann Konstanten aus einer Zeile vor die Determinante ziehen.

3. Die Determinante ändert sich nicht bei Addition eines Vielfachen einer Zeile zu einer anderen Zeile.

4. Die Determinante wechselt das Vorzeichen bei Vertauschung zweier Zeilen.

Bemerkungen 8.5.2 zur Definition der Determinante

1. Durch Umformungen wie beim Gaußschen Eliminationsverfahren (s. Abschnitt 8.2) kann man also die Determinante berechnen.

   Beispiel 8.5.2.1

   Es gilt

   $$\det \begin{pmatrix} 2 & 6 & 2 \\ -1 & -3 & 0 \\ 0 & 3 & 3 \end{pmatrix} \quad \text{2 herausziehen}$$

   $$= 2 \cdot \det \begin{pmatrix} 1 & 3 & 1 \\ -1 & -3 & 0 \\ 0 & 3 & 3 \end{pmatrix} \quad +\mathrm{I} \quad = 2 \cdot \det \begin{pmatrix} 1 & 3 & 1 \\ 0 & 0 & 1 \\ 0 & 3 & 3 \end{pmatrix} \Big]$$

   $$= -2 \cdot \det \begin{pmatrix} 1 & 3 & 1 \\ 0 & 3 & 3 \\ 0 & 0 & 1 \end{pmatrix} \quad = -2 \cdot (1 \cdot 3 \cdot 1) \quad = \quad -6.$$

2. Bei $A = (a_{ij})$ wird auch $\det A = |A| = \begin{vmatrix} a_{11} & \cdots & a_{1n} \\ \vdots & & \vdots \\ a_{n1} & \cdots & a_{nn} \end{vmatrix}$ geschrieben.

   Allerdings kann die Determinante auch negativ sein; insbesondere bei einer (1×1)-Matrix besteht also Verwechselungsgefahr mit dem Betrag!

835

Satz 8.5.3 (Determinanten bei (2×2)- und (3×3)-Matrizen)

Für (2×2)- bzw. (3×3)-Matrizen gilt

1. $\det \begin{pmatrix} a_{11} & a_{12} \\ a_{21} & a_{22} \end{pmatrix} = a_{11} \cdot a_{22} - a_{21} \cdot a_{12}$,

2. $\det \begin{pmatrix} a_{11} & a_{12} & a_{13} \\ a_{21} & a_{22} & a_{23} \\ a_{31} & a_{32} & a_{33} \end{pmatrix} = \begin{matrix} a_{11} & a_{12} & a_{13} & a_{11} & a_{12} \\ a_{21} & a_{22} & a_{23} & a_{21} & a_{22} \\ a_{31} & a_{32} & a_{33} & a_{31} & a_{32} \end{matrix}$

$$= a_{11}a_{22}a_{33} + a_{12}a_{23}a_{31} + a_{13}a_{21}a_{32}$$
$$-a_{31}a_{22}a_{13} - a_{32}a_{23}a_{11} - a_{33}a_{21}a_{12}.$$

Bemerkung 8.5.4 zu Determinanten bei (2×2)- und (3×3)-Matrizen

Die zweite Formel aus Satz 8.5.3 (für eine (3×3)-Matrix) nennt man auch die *Regel von Sarrus*. Für beide Formeln gilt die Merkregel

Hauptdiagonale(n) − Nebendiagonale(n).

Allerdings ist die Interpretation dimensionsabhängig:

Bei einer (2×2)-Matrix bildet man nur das Produkt auf der *einen* Hauptdiagonalen $(a_{11} \cdot a_{22})$ abzüglich des Produkts auf der *einen* Nebendiagonalen $(a_{21} \cdot a_{12})$.

Bei einer (3×3)-Matrix nutzt man jeweils drei Haupt- und Nebendiagonalen.

Achtung: Für $(n \times n)$-Matrizen mit $n > 3$ gibt es keine so einfachen Formeln!

Beispiel 8.5.5

Zur Berechnung von $\det \begin{pmatrix} 2 & 6 & 2 \\ -1 & -3 & 0 \\ 0 & 3 & 3 \end{pmatrix}$ mit der Regel von Sarrus kann man sich die ersten beiden Spalten nochmal hinter die Matrix schreiben und wendet dann die Regel „Hauptdiagonalen minus Nebendiagonalen" an:

$$\det \begin{pmatrix} 2 & 6 & 2 \\ -1 & -3 & 0 \\ 0 & 3 & 3 \end{pmatrix} \begin{matrix} 2 & 6 \\ -1 & -3 \\ 0 & 3 \end{matrix}$$

$$= 2 \cdot (-3) \cdot 3 + 6 \cdot 0 \cdot 0 + 2 \cdot (-1) \cdot 3$$
$$- 0 \cdot (-3) \cdot 2 - 3 \cdot 0 \cdot 2 - 3 \cdot (-1) \cdot 6$$
$$= -18 - 6 + 18 = -6.$$

836

Satz 8.5.6 (Laplacescher Entwicklungssatz)

Bezeichnet A_{ij} die Matrix, die aus der Matrix $A \in \mathbb{R}^{n \times n}$, $A = (a_{ij})$, entsteht, indem man die i-te Zeile und j-te Spalte streicht, so gilt für jedes i und j zwischen 1 und n:

$$\det A = \sum_{k=1}^{n} (-1)^{i+k} \cdot a_{ik} \cdot \det(A_{ik}) = \sum_{l=1}^{n} (-1)^{l+j} \cdot a_{lj} \cdot \det(A_{lj}).$$

Bemerkungen 8.5.7 zum Laplaceschen Entwicklungssatz

1. Der Laplacesche Entwicklungssatz „entwickelt" die Determinante entlang der i-ten Zeile bzw. der j-ten Spalte als Summe über die Produkte aus dem Matrixelement mit der Determinante der an dieser Stelle gestrichenen Matrix und einem Vorzeichen entsprechend eines Schachbrett-artigen Vorzeichen-Schemas (s. Abb. 8.8).

$$\begin{pmatrix} + & - & + & \\ - & + & - & \cdots \\ + & - & + & \\ & \cdots & & \cdots \end{pmatrix}$$

Abb. 8.8 Vorzeichen-Schema.

Beispiel 8.5.7.1

Im Folgenden wird die angegebene Determinante nach der zweiten Zeile entwickelt. Dabei wird zunächst dargestellt, welche Zeile und Spalte jeweils bei den Streichmatrizen gestrichen werden. Die entsprechend gestrichenen Matrizen sind nochmal explizit genannt. Deren Determinante kann man beispielsweise mit Satz 8.5.3, 1., berechnen.

$$\begin{vmatrix} 2 & 6 & 2 \\ -1 & -3 & 0 \\ 0 & 3 & 3 \end{vmatrix}$$

$$= -(-1) \cdot \begin{vmatrix} 2 & 6 & 2 \\ -1 & -3 & 0 \\ 0 & 3 & 3 \end{vmatrix} + (-3) \cdot \begin{vmatrix} 2 & 6 & 2 \\ -1 & -3 & 0 \\ 0 & 3 & 3 \end{vmatrix} - 0 \cdot \begin{vmatrix} 2 & 6 & 2 \\ -1 & -3 & 0 \\ 0 & 3 & 3 \end{vmatrix}$$

$$= -(-1) \cdot \begin{vmatrix} 6 & 2 \\ 3 & 3 \end{vmatrix} + (-3) \cdot \begin{vmatrix} 2 & 2 \\ 0 & 3 \end{vmatrix} - 0 \cdot \begin{vmatrix} 2 & 6 \\ 0 & 3 \end{vmatrix}$$

$$= +1 \cdot 12 \qquad\qquad -3 \cdot 6 \qquad\qquad -0 \cdot 6$$

$$= -6.$$

2. Bei einer konkreten Determinantenberechnung mit dem Laplaceschen Entwicklungssatz bietet sich die Entwicklung nach einer Zeile oder Spalte an, die möglichst viele Nullen enthält, da man dann die entsprechenden Streich-Determinanten gar nicht zu berechnen braucht.

3. Man kann die Verfahren auch mischen und beispielsweise zunächst mittels Modifikationen entsprechend Definition 8.5.1 Zeilen oder Spalten mit mehr Nullen erzeugen und dann erst den Laplaceschen Entwicklungssatz anwenden.

4. Eine rekursive Implementierung einer Determinantenberechnung mit dem Laplaceschen Entwicklungssatz ist bzgl. der Laufzeit ungünstig, da der Berechnungsaufwand fakultäts-mäßig wächst: Zur Berechnung einer $n \times n$-Determinante sind n Determinanten der Dimension $(n-1) \times (n-1)$ zu berechnen.

Bemerkungen 8.5.8 (Interpretation der Determinante)

837

1. Determinanten entsprechen Flächen- bzw. Rauminhalten in Bezug zu den Vektoren, die die Matrix als Spalten besitzt:

$$\left| \det \begin{pmatrix} a_1 & b_1 \\ a_2 & b_2 \end{pmatrix} \right| = \begin{array}{l} \text{Fläche des von } \vec{a} = \begin{pmatrix} a_1 \\ a_2 \end{pmatrix} \text{ und } \vec{b} = \begin{pmatrix} b_1 \\ b_2 \end{pmatrix} \\ \text{aufgespannten Parallelogramms.} \end{array}$$

$$\left| \det \begin{pmatrix} a_1 & b_1 & c_1 \\ a_2 & b_2 & c_2 \\ a_3 & b_3 & c_3 \end{pmatrix} \right| = \begin{array}{l} \text{Volumen des von } \vec{a} = \begin{pmatrix} a_1 \\ a_2 \\ a_3 \end{pmatrix}, \vec{b} = \begin{pmatrix} b_1 \\ b_2 \\ b_3 \end{pmatrix} \\ \text{und } \vec{c} = \begin{pmatrix} c_1 \\ c_2 \\ c_3 \end{pmatrix} \text{ aufgespannten } \textit{Spats.} \end{array}$$

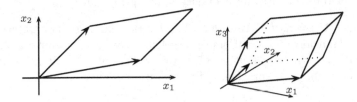

Abb. 8.9 Parallelogramm im $\mathbb{R}^2$ und Spat im $\mathbb{R}^3$

Das Vorzeichen der Determinante kennzeichnet, ob (im Zweidimensionalen) das Parallelogramm von $\vec{a}$ und $\vec{b}$ im mathematisch positiven Sinn (gegen den Uhrzeiger) aufgespannt wird, bzw. ob (im Dreidimensionalen) die Vektoren $\vec{a}$, $\vec{b}$ und $\vec{c}$ ein Rechtssystem bilden; in diesen Fällen ist die Determinante positiv, ansonsten negativ.

2. Im Dreidimensionalen entspricht die Determinante einer Matrix A, die aus den Spaltenvektoren $\vec{a}, \vec{b}, \vec{c} \in \mathbb{R}^3$ besteht, also $A = (\vec{a}\,\vec{b}\,\vec{c})$, dem sogenannten *Spatprodukt*, das sich aus Kreuz- und Skalarprodukt zusammensetzt:

$$\det(\vec{a}\,\vec{b}\,\vec{c}) = (\vec{a} \times \vec{b}) \cdot \vec{c} = \vec{a} \cdot (\vec{b} \times \vec{c}).$$

838

Satz 8.5.9 (Eigenschaften der Determinante)

Für Matrizen $A, B \in \mathbb{R}^{n \times n}$ und $\lambda \in \mathbb{R}$ gilt:

1. A ist invertierbar $\Leftrightarrow$ $\det A \neq 0$. Dann ist $\det\left(A^{-1}\right) = \frac{1}{\det A}$.

2. $\det(\lambda \cdot A) = \lambda^n \cdot \det(A)$.

3. $\det(A^T) = \det(A)$.

4. $\det(A \cdot B) = \det A \cdot \det B$ (Determinanten-Multiplikationssatz).

Bemerkungen 8.5.10 zu den Eigenschaften der Determinante

1. Mit dem Determinanten-Multiplikationssatz (vierte Aussage des Satzes) erhält man leicht die erste Aussage, denn da die Determinante der Einheitmatrix I gleich 1 ist, gilt

$$1 = \det(I) = \det(A \cdot A^{-1}) \overset{\substack{\text{Det.-Mult.-} \\ =}}{\underset{\text{Satz}}{}} \det A \cdot \det A^{-1},$$

und damit $\det A^{-1} = \frac{1}{\det A}$.

2. Die zweite Aussage von Satz 8.5.9 ist klar, da man bei der Berechnung von $\det(\lambda \cdot A)$ entsprechend der Defintion 8.5.1, 2., aus jeder einzelnen Zeile einen Faktor λ herausziehen kann, also insgesamt also n-mal.

3. Wegen $\det(A^T) = \det(A)$ kann man bei der Berechnung einer Determinante durch Transformation auf eine Dreiecksmatrix bzw. bei entsprechenden Modifikationen wie in Definition 8.5.1 statt Zeilen- auch Spaltenoperationen nutzen, denn diese entsprechen Zeilenoperationen zu A^T.

Bemerkung 8.5.11 (Determinanten und lineare (Un-)Abhängigkeit)

Mit Hilfe der Determinante kann man entscheiden, ob n Vektoren im $\mathbb{R}^n$ linear (un-)abhängig sind: Mit Satz 8.4.9 und Satz 8.5.9, 1., gilt:

n Vektoren im $\mathbb{R}^n$ sind linear unabhängig,

$\Leftrightarrow$　die Matrix A, die diese Vektoren als Spalten besitzt, ist invertierbar,

$\Leftrightarrow$　$\det(A) \neq 0$.

Im Zwei- bzw. Dreidimensionalen ist das auch anschaulich:

Bei linearer Abhängigkeit sind die Vektoren Vielfache voneinander bzw. liegen in einer Ebene. Dann ist das aufgespannte Parallelogramm bzw. der aufgespannte Spat degeneriert zu einer Linie bzw. Fläche mit Inhalt 0, was entsprechend Bemerkung 8.5.8, 1., der Determinante entspricht.

Die Determinante kann man auch bei der Lösung von linearen Gleichungssystemen nutzen. Bei (2×2)-Systemen kann man die inverse Matrix direkt angeben:

Satz 8.5.12

839

Sei $A = \begin{pmatrix} a_{11} & a_{12} \\ a_{21} & a_{22} \end{pmatrix}$. Ist $\det A \neq 0$, so ist A invertierbar und es ist

$$A^{-1} = \frac{1}{\det A} \cdot \begin{pmatrix} a_{22} & -a_{12} \\ -a_{21} & a_{11} \end{pmatrix}.$$

Beispiel 8.5.13

Es ist

$$\begin{pmatrix} 1 & 2 \\ 3 & 4 \end{pmatrix}^{-1} = \frac{1}{1 \cdot 4 - 2 \cdot 3} \cdot \begin{pmatrix} 4 & -2 \\ -3 & 1 \end{pmatrix} = \begin{pmatrix} -2 & 1 \\ 1.5 & -0.5 \end{pmatrix}.$$

Interessiert man sich bei größeren Systemen nur für einzelne Lösungskomponenten, so kann man folgenden Satz nutzen:

Satz 8.5.14 (Cramersche Regel)

840

Die Matrix $A \in \mathbb{R}^{n \times n}$ sei invertierbar.

Die k-te Komponente x_k der Lösung des Gleichungssystems $A \cdot x = b$ erhält man durch $x_k = \frac{\det A_k}{\det A}$, wobei A_k aus A entsteht, indem die k-te Spalte durch b ersetzt wird.

Beispiel 8.5.15

Gesucht sind die erste und zweite Komponente der Lösung des Gleichungssystems $Ax = b$ mit

$$A = \begin{pmatrix} 1 & 0 & -3 \\ 3 & 1 & 0 \\ 4 & 2 & 4 \end{pmatrix} \quad \text{und} \quad b = \begin{pmatrix} 2 \\ 1 \\ 0 \end{pmatrix}.$$

Es ist $\det A = -2$ und man erhält

$$x_1 = \frac{\begin{vmatrix} \mathbf{2} & 0 & -3 \\ \mathbf{1} & 1 & 0 \\ \mathbf{0} & 2 & 4 \end{vmatrix}}{\det A} = \frac{2}{-2} = -1, \qquad x_2 = \frac{\begin{vmatrix} 1 & \mathbf{2} & -3 \\ 3 & \mathbf{1} & 0 \\ 4 & \mathbf{0} & 4 \end{vmatrix}}{\det A} = \frac{-8}{-2} = 4.$$

(Tatsächlich ist $\begin{pmatrix} -1 \\ 4 \\ -1 \end{pmatrix}$ die Lösung des Gleichungssystems.)

8.6 Eigenwerte und -vektoren

Definition 8.6.1 (Eigenwert und Eigenvektor)

Sei $A \in \mathbb{R}^{n \times n}$. Gilt für einen Vektor $x_0 \in \mathbb{R}^n$, $x_0 \neq 0$, und $\lambda_0 \in \mathbb{R}$

$$Ax_0 = \lambda_0 \cdot x_0,$$

so heißt λ_0 *Eigenwert* von A mit *Eigenvektor* x_0.

841

Bemerkungen 8.6.2 zur Definition von Eigenwerten und -vektoren

1. Die Definition 8.6.1 fordert $x_0 \neq \vec{0}$, da für $x_0 = \vec{0}$ und jedes λ gilt

$$Ax_0 = A \cdot \vec{0} = \vec{0} = \lambda \cdot \vec{0} = \lambda x_0,$$

dies also ohne Informationsgehalt ist.

2. Mit dem Trick, dass man den Vektor x_0 als Produkt $I \cdot x_0$ mit der Einheitsmatrix I darstellt, kann man die definierende Gleichung umformen:

$$
\begin{aligned}
Ax_0 &= \lambda_0 x_0 = \lambda_0 I x_0 \\
\Leftrightarrow \quad Ax_0 - \lambda_0 I x_0 &= 0 \\
\Leftrightarrow \quad (A - \lambda_0 I)x_0 &= 0.
\end{aligned}
$$

Der Wert λ_0 ist also genau dann Eigenwert von A, wenn das homogene Gleichungssystem $(A - \lambda_0 I)x = 0$ eine *nichttriviale* Lösung $x_0 \neq 0$ besitzt.

Dies ist gleichbedeutend damit, dass die Matrix $A - \lambda_0 I$ singulär ist, also $\det(A - \lambda_0 I) = 0$ ist:

Satz 8.6.3

Die Matrix A besitzt den Eigenwert $\lambda \in \mathbb{R} \Leftrightarrow \det(A - \lambda I) = 0$.

Bemerkung 8.6.4 (charakteristisches Polynom)

Zu einer quadratischen Matrix A nennt man $p(\lambda) = \det(A - \lambda I)$ das *charakteristische Polynom*.

Eigenwerte einer Matrix sind also genau die Nullstellen des charakteristischen Polynoms.

Beispiel 8.6.5

Ziel ist die Berechnung der Eigenwerte von $A = \begin{pmatrix} -1 & 4 \\ 4 & 5 \end{pmatrix}$.

842

Das charakteristische Polynom zu A ist

$$\det(A - \lambda I) = \det\left(\begin{pmatrix} -1 & 4 \\ 4 & 5 \end{pmatrix} - \lambda \begin{pmatrix} 1 & 0 \\ 0 & 1 \end{pmatrix}\right)$$

$$= \det\begin{pmatrix} -1-\lambda & 4 \\ 4 & 5-\lambda \end{pmatrix}$$

$$= (-1-\lambda) \cdot (5-\lambda) - 4 \cdot 4$$

$$= \lambda^2 - (5-1)\lambda - 5 - 16$$

$$= \lambda^2 - 4\lambda - 21.$$

Damit gilt

$$\det(A - \lambda I) = 0 \quad \Leftrightarrow \quad \lambda^2 - 4\lambda - 21 = 0$$

$$\Leftrightarrow \quad \lambda = -3 \quad \text{oder} \quad \lambda = 7.$$

Also sind -3 und 7 Eigenwerte zu A.

Man kann nun entsprechende Eigenvektoren x finden als nichttriviale Lösungen von $(A - \lambda I)x = 0$:

- Zu $\lambda = -3$ ist

$$A - \lambda I = \begin{pmatrix} -1 & 4 \\ 4 & 5 \end{pmatrix} + 3\begin{pmatrix} 1 & 0 \\ 0 & 1 \end{pmatrix} = \begin{pmatrix} 2 & 4 \\ 4 & 8 \end{pmatrix}.$$

Eine Lösung zu $\begin{pmatrix} 2 & 4 \\ 4 & 8 \end{pmatrix} \cdot x = 0$ ist offensichtlich $x = \begin{pmatrix} -2 \\ 1 \end{pmatrix}$.

- Zu $\lambda = 7$ ist

$$A - \lambda I = \begin{pmatrix} -1 & 4 \\ 4 & 5 \end{pmatrix} - 7\begin{pmatrix} 1 & 0 \\ 0 & 1 \end{pmatrix} = \begin{pmatrix} -8 & 4 \\ 4 & -2 \end{pmatrix}.$$

Eine Lösung zu $\begin{pmatrix} -8 & 4 \\ 4 & -2 \end{pmatrix} \cdot x = 0$ ist offensichtlich $x = \begin{pmatrix} 1 \\ 2 \end{pmatrix}$.

Tatsächlich ist

$$A \cdot \begin{pmatrix} -2 \\ 1 \end{pmatrix} = \begin{pmatrix} -1 & 4 \\ 4 & 5 \end{pmatrix} \cdot \begin{pmatrix} -2 \\ 1 \end{pmatrix} = \begin{pmatrix} 6 \\ -3 \end{pmatrix} = -3 \cdot \begin{pmatrix} -2 \\ 1 \end{pmatrix}$$

und

$$A \cdot \begin{pmatrix} 1 \\ 2 \end{pmatrix} = \begin{pmatrix} -1 & 4 \\ 4 & 5 \end{pmatrix} \cdot \begin{pmatrix} 1 \\ 2 \end{pmatrix} = \begin{pmatrix} 7 \\ 14 \end{pmatrix} = 7 \cdot \begin{pmatrix} 1 \\ 2 \end{pmatrix}.$$

Bemerkungen 8.6.6

1. Ist x_0 Eigenvektor zum Eigenwert λ_0, so ist auch jeder Vektor $\alpha \cdot x_0$ mit $\alpha \neq 0$ Eigenvektor zum Eigenwert λ_0, denn

$$A(\alpha \cdot x_0) \;=\; \alpha \cdot A x_0 \;=\; \alpha \cdot \lambda_0 x_0 \;=\; \lambda_0 (\alpha \cdot x_0).$$

Beispiel 8.6.6.1 (Fortsetzung von Beispiel 8.6.5)

Auch $x_1 = 2 \cdot \left(\begin{smallmatrix} -2 \\ 1 \end{smallmatrix} \right) = \left(\begin{smallmatrix} -4 \\ 2 \end{smallmatrix} \right)$ ist Eigenvektor zum Eigenwert -3 zur Matrix $A = \left(\begin{smallmatrix} -1 & 4 \\ 4 & 5 \end{smallmatrix} \right)$:

$$A x_1 \;=\; \begin{pmatrix} -1 & 4 \\ 4 & 5 \end{pmatrix} \cdot \begin{pmatrix} -4 \\ 2 \end{pmatrix} \;=\; \begin{pmatrix} 12 \\ -6 \end{pmatrix} \;=\; -3 \cdot \begin{pmatrix} -4 \\ 2 \end{pmatrix}.$$

843

2. Eine Matrix muss (im Reellen) nicht unbedingt Eigenwerte bzw. Eigenvektoren besitzen. Beispielsweise besitzt $A = \left(\begin{smallmatrix} 0 & 1 \\ -1 & 0 \end{smallmatrix} \right)$ das charakteristische Polynom

$$\det\left(\begin{pmatrix} 0 & 1 \\ -1 & 0 \end{pmatrix} - \begin{pmatrix} \lambda & 0 \\ 0 & \lambda \end{pmatrix} \right) \;=\; \det \begin{pmatrix} \lambda & 1 \\ -1 & \lambda \end{pmatrix} \;=\; \lambda^2 + 1,$$

das keine Nullstellen im Reellen besitzt.

Bei symmetrischen Matrizen gibt es allerdings immer Eigenwerte. Mehr noch:

Satz 8.6.7 (Eigenwerte und -vektoren bei symmetrischen Matrizen)

Ist $A \in \mathbb{R}^{n \times n}$ eine symmetrische Matrix, so gilt:

1. Alle Eigenwerte von A sind reell.

2. Eigenvektoren zu verschiedenen Eigenwerten von A stehen senkrecht aufeinander.

3. Es gibt eine Basis des $\mathbb{R}^n$ aus n zueinander orthogonalen Eigenvektoren von A.

Beispiel 8.6.8 (Fortsetzung von Beispiel 8.6.5)

Die Matrix $A = \left(\begin{smallmatrix} -1 & 4 \\ 4 & 5 \end{smallmatrix} \right)$ ist symmetrisch.

Die in Beispiel 8.6.5 berechneten Eigenvektoren $\left(\begin{smallmatrix} -2 \\ 1 \end{smallmatrix} \right)$ und $\left(\begin{smallmatrix} 1 \\ 2 \end{smallmatrix} \right)$ zu den Eigenwerten -3 bzw. 7 stehen tatsächlich senkrecht aufeinander. Zusammen bilden sie eine Basis des $\mathbb{R}^2$.

8.7 Quadratische Formen

Definition 8.7.1 (quadratische Form)

Zu einer symmetrischen Matrix $A \in \mathbb{R}^{n \times n}$ heißt die Abbildung

$$f : \mathbb{R}^n \to \mathbb{R}, \; f(x) = x^T \cdot A \cdot x$$

quadratische Form.

844

Beispiel 8.7.2

Zur Matrix $A = \begin{pmatrix} 3 & 1 & 0 \\ 1 & 1 & 2 \\ 0 & 2 & 7 \end{pmatrix}$ erhält man die quadratische Form

$$
\begin{aligned}
f(x_1, x_2, x_3) &= \begin{pmatrix} x_1 & x_2 & x_3 \end{pmatrix} \cdot \begin{pmatrix} 3 & 1 & 0 \\ 1 & 1 & 2 \\ 0 & 2 & 7 \end{pmatrix} \cdot \begin{pmatrix} x_1 \\ x_2 \\ x_3 \end{pmatrix} \\
&= \begin{pmatrix} x_1 & x_2 & x_3 \end{pmatrix} \cdot \begin{pmatrix} 3x_1 + x_2 \\ x_1 + x_2 + 2x_3 \\ 2x_2 + 7x_3 \end{pmatrix} \\
&= x_1 \cdot (3x_1 + x_2) + x_2 \cdot (x_1 + x_2 + 2x_3) + x_3 \cdot (2x_2 + 7x_3) \\
&= 3x_1{}^2 + 2x_1 x_2 + x_2{}^2 + 4x_2 x_3 + 7x_3{}^2.
\end{aligned}
$$

Bemerkung 8.7.3

Eine quadratische Form ist die mehrdimensionale Verallgemeinerung einer eindimensionalen quadratischen Funktion $f : \mathbb{R} \to \mathbb{R}$, $f(x) = a \cdot x^2$.

Definition 8.7.4 (positiv/negativ definit und indefinit)

Sei $A \in \mathbb{R}^{n \times n}$ eine symmetrische Matrix.

1. A heißt $\begin{array}{l} \textit{positiv definit} \\ \textit{negativ definit} \end{array}$ $:\Leftrightarrow$ für alle $x \in \mathbb{R}^n$, $x \neq 0$, gilt $\begin{array}{l} x^T A x > 0 \\ x^T A x < 0 \end{array}$.

2. A heißt *indefinit* $:\Leftrightarrow$ es gibt $x_1, x_2 \in \mathbb{R}^n$ mit $x_1^T A x_1 > 0$ und $x_2^T A x_2 < 0$.

845

Beispiel 8.7.5

Die Matrix $A = \begin{pmatrix} 2 & 0 \\ 0 & -2 \end{pmatrix}$ ist indefinit, da beispielsweise gilt:

$$(1 \; 0) \cdot A \cdot \begin{pmatrix} 1 \\ 0 \end{pmatrix} = 2 > 0 \quad \text{und} \quad (0 \; 1) \cdot A \cdot \begin{pmatrix} 0 \\ 1 \end{pmatrix} = -2 < 0.$$

Bemerkungen 8.7.6 zur Definition der Definitheit

1. Im Eindimensionalen entscheidet das Vorzeichen von $a \in \mathbb{R}$, ob die Funktionswerte $f(x) = a \cdot x^2$ für $x \neq 0$ positiv oder negativ sind. In dieser Hinsicht entspricht die positive bzw. negative Definitheit einer Matrix dem Vorzeichen einer Zahl, wobei es mit der Indefinitheit eine neue Möglichkeit gibt, die im Eindimensionalen kein Pendant hat.

2. Gilt für $x \neq 0$ nur $x^T A x \geq 0$ (statt des strikten „$>$"), so spricht man von einer positiv *semidefiniten* Matrix, entsprechend von negativ semidefinit.

846

Aus den Eigenwerten einer symmetrischen Matrix A kann man direkt auf die Definitheit schließen:

Satz 8.7.7 (Definitheit von Matrizen und Eigenwerte)

Für eine symmetrische Matrix A gilt:

$$\text{Alle Eigenwerte von } A \text{ sind } \begin{array}{c} \text{positiv} \\ \text{negativ} \end{array} \quad \Leftrightarrow \quad A \text{ ist } \begin{array}{c} \text{positiv definit} \\ \text{negativ definit} \end{array}.$$

Ist auch 0 ein Eigenwert, so gilt nur semi-Definitheit.

Bemerkung 8.7.8 (Beweis von Satz 8.7.7)

Satz 8.7.7 kann man sich klarmachen, wenn man entsprechend Satz 8.6.7 eine Basis $\{v_1, \ldots, v_n\}$ aus zueinander orthogonalen Eigenvektoren von A betrachtet: Sind λ_i die entsprechenden Eigenwerte, also $A v_1 = \lambda_i v_i$, so gilt für ein beliebiges $x \in \mathbb{R}^n$, geschrieben als Linearkombination der Basisvektoren, also $x = \alpha_1 v_1 + \ldots + \alpha_n v_n$:

$$
\begin{aligned}
x^T A x &= x^T A (\alpha_1 v_1 + \ldots + \alpha_n v_n) \\
&= x^T (\alpha_1 A v_1 + \ldots + \alpha_n A v_n) \\
&= (\alpha_1 v_1 + \ldots + \alpha_n v_n)^T (\alpha_1 \lambda_1 v_1 + \ldots + \alpha_n \lambda_n v_n).
\end{aligned}
$$

Wenn man hier nun jeden Summanden mit jedem multipliziert, ergeben sich zum einen Produkte $v_i^T v_i = ||v_i||^2$ und zum anderen $v_i^T v_j = 0$ für $i \neq j$, da die Vektoren v_k orthogonal zueinander sind. Damit erhält man

$$x^T A x = \alpha_1^2 \lambda_1 ||v_1||^2 + \ldots + \alpha_n^2 \lambda_n ||v_1||^n.$$

An dieser Darstellung sieht man, dass $x^T A x$ positiv bzw. negativ ist, wenn alle λ_i größer bzw. kleiner Null sind und (mindestens) ein $\alpha_i \neq 0$, also $x \neq 0$ ist. Bei unterschiedlichen Vorzeichen oder Eigenwerten gleich 0 kann man bei der quadratischen Form unterschiedliche Vorzeichen oder 0 zu einem $x \neq 0$ erhalten.

Der folgende Satz 8.7.9 nutzt die sogenannten *Hauptunterdeterminanten* (auch *Hauptabschnittsdeterminanten* oder *Hauptminoren* genannt) zur Untersuchung der Definitheit einer Matrix; das sind die Determinanten von quadratischen Teilmatrizen ausgehend vom linken oberen Element (s. Beispiel 8.7.10):

847

Satz 8.7.9 (Definitheit von Matrizen und Determinanten)

1. Für eine symmetrische Matrix $A \in \mathbb{R}^{n \times n}$ gilt:

   a) A ist positiv definit $\Leftrightarrow$ sämtliche Hauptunter-determinanten sind positiv.

   b) A ist negativ definit $\Leftrightarrow$ die Hauptunterdeterminanten sind abwechselnd negativ und positiv.

2. Für eine Matrix $A = \left(\begin{smallmatrix} a & b \\ b & d \end{smallmatrix} \right) \in \mathbb{R}^{2 \times 2}$ gilt:

$$A \text{ ist } \begin{array}{c} \text{positiv} \\ \text{negativ} \end{array} \text{ definit} \quad \Leftrightarrow \quad a \begin{array}{c} > \\ < \end{array} 0 \text{ und } \det(A) > 0.$$

Beispiele 8.7.10

1. Die Matrix $A = \left(\begin{smallmatrix} 3 & 1 & 0 \\ 1 & 1 & 2 \\ 0 & 2 & 7 \end{smallmatrix} \right)$ ist positiv definit wegen

$$\det(3) = 3 > 0, \quad \det \begin{pmatrix} 3 & 1 \\ 1 & 1 \end{pmatrix} = 2 > 0, \quad \text{und} \quad \det(A) = 2 > 0.$$

2. Die Matrix $A = \left(\begin{smallmatrix} 1 & -1 \\ -1 & 2 \end{smallmatrix} \right)$ ist wegen $\det(1) = 1 > 0$ und $\det(A) = 1 > 0$ positiv definit.

   Die Matrix $B = -A = \left(\begin{smallmatrix} -1 & 1 \\ 1 & -2 \end{smallmatrix} \right)$ ist wegen $\det(-1) = -1 < 0$ und $\det(B) = 1 > 0$ negativ definit, was man auch direkt aus der positiven Definitheit von A folgern kann.

Bemerkungen 8.7.11 zu Satz 8.7.9

1. Ist B negativ definit, so ist klar, dass $A = -B$ positiv definit ist.

   Da bei einer $(m \times m)$-Matrix M nach Satz 8.5.9 gilt

   $$\det(-M) = \det((-1) \cdot M) = (-1)^m \cdot \det(M),$$

   folgt die Aussage 1b) aus 1a).

2. Die zweite Aussage folgt aus der ersten, da die Hauptunterdeterminanten zu $A = \left(\begin{smallmatrix} a & b \\ b & d \end{smallmatrix} \right)$ zum einen a und zum anderen $\det(A)$ sind.

9 Funktionen mit mehreren Veränderlichen

Aufbauend auf eindimensionalen Funktionen $f : \mathbb{R} \to \mathbb{R}$ werden in diesem und den folgenden Kapiteln Funktionen $f : \mathbb{R}^n \to \mathbb{R}^m$ betrachtet, z.B.

$$f : \mathbb{R}^3 \to \mathbb{R}^2, \ f(x,y,z) \ = \ (x^2 \cdot \sin(y \cdot z), x + y).$$

Besonderer Fokus liegt dabei auf Funktionen in der Ebene und im Raum, die neben der kartesischen Darstellung auch in anderen Koordinatensystemen (Polar-, Kugel- und Zylinerkoordinaten) dargestellt werden können.

9.1 Einführung

Bemerkungen 9.1.1 (Darstellung von mehrdimensionalen Funktionen)

900

1. Für die Darstellung einer Funktion $f : \mathbb{R} \to \mathbb{R}$ braucht man eine x- und eine $f(x)$-Achse, also zwei Dimensionen. Zur Darstellung einer Funktion $f : \mathbb{R}^n \to \mathbb{R}^m$ braucht man entsprechend $n + m$ Dimensionen, was bei $n + m > 3$ das menschliche Vorstellungsvermögen übersteigt.

2. Eine Funktion $f : \mathbb{R}^2 \to \mathbb{R}$ kann man sich im Raum vorstellen, indem man das Definitionsgebiet $\mathbb{R}^2$ als Ebene zugrunde legt und die Funktionswerte nach oben abträgt. Das dadurch entstehende „Funktionsgebirge" kann man visualisieren. Abb. 9.1 zeigt links beispielsweise das Funktionsgebirge zu

$$f : \mathbb{R}^2 \to \mathbb{R}, \ f(x,y) \ = \ \sin(x \cdot y).$$

Eine alternative Darstellungsart zu Funktionen $f : \mathbb{R}^2 \to \mathbb{R}$ ist (wie auf Wanderkarten) die Darstellung dieses Funktionsgebirges mit Hilfe von Höhenlinien, s. Abb. 9.1 rechts.

© Springer-Verlag GmbH Deutschland, ein Teil von Springer Nature 2020
G. Hoever, *Höhere Mathematik kompakt*,
https://doi.org/10.1007/978-3-662-62080-9_9

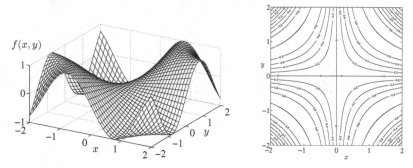

Abb. 9.1 Dreidimensionale Darstellung und Darstellung durch Höhenlinien.

3. In der Praxis kommen häufig Funktionen vor, die jedem Raumpunkt einen Wert zuweisen, also Funktionen $f : \mathbb{R}^3 \to \mathbb{R}$ (*Skalarfelder*), und solche, die jedem Raumpunkt einen dreidimensionalen Vektor zuordnen, also Funktionen $f : \mathbb{R}^3 \to \mathbb{R}^3$ (*Vektorfelder*).

Bei Skalarfeldern kann man sich vorstellen, dass der gesamte Raum mit Werten gefüllt ist, z.B. bei Temperaturfeldern, dass jeder Raumpunkt eine bestimmte Temperatur besitzt.

Bei Vektorfeldern ist in jedem Raumpunkt ein Vektor „angeheftet".

901

Definition 9.1.2 (partielle Funktion)

Aus einer Funktion $f : \mathbb{R}^n \to \mathbb{R}$ entstehen *partielle Funktionen*, indem man alle Variablen bis auf eine fixiert.

Beispiel 9.1.3

Sei $f(x, y) = \sin(x \cdot y)$. Die partiellen Funktionen bei fixierter Variable $y = y_0$ sind Sinusfunktionen, z.B. bei

$$
\begin{aligned}
y_0 = 1 : & \quad f(x, 1) &=& \quad \sin(x) \\
y_0 = 2 : & \quad f(x, 2) &=& \quad \sin(2x) \\
y_0 = 0 : & \quad f(x, 0) &=& \quad \sin(0x) &=& \quad 0.
\end{aligned}
$$

902

Bemerkung 9.1.4 zu partiellen Funktionen

Bei Funktionen $f : \mathbb{R}^2 \to \mathbb{R}$ können die partiellen Funktionen als Schnitte durch das Funktionsgebirge aufgefasst werden. Oft besteht eine Visualisierung gerade aus der Darstellung der partiellen Funktionen (s. Abb. 9.1 links).

Mit Hilfe der partiellen Funktionen kann man sich ggf. eine Vorstellung von der Funktion machen.

9.2 Koordinatensysteme

Die übliche Darstellung einer Funktion bzgl. eines Koordinatensystems mit zueinander orthogonalen Achsen nennt man auch *kartesische* Darstellung oder Darstellung in *kartesischen Koordinaten*.

903

Bei manchen Funktionen, insbesondere bei rotationssymmetrischen Funktionen, bieten sich andere Koordinatensysteme an.

Definition 9.2.1 (Polarkoordinaten)

In *Polarkoordinaten* wird ein Punkt $(x, y) \in \mathbb{R}^2$ statt mit x und y durch seinen Abstand r zum Nullpunkt und den Winkel φ zur positiven x-Achse beschrieben:

$$\begin{pmatrix} x \\ y \end{pmatrix} = \begin{pmatrix} r \cdot \cos \varphi \\ r \cdot \sin \varphi \end{pmatrix}.$$

Abb. 9.2 Polarkoordinaten.

Bemerkung 9.2.2 zur Bezeichnungsweise

Statt des Buchstabens r verwendet man oft auch den Variablennamen ϱ.

Beispiel 9.2.3

Sei

$$f(x, y) = x^2 + y^2.$$

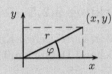

Die partiellen Funktionen, also Schnitte in x- oder in y-Richtung, sind Parabeln, s. Abb. 9.3.

Der Abstand eines Punktes $(x, y) \in \mathbb{R}^2$ zum Ursprung ist $r = \sqrt{x^2 + y^2}$, und daher ist

$$f(x, y) = \sqrt{x^2 + y^2}^2 = r^2.$$

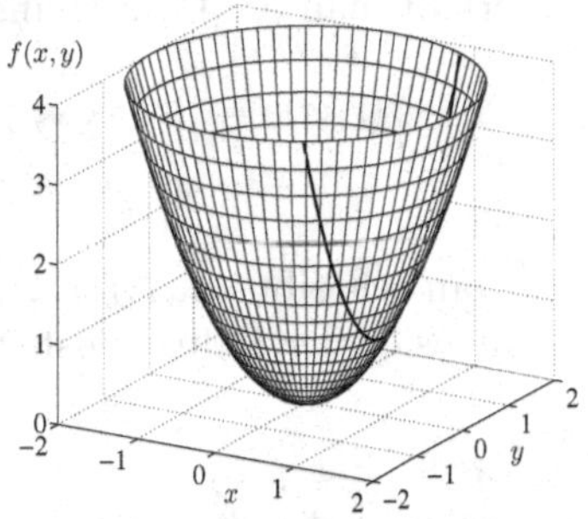

Abb. 9.3 Rotationsparaboloid.

In Polarkoordinaten ergibt sich also keine φ-Abhängigkeit; der Funktionswert bei einem Punkt mit Abstand r zum Ursprung ist gleich r^2: $f(r) = r^2$

Die Funktion ist also auf Kreisen mit Radius r konstant, d.h., das „Funktionsgebirge" ist *rotationssymmetrisch*. Es entsteht aus der Rotation einer eindimensionalen Parabel $f(r) = r^2$, genauer des Parabelasts $f(r) = r^2$ für $r \geq 0$, da bei Polarkoordinaten nur nichtnegative r betrachtet werden.

Die entsprechende Figur nennt man *Rotationsparaboloid*.

Bemerkung 9.2.4 (Rotationssymmetrie)

Hängt bei einer Funktion $f : \mathbb{R}^2 \to \mathbb{R}$ der Funktionswert nur von

$$r = \sqrt{x^2 + y^2} \qquad \text{bzw.} \qquad r^2 = x^2 + y^2$$

ab, so ist die Funktion konstant auf Kreisen um den Ursprung, also rotationssymmetrisch.

Das „Funktionsgebirge" erhält man, indem man die eindimensionale Funktion $f(r)$, $r \geq 0$, um den Ursprung rotieren lässt.

Bemerkung 9.2.5 (Darstellung in Polarkoordinaten)

Eine in kartesischen Koordinaten gegebene Funktion $f(x, y)$ kann man entsprechend Definition 9.2.1 in Polarkoordinaten darstellen durch

$$\tilde{f}(r, \varphi) = f(r \cdot \cos \varphi, r \cdot \sin \varphi).$$

Meist schreibt man nur $f(r, \varphi)$ statt $\tilde{f}(r, \varphi)$. Durch Verwendung der Buchstaben r und φ ist klar, dass Polarkoordinaten gemeint sind.

Beispiel 9.2.5.1

Zur Funktion

$$f : \mathbb{R}^2 \to \mathbb{R}, \ f(x, y) = x^2 + y^2$$

erhält man die Darstellung in Polarkoordinaten durch

$$\begin{aligned} \tilde{f}(r, \varphi) &= (r \cdot \cos \varphi)^2 + (r \cdot \sin \varphi)^2 \\ &= r^2 \cdot (\cos^2 \varphi + \sin^2 \varphi) = r^2. \end{aligned}$$

Man schreibt auch $f(r, \varphi) = r^2$, oder – wenn klar ist, dass ein zweidimensionaler Definitionsbereich gemeint ist – $f(r) = r^2$.

904

Definition 9.2.6 (Zylinderkoordinaten)

Bei *Zylinderkoordinaten* im $\mathbb{R}^3$ werden zwei Dimensionen wie bei den Polarkoordinaten beschrieben; die dritte bleibt unverändert:

$$\begin{pmatrix} x \\ y \\ z \end{pmatrix} = \begin{pmatrix} \varrho \cos \varphi \\ \varrho \sin \varphi \\ z \end{pmatrix}$$

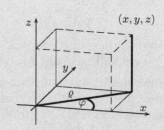

Abb. 9.4 Zylinderkoordinaten.

Beispiel 9.2.7

Ein Zylinder um die z-Achse von $z = 0$ bis $z = 2$ mit Radius 1 (s. Abb. 9.5) kann in Zylinderkoordinaten beschrieben werden durch

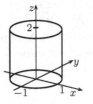

$$\left\{ \begin{pmatrix} x \\ y \\ z \end{pmatrix} = \begin{pmatrix} \varrho \cos \varphi \\ \varrho \sin \varphi \\ z \end{pmatrix} \right.$$

Abb. 9.5 Zylinder.

$$\left. \middle| \varrho \in [0,1], \ \varphi \in [0, 2\pi], \ z \in [0,2] \right\}.$$

Bemerkung 9.2.8 (Darstellung in Zylinderkoordinaten)

Eine in kartesischen Koordinaten gegebene Funktion $f(x, y, z)$ kann entsprechend der Definition 9.2.6 in Zylinderkoordinaten ausgedrückt werden:

$$\tilde{f}(\varrho, \varphi, z) \ = \ f(\varrho \cos \varphi, \varrho \sin \varphi, z).$$

Wie bei den Polarkoordinaten zeigt hier die Verwendung der Buchstaben ϱ, φ und z den Gebrauch der Zylinderkoordinaten an, so dass man oft nur $f(\varrho, \varphi, z)$ statt $\tilde{f}(\varrho, \varphi, z)$ schreibt.

Beispiel 9.2.8.1

Sei $f : \mathbb{R}^3 \to \mathbb{R}$ in kartesischen Koordinaten gegeben durch

$$f(x, y, z) \ = \ (x^2 + y^2) \cdot z.$$

Dann erhält man f in Zylinderkoordinaten ausgedrückt durch

$$\begin{aligned} \tilde{f}(\varrho, \varphi, z) \ &= \ f(\varrho \cos \varphi, \varrho \sin \varphi, z) \\ &= \ \big((\varrho \cos \varphi)^2 + (\varrho \sin \varphi)^2\big) \cdot z \\ &= \ \varrho^2 (\cos^2 \varphi + \sin^2 \varphi) \cdot z \\ &= \ \varrho^2 \cdot z. \end{aligned}$$

Bemerkung 9.2.9 (lokales Koordinatensystem zu Zylinderkoordinaten)

905

Bei Vektorfeldern $\vec{F} : \mathbb{R}^3 \to \mathbb{R}^3$ braucht man zur Darstellung eines Funktionsvektors $\vec{F}(\vec{x})$ ein Koordinatensystem. Statt eines kartesischen Koordinatensystems mit Einheitsvektoren $\vec{e}_x$, $\vec{e}_y$ und $\vec{e}_z$ in x-, y- und z-Richtung nutzt man bei Zylindersymmetrien *lokale Zylinderkoordinaten*:

Zu einem Punkt im $\mathbb{R}^3$ betrachtet man lokal, d.h abhängig vom gewählten Punkt,
Koordinatenachsen in ϱ-, φ- und z-Rich-
tung, s. Abb. 9.6. Man kann den Funkti-
onswert dann in Abhängigkeit von diesen
Richtungen $\vec{e}_\varrho$, $\vec{e}_\varphi$ und $\vec{e}_z$ angeben.

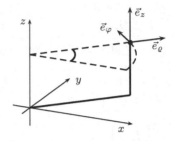

Beispiele 9.2.9.1

Abb. 9.6 Lokales Koordinatensystem zu Zylinderkoordinaten.

1. Das magnetische Feld eines stromdurchflossenen Leiters ist tangential
   zu Kreisen um den Leiter gerichtet; die Länge nimmt umgekehrt pro-
   portional zum Abstand zum Leiter ab. Legt man den Leiter in Richtung
   der z-Achse, wird (in lokalen Zylinderkoordinaten) das Feld mit einer
   geeigneten Konstanten c beschrieben durch

   $$\vec{F}(\varrho, \varphi, z) = \frac{c}{\varrho} \cdot \vec{e}_\varphi.$$

906

2. Betrachtet wird das Vektorfeld $\vec{F} : \mathbb{R}^3 \to \mathbb{R}^3$, das in lokalen Zylinderkoordinaten gegeben ist durch

   $$\vec{F}(\varrho, \varphi, z) = \varrho \cdot \vec{e}_\varphi + \frac{1}{z} \cdot \vec{e}_z.$$

Welchen Funktionsvektor $\vec{F}_0$ erhält
man an der in kartesischen Koor-
dinaten gegebenen Stelle $(x, y, z) = (1, 1, 2)$?

In Zylinderkoordinaten wird die Stelle
beschrieben durch $\varrho = \sqrt{2}$, $\varphi = \frac{\pi}{4}$ und
$z = 2$. In lokalen Zylinderkoordinaten
ist also

$$\vec{F}_0 = \sqrt{2} \cdot \vec{e}_\varphi + \frac{1}{2} \cdot \vec{e}_z.$$

Stellt man sich das entsprechende lokale Koordinatensystem an der Stelle vor, so sieht man, dass dieser Vektor in kartesischen Koordinaten dargestellt wird durch

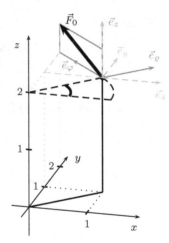

Abb. 9.7 Funktionsvektor.

$$F_0 = -1 \cdot \vec{e}_x + 1 \cdot \vec{e}_y + \tfrac{1}{2} \cdot \vec{e}_z = \begin{pmatrix} -1 \\ 1 \\ 1/2 \end{pmatrix}.$$

Definition 9.2.10 (Kugelkoordinaten)

Bei *Kugelkoordinaten* im $\mathbb{R}^3$ wird ein
Punkt im $\mathbb{R}^3$ durch seinen Abstand r
vom Ursprung, durch den Winkel φ
wie bei den Polar- bzw. Zylinderkoordinaten und durch den Winkel ϑ zur
z-Achse beschrieben:

$$\begin{pmatrix} x \\ y \\ z \end{pmatrix} = \begin{pmatrix} r\cos\varphi \cdot \sin\vartheta \\ r\sin\varphi \cdot \sin\vartheta \\ r\cos\vartheta \end{pmatrix}.$$

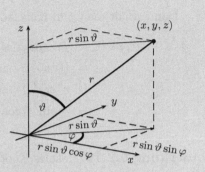

Abb. 9.8 Kugelkoordinaten.

Bemerkung 9.2.11 (Unterschied zwischen ϱ und r)

Bei der Beschreibung von Punkten im $\mathbb{R}^3$ drückt der Buchstabe ϱ wie bei
den Zylinderkoordinaten den Abstand zur z-Achse aus, wohingegen r den
Abstand zum Ursprung beschreibt.

Beispiel 9.2.12

Eine auf der (x, y)-Ebene liegende Halbkugel kann man beschreiben durch

$$\left\{ \begin{pmatrix} x \\ y \\ z \end{pmatrix} = \begin{pmatrix} r\cos\varphi \cdot \sin\vartheta \\ r\sin\varphi \cdot \sin\vartheta \\ r\cos\vartheta \end{pmatrix} \middle| r \in [0,1], \ \varphi \in [0, 2\pi], \ \vartheta \in [0, \frac{\pi}{2}] \right\}.$$

Eine Halbkugel rechts von der (y, z)-Ebene ist gegeben durch

$$\left\{ \begin{pmatrix} x \\ y \\ z \end{pmatrix} = \begin{pmatrix} r\cos\varphi \cdot \sin\vartheta \\ r\sin\varphi \cdot \sin\vartheta \\ r\cos\vartheta \end{pmatrix} \middle| r \in [0,1], \ \varphi \in [-\frac{\pi}{2}, \frac{\pi}{2}], \ \vartheta \in [0, \pi] \right\}.$$

Bemerkung 9.2.13 (Darstellung in Kugelkoordinaten)

Eine in kartesischen Koordinaten gegebene Funktion $f(x, y, z)$ kann entsprechend der Definition 9.2.10 in Kugelkoordinaten ausgedrückt werden:

$$\tilde{f}(r, \varphi, \vartheta) = f(r\cos\varphi \cdot \sin\vartheta, r\sin\varphi \cdot \sin\vartheta, r\cos\vartheta).$$

Wie bei den Polar- und Zylinderkoordinaten zeigt hier die Verwendung der
Buchstaben r, φ und ϑ den Gebrauch der Kugelkoordinaten an, so dass man
oft nur $f(r, \varphi, \vartheta)$ statt $\tilde{f}(r, \varphi, \vartheta)$ schreibt.

Beispiel 9.2.13.1 (vgl. Beispiel 9.2.8.1)

Sei $f : \mathbb{R}^3 \to \mathbb{R}$ in kartesischen Koordinaten gegeben durch

$$f(x, y, z) = (x^2 + y^2) \cdot z.$$

Dann erhält man f in Kugelkoordinaten als

$$\begin{aligned}
\tilde{f}(r, \varphi, \vartheta) &= f(r \cos \varphi \cdot \sin \vartheta, r \sin \varphi \cdot \sin \vartheta, r \cos \vartheta) \\
&= \left((r \cos \varphi \cdot \sin \vartheta)^2 + (r \sin \varphi \cdot \sin \vartheta)^2\right) \cdot r \cos \vartheta \\
&= r^2 \sin^2 \vartheta \cdot (\cos^2 \varphi + \sin^2 \varphi) \cdot r \cos \vartheta \\
&= r^3 \sin^2 \vartheta \cos \vartheta.
\end{aligned}$$

Bemerkung 9.2.14 (lokales Koordinatensystem zu Kugelkoordinaten)

908

Bei einer Darstellung eines Vektorfelds $\vec{F} : \mathbb{R}^3 \to \mathbb{R}^3$ in Kugelkoordinaten, nutzt man wieder *lokale Koordinatensysteme*:

Zu einem Punkt im $\mathbb{R}^3$ betrachtet man lokal, d.h abhängig vom gewählten Punkt, Koordinatenachsen in r-, φ- und ϑ-Richtung. Man kann den Funktionswert dann in Abhängigkeit von diesen Richtungen $\vec{e}_r$, $\vec{e}_\varphi$ und $\vec{e}_\vartheta$ angeben.

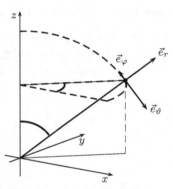

Beispiel 9.2.14.1

Das elektrische Feld einer Punktladung im Ursprung ist radial vom Ursprung weg bzw. zu ihm hin gerichtet und fällt mit dem Quadrat des Abstands zum Ursprung ab.

Abb. 9.9 Lokales Koordinatensystem zu Kugelkoordinaten.

In lokalen Zylinderkoordinaten wird es also mit einer geeigneten Konstanten c beschrieben durch

$$\vec{F}(r, \varphi, \vartheta) = \frac{c}{r^2} \cdot \vec{e}_r.$$

Da die lokalen Koordinatenvektoren $\vec{e}_r$, $\vec{e}_\varphi$ und $\vec{e}_\vartheta$ in dieser Reihenfolge kein Rechtssystem sondern ein Linkssystem bilden, nutzt man häufig die Reihenfolge r, ϑ und φ (statt r, φ und ϑ). In dieser Reihenfolge ($\vec{e}_r$, $\vec{e}_\vartheta$ und $\vec{e}_\varphi$) bilden die Koordinatenvektoren dann ein Rechtssystem.

10 Differenzialrechnung bei mehreren Veränderlichen

Die Differenzialrechnung in mehreren Veränderlichen führt die eindimensionale Analysis und die lineare Algebra zusammen. Die Bausteine, wie z. B. Ableitungen und Vektoren sind alle aus den vorherigen Kapiteln bekannt und vereinigen sich hier zu kraftvollen Werkzeugen.

Zur Schreibweise: Der Variablenbuchstabe x kommt hier und im folgenden Kapitel in verschiedenen Bedeutungen vor: Zum einen dient er der Beschreibung einer Komponente in einem 2- oder 3-Tupel (z.B. bei einem Punkt $(x, y) \in \mathbb{R}^2$), andererseits beschreibt er einen allgemeinen Punkt im $\mathbb{R}^n$. Zur besseren Unterscheidung wird der Buchstabe im Folgenden fett gedruckt, wenn er einen allgemeinen Punkt im $\mathbb{R}^n$ beschreibt, also $\mathbf{x} \in \mathbb{R}^n$.

10.1 Partielle Ableitung und Gradient

In diesem Abschnitt werden reellwertige Funktionen $f : \mathbb{R}^n \to \mathbb{R}$ betrachtet, z.B.

$$f : \mathbb{R}^3 \to \mathbb{R}, \, (x, y, z) \mapsto x^2 \cdot \sin(y \cdot z).$$

930

Definition 10.1.1 (partielle Ableitung)

Die *partielle Ableitung* einer Funktion $f : \mathbb{R}^n \mapsto \mathbb{R}$ nach der i-ten Variablen x_i erhält man, indem alle Variablen bis auf die i-te festgehalten werden und die so festgelegte partielle Funktion wie gewöhnlich abgeleitet wird.

Die partielle Ableitung wird mit $\frac{\partial f}{\partial x_i}, \frac{df}{dx_i}, \frac{d}{dx_i} f$ oder f_{x_i} bezeichnet.

© Springer-Verlag GmbH Deutschland, ein Teil von Springer Nature 2020
G. Hoever, *Höhere Mathematik kompakt*,
https://doi.org/10.1007/978-3-662-62080-9_10

Beispiel 10.1.2

Zu $f(x, y, z) = x^2 \cdot \sin(y \cdot z)$ ist

$$\frac{\partial}{\partial x} f(x, y, z) = 2x \cdot \sin(yz) \quad \text{und} \quad \frac{\partial}{\partial z} f(x, y, z) = x^2 \cdot \cos(yz) \cdot y.$$

931

Bemerkung 10.1.3 (Ableitungen höherer Ordnung)

Existieren die partiellen Ableitungen für jedes $\mathbf{x} \in \mathbb{R}^n$, so erhält man dadurch Funktionen $\frac{\partial}{\partial x_i} f : \mathbb{R}^n \to \mathbb{R}$, die man wiederum partiell ableiten kann. Die so entstandenen Funktionen heißen *partielle Ableitungen zweiter Ordnung*, entsprechend für höhere Ordnungen. Die Schreibweisen für derartige Ableitungen sind $\frac{\partial}{\partial x_i} \frac{\partial}{\partial x_j} f$, $\frac{\partial^2 f}{\partial x_i \partial x_j}$, $\frac{d^2 f}{dx_i dx_j}$ oder $f_{x_i x_j}$.

Beispiel 10.1.3.1

Zu $f(x, y, z) = x^2 \cdot \sin(y \cdot z)$ ist

$$\frac{\partial^2 f}{\partial x^2}(x, y, z) = \frac{\partial}{\partial x} \left(\frac{\partial}{\partial x} f(x, y, z) \right)$$

$$= \frac{\partial}{\partial x} \left(2x \cdot \sin(yz) \right) = 2\sin(yz),$$

$$\frac{\partial^2 f}{\partial z \partial x}(x, y, z) = \frac{\partial}{\partial z} \left(\frac{\partial}{\partial x} f(x, y, z) \right)$$

$$= \frac{\partial}{\partial z} \left(2x \cdot \sin(yz) \right) = 2x \cdot \cos(yz) \cdot y,$$

$$\frac{\partial^2 f}{\partial x \partial z}(x, y, z) = \frac{\partial}{\partial x} \left(x^2 \cdot \cos(yz) \cdot y \right)$$

$$= 2x \cdot \cos(yz) \cdot y = \frac{\partial^2 f}{\partial z \partial x}(x, y, z).$$

Man sieht: $\dfrac{\partial^2 f}{\partial x \partial z} = \dfrac{\partial^2 f}{\partial z \partial x}(x, y, z)$. Dies gilt allgemein:

Satz 10.1.4 (Satz von Schwarz)

Für eine Funktion $f : \mathbb{R}^n \to \mathbb{R}$ gilt[1]

$$\frac{\partial^2 f}{\partial x_i \partial x_j} = \frac{\partial^2 f}{\partial x_j \partial x_i},$$

d.h., die Reihenfolge der Differenziationen ist vertauschbar.

---

[1] unter gewissen Voraussetzungen, beispielsweise falls die Ableitungen zweiter Ordnung existieren und stetig sind

Die verschiedenen partiellen Ableitungen fasst man im Gradienten zusammen:

Definition 10.1.5 (Gradient)

Zu einer Funktion $f : \mathbb{R}^n \to \mathbb{R}$ heißt[1]

$$\nabla f(\mathbf{x}) \ := \ \operatorname{grad} f(\mathbf{x}) \ := \ \left(\frac{\partial f}{\partial x_1}(\mathbf{x}), \ldots, \frac{\partial f}{\partial x_n}(\mathbf{x}) \right)$$

Gradient von f im Punkt $\mathbf{x}$. (∇f wird „nabla f" gelesen.)

932

Beispiel 10.1.6

Zur Funktion $f(x, y, z) = x^2 \cdot \sin(yz)$ ist

$$\begin{aligned}
\nabla f(x, y, z) \ &= \ \operatorname{grad} f(x, y, z) \\
&= \ \big(2x \cdot \sin(yz),\ x^2 \cdot \cos(yz) \cdot z,\ x^2 \cdot \cos(yz) \cdot y \big).
\end{aligned}$$

Bemerkungen 10.1.7 zum Gradienten

1. Der Gradient wird üblicherweise als Zeilenvektor aufgefasst.

2. Die Bezeichnung „∇f" für den Gradienten ist vor allem in der Physik gebräuchlich.

Satz 10.1.8

1. Der Gradient einer Funktion weist in die Richtung des steilsten Anstiegs[2].

2. Senkrecht zum Gradienten ändert sich der Funktionswert nicht[2].

933

934

Bemerkung 10.1.9 zur „Richtung des steilsten Anstiegs"

Genauer bedeutet Satz 10.1.8, 1., folgendes: Betrachtet man eine Funktion $f : \mathbb{R}^n \to \mathbb{R}$ und einen Punkt $\mathbf{x}_0 \in \mathbb{R}^n$, so weist $\operatorname{grad} f(\mathbf{x}_0)$ im Definitionsgebiet von $\mathbf{x}_0$ aus in die Richtung, in der f am stärksten wächst. Bei einer Richtung im Definitionsgebiet, die senkrecht zu $\operatorname{grad} f(\mathbf{x}_0)$ ist, ändert sich der Funktionswert ausgehend von $\mathbf{x}_0$ lokal nicht, genauer: Die Richtungsableitung in diese senkrechte Richtung ist gleich 0.

Zur exakten Beschreibung der *Richtungsableitung* s. Abschnitt 10.3.3.

---

[1] falls alle partiellen Ableitungen existieren

[2] falls alle partiellen Ableitungen existieren und stetig sind

Beispiel 10.1.9.1

Zur Funktion $f(x, y) = -x \cdot y^2$ ist

$$\operatorname{grad} f(x, y) \;=\; (-y^2, -2xy),$$

also beispielsweise speziell

$$\operatorname{grad} f(1, -1) = (-1, 2).$$

Die Richtung des steilsten Anstiegs ausgehend vom Punkt $(1, -1)$ des Definitionsgebiets ist also in Richtung $(-1, 2)$, s. Abb. 10.1.

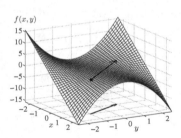

Abb. 10.1 Richtung des steilsten Anstiegs.

935

936

Bemerkung 10.1.10 (Gradientenverfahren)

Satz 10.1.8, 1., wird ausgenutzt in Verfahren zur *lokalen Optimierung*:

Sucht man ausgehend von einem Startpunkt[1] $\mathbf{x}^{(0)}$ eine *Maximalstelle*, so geht man ein Stück in die Richtung des Gradienten, also

$$\mathbf{x}^{(1)} \;=\; \mathbf{x}^{(0)} + \lambda_0 \cdot \operatorname{grad} f(\mathbf{x}^{(0)}),$$

$$\mathbf{x}^{(2)} \;=\; \mathbf{x}^{(1)} + \lambda_1 \cdot \operatorname{grad} f(\mathbf{x}^{(1)}),$$

allgemein:

$$\mathbf{x}^{(i+1)} \;=\; \mathbf{x}^{(i)} + \lambda_i \cdot \operatorname{grad} f(\mathbf{x}^{(i)}).$$

937

Dabei beschreibt λ_i die Schrittweite. Die genaue Wahl dieser Schrittweite ist oft nicht ganz einfach. Eine mögliche *Schrittweitensteuerung* ist die folgende:

- Ist $f(\mathbf{x}^{(i+1)}) \leq f(\mathbf{x}^{(i)})$, so halbiert man die Schrittweite sukzessive, bis man eine Stelle mit größerem Funktionswert gefunden hat.

- Ist $f(\mathbf{x}^{(i+1)}) > f(\mathbf{x}^{(i)})$, so testet man – um gegebenenfalls schneller voran zu kommen – eine doppelt so große Schrittweite und arbeitet mit der Schrittweite weiter, die den größeren Funktionswert liefert.

Sucht man eine *Minimalstelle*, so setzt man entsprechend

$$\mathbf{x}^{(i+1)} \;=\; \mathbf{x}^{(i)} - \lambda_i \cdot \operatorname{grad} f(\mathbf{x}^{(i)}).$$

Dieses Vorgehen nennt man *Gradientenverfahren*.

---

[1] Zur Schreibweise: Bei einer Folge von Werten aus dem $\mathbb{R}^n$ nutzt man häufig einen oberen Index, den man in Klammern setzt, um ihn von einer Potenz zu unterscheiden, z.B. $\mathbf{x}^{(i)}$, um dann ggf. die Komponenten mit $\mathbf{x}^{(i)} = (x_1^{(i)}, \ldots, x_n^{(i)})$ zu benennen.

Beispiel 10.1.10.1

Gesucht ist eine Minimalstelle zu $f(x, y) = \frac{1}{2}x^2 + y^2 - xy - x$.
Es ist

$$\operatorname{grad} f(x, y) \;=\; (x - y - 1,\; 2y - x).$$

Ausgehend von $\mathbf{x}^{(0)} = (0, 1)$ erhält man mit der Schrittweite $\lambda = \frac{1}{2}$:

$$
\begin{aligned}
\mathbf{x}^{(1)} &= (0, 1) - \tfrac{1}{2} \cdot \operatorname{grad} f(0, 1) = (0, 1) - \tfrac{1}{2} \cdot (-2, 2) = (1, 0), \\
\mathbf{x}^{(2)} &= (1, 0) - \tfrac{1}{2} \cdot \operatorname{grad} f(1, 0) = (1, 0) - \tfrac{1}{2} \cdot (0, -1) = (1, \tfrac{1}{2}), \\
\mathbf{x}^{(3)} &= (1, \tfrac{1}{2}) - \tfrac{1}{2} \cdot \operatorname{grad} f(1, \tfrac{1}{2}) = (1, \tfrac{1}{2}) - \tfrac{1}{2} \cdot (-\tfrac{1}{2}, 0) = (\tfrac{5}{4}, \tfrac{1}{2}).
\end{aligned}
$$

Bemerkung 10.1.11 (Numerische Ableitung)

938

1. Im Eindimensionalen kann man die Ableitung näherungsweise mit Hilfe des Differenzenquotienten berechnen (s. Bemerkung 5.1.9). Dies gilt auch für partielle Ableitungen $\frac{\partial f}{\partial x_i}$; dabei darf man nur in der i-ten Komponente „wackeln": Für kleine h ist

$$\frac{\partial f}{\partial x_i}(x_1, \ldots, x_n) \;\approx\; \frac{f(x_1, \ldots, x_i + h, \ldots, x_n) - f(x_1, \ldots, x_i, \ldots, x_n)}{h}.$$

Führt man dies für alle Komponenten $x_1, \ldots, x_n$ durch, erhält man eine numerische Approximation des Gradienten.

2. Die numerische Berechnung des Gradienten kann man beispielsweise beim Gradientenverfahren (s. Bemerkung 10.1.10) nutzen, so dass man nur die zu optimierende Funktion aufrufen muss, ohne explizit die Ableitungen implementieren zu müssen.

Bemerkungen 10.1.12 (Darstellungen des Gradienten)

1. Entsprechend der Darstellung eines Vektors in der Form

$$
\begin{pmatrix} a_1 \\ a_2 \\ a_3 \end{pmatrix} \;=\; a_1 \cdot \vec{e}_x + a_2 \cdot \vec{e}_y + a_3 \cdot \vec{e}_z.
$$

(s. Beispiel 7.2.3.1) stellt man einen Gradienten zu einer Funktion $f : \mathbb{R}^3 \to \mathbb{R}$ auch dar als

$$\operatorname{grad} f \;=\; \frac{\partial f}{\partial x} \cdot \vec{e}_x + \frac{\partial f}{\partial y} \cdot \vec{e}_y + \frac{\partial f}{\partial z} \cdot \vec{e}_z.$$

2. Ist eine Funktion $f : \mathbb{R}^3 \to \mathbb{R}$ in Kugel- oder Zylinderkoordinaten angegeben, so ist die Gradientendarstellung in den lokalen Koordinatensystemen (vgl. Bemerkung 9.2.9 und Bemerkung 9.2.14) transparenter, s. Satz 10.1.13.

939

Satz 10.1.13 (Gradient in Zylinder- und Kugelkoordinaten)

1. Für eine Funktion $f = f(\varrho, \varphi, z) : \mathbb{R}^3 \to \mathbb{R}$ in Zylinderkoordinaten gilt[1]

$$\operatorname{grad} f \ = \ \frac{\partial f}{\partial \varrho} \cdot \vec{e}_\varrho + \frac{1}{\varrho} \cdot \frac{\partial f}{\partial \varphi} \cdot \vec{e}_\varphi + \frac{\partial f}{\partial z} \cdot \vec{e}_z.$$

2. Für eine Funktion $f = f(r, \varphi, \vartheta) : \mathbb{R}^3 \to \mathbb{R}$ in Kugelkoordinaten gilt[1]

$$\operatorname{grad} f \ = \ \frac{\partial f}{\partial r} \cdot \vec{e}_r + \frac{1}{r \sin \vartheta} \cdot \frac{\partial f}{\partial \varphi} \cdot \vec{e}_\varphi + \frac{1}{r} \cdot \frac{\partial f}{\partial \vartheta} \cdot \vec{e}_\vartheta.$$

940

Beispiel 10.1.14

Sei $f : \mathbb{R}^3 \to \mathbb{R}$ in kartesischen Koordinaten gegeben durch

$$f(x, y, z) \ = \ (x^2 + y^2) \cdot z.$$

In kartesischen Koordinaten erhält man als Darstellung des Gradienten

$$\begin{aligned}
\operatorname{grad} f(x, y, z) \ &= \ (2xz, 2yz, x^2 + y^2) \\
&= \ 2xz \cdot \vec{e}_x + 2yz \cdot \vec{e}_y + (x^2 + y^2) \cdot \vec{e}_z.
\end{aligned}$$

An der Stelle $(x_0, y_0, z_0) = (0, 1, 1)$ ist der Gradient also konkret

$$\vec{F} \ = \ 2 \cdot 0 \cdot 1 \cdot \vec{e}_x + 2 \cdot 1 \cdot 1 \cdot \vec{e}_y + (0^2 + 1^2) \cdot \vec{e}_z \ = \ 2\vec{e}_y + \vec{e}_z. \qquad (*)$$

Die Darstellung in Zylinderkoordinaten ist (s. Beispiel 9.2.8.1)

$$f(\varrho, \varphi, z) \ = \ \varrho^2 \cdot z,$$

so dass man den Gradienten auch in lokalen Zylinderkoordinaten berechnen und darstellen kann als

$$\operatorname{grad} f(\varrho, \varphi, z) \ = \ 2\varrho z \cdot \vec{e}_\varrho + \varrho^2 \cdot \vec{e}_z.$$

Die Stelle $(x_0, y_0, z_0) = (0, 1, 1)$ entspricht in Zylinderkoordinaten $\varrho = 1$, $\varphi = \frac{\pi}{2}$ und $z = 1$, so dass sich der Gradient an dieser Stelle ergibt als

$$\vec{F} \ = \ 2\vec{e}_\varrho + \vec{e}_z.$$

Im lokalen Koordinatensystem an dieser Stelle ist $\vec{e}_\varrho = \vec{e}_y$, so dass man sieht, dass dies der gleiche Vektor wie bei $(*)$ ist.

Die Darstellung in Kugelkoordinaten ist (s. Beispiel 9.2.13.1)

---

[1] unter bestimmten Voraussetzungen, beispielsweise falls alle partiellen Ableitungen existieren und stetig sind

$$f(r, \varphi, \vartheta) \;=\; r^3 \sin^2 \vartheta \cos \vartheta,$$

so dass man den Gradienten auch in lokalen Kugelkoordinaten berechnen und darstellen kann als

$$\operatorname{grad} f(r, \varphi, \vartheta) \;=\; 3r^2 \sin^2 \vartheta \cos \vartheta \cdot \vec{e}_r + \frac{1}{r} \cdot r^3 \cdot (2 \sin \vartheta \cos^2 \vartheta - \sin^3 \vartheta) \cdot \vec{e}_\vartheta.$$

Die Stelle $(x_0, y_0, z_0) = (0, 1, 1)$ entspricht in Kugelkoordinaten $r = \sqrt{2}$, $\varphi = \frac{\pi}{2}$ und $\vartheta = \frac{\pi}{4}$, so dass sich der Gradient an dieser Stelle wegen $\sin \frac{\pi}{4} = \cos \frac{\pi}{4} = \frac{1}{\sqrt{2}}$ ergibt als

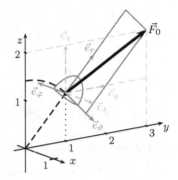

$$\vec{F} \;=\; 3 \cdot \sqrt{2}^{\,2} \cdot \left(\tfrac{1}{\sqrt{2}}\right)^3 \cdot \vec{e}_r +$$

$$\tfrac{1}{\sqrt{2}} \cdot \sqrt{2}^{\,3} \cdot \left(2 \cdot \left(\tfrac{1}{\sqrt{2}}\right)^3 - \left(\tfrac{1}{\sqrt{2}}\right)^3\right) \cdot \vec{e}_\vartheta$$

$$=\; \tfrac{3}{\sqrt{2}} \cdot \vec{e}_r + \tfrac{1}{\sqrt{2}} \cdot \vec{e}_\vartheta.$$

Betrachtet man das lokale Koordinatensystem an dieser Stelle (s. Abb. 10.2), kann man sehen, dass dies der gleiche Vektor wie bei ($*$) ist.

Abb. 10.2 Funktionsvektor.

10.2 Anwendungen

10.2.1 Lokale Extremstellen

Im Eindimensionalen kann man Extremstellen als Nullstellen der ersten Ableitung finden. Eine lokale Extremstelle einer Funktion $f : \mathbb{R}^n \to \mathbb{R}$ ist auch lokale Extremstelle der partiellen Funktionen; die partiellen Ableitungen sind dort also gleich Null:

Satz 10.2.1 (notwendige Bedingung für eine Extremstelle)

Liegt $\mathbf{x}_0$ im Inneren des Definitionsgebietes einer Funktion $f : D \to \mathbb{R}$, $D \subseteq \mathbb{R}^n$, so gilt[1]:

$$\mathbf{x}_0 \text{ ist lokale Extremstelle von } f \;\Rightarrow\; \operatorname{grad} f(\mathbf{x}_0) \;=\; \mathbf{0}.$$

941

---

[1] unter gewissen Voraussetzungen, beispielsweise falls die partiellen Ableitungen von f existieren und stetig sind

Beispiel 10.2.2

Sei

$$f(x,y) = \frac{1}{2}x^2 + y^2 - xy - x,$$

also

$$\operatorname{grad} f(x,y) = (x - y - 1, 2y - x).$$

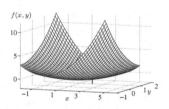

Abb. 10.3 Minimalstelle.

Dann gilt:

$$\operatorname{grad} f(x,y) = (0,0)$$
$$\Leftrightarrow \quad x - y - 1 = 0 \quad \text{und} \quad 2y - x = 0$$
$$\Leftrightarrow \quad y = 1 \text{ und } x = 2.$$

Einziger Kandidat für eine Extremstelle ist also die Stelle $(2,1)$.

Durch weitere Überlegungen (s. Beispiel 10.3.16) oder am Funktionsgraf (s. Abb. 10.3) sieht man, dass $(2,1)$ tatsächlich eine Minimalstelle ist.

Bemerkungen 10.2.3 zur notwendigen Bedingung für eine Extremstelle

1. Wie im Eindimensionalen gilt die Umkehrung „$\Leftarrow$" bei Satz 10.2.1 im Allgemeinen nicht.

   Beispiel 10.2.3.1

   Zu $f(x,y) = x^2 - y^2$ ist

   $$\operatorname{grad} f(x,y) = (2x, -2y).$$

   Also ist $\operatorname{grad} f(0,0) = \mathbf{0}$, obwohl $(0,0)$ keine Extremstelle ist.

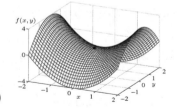

Abb. 10.4 Sattelstelle.

   Eine Stelle $\mathbf{x}_0$ mit $\operatorname{grad} f(\mathbf{x}_0) = \mathbf{0}$, die keine Extremstelle ist heißt auch *Sattelstelle*.

2. Eine Stelle $\mathbf{x}_0$ mit $\operatorname{grad} f(\mathbf{x}_0) = \mathbf{0}$ heißt auch *stationärer Punkt*.

3. Wie im Eindimensionalen können Extremstellen auch am Rande des Definitionsbereichs liegen, ohne dass dort der Gradient gleich Null ist.

4. Ob tatsächlich eine Extremstelle vorliegt, wenn $\operatorname{grad} f(\mathbf{x}_0) = \mathbf{0}$ ist, kann man mit Hilfe der *Hesse-Matrix* genauer untersuchen, s. Abschnitt 10.3.4.

10.2.2 Jacobi-Matrix und lineare Approximation

Bei einer Funktion $f : \mathbb{R}^n \to \mathbb{R}^m$ kann man alle Komponenten nach allen
Variablen ableiten und erhält damit eine Matrix:

Definition 10.2.4 (Jacobi-Matrix)

942

Zu einer Funktion $f : \mathbb{R}^n \to \mathbb{R}^m$, $f(\mathbf{x}) = \begin{pmatrix} f_1(\mathbf{x}) \\ \vdots \\ f_m(\mathbf{x}) \end{pmatrix}$ heißt[1]

$$f'(\mathbf{x}) := \begin{pmatrix} \frac{\partial}{\partial x_1} f_1(\mathbf{x}) & \frac{\partial}{\partial x_2} f_1(\mathbf{x}) & \cdots & \frac{\partial}{\partial x_n} f_1(\mathbf{x}) \\ \frac{\partial}{\partial x_1} f_2(\mathbf{x}) & \frac{\partial}{\partial x_2} f_2(\mathbf{x}) & \cdots & \frac{\partial}{\partial x_n} f_2(\mathbf{x}) \\ \vdots & \vdots & \ddots & \vdots \\ \frac{\partial}{\partial x_1} f_m(\mathbf{x}) & \frac{\partial}{\partial x_2} f_m(\mathbf{x}) & \cdots & \frac{\partial}{\partial x_n} f_m(\mathbf{x}) \end{pmatrix}$$

$$= \begin{pmatrix} \operatorname{grad} f_1(\mathbf{x}) \\ \vdots \\ \operatorname{grad} f_m(\mathbf{x}) \end{pmatrix}$$

Jacobi-Matrix von f.

Bemerkungen 10.2.5 zur Jacobi-Matrix

1. Die Jacobi-Matrix wird auch mit $J_f(\mathbf{x})$ oder $\nabla f(\mathbf{x})$ bezeichnet.

2. Für eine reellwertige Funktion $f : \mathbb{R}^n \to \mathbb{R}$ ist $f'(\mathbf{x}) = \operatorname{grad} f(\mathbf{x})$.

3. Der Aufbau der Jacobi-Matrix ist klar, wenn man den Funktionswert $f(\mathbf{x})$
   als Spaltenvektor und den Gradienten einer eindimensionalen (Komponen-
   ten-)Funktion als Zeilenvektor auffasst.

Beispiel 10.2.6

Zu $f : \mathbb{R}^2 \to \mathbb{R}^3$, $(x,y) \mapsto \begin{pmatrix} x+y \\ x \cdot y \\ y^2 \end{pmatrix}$ ist $f'(x,y) = \begin{pmatrix} 1 & 1 \\ y & x \\ 0 & 2y \end{pmatrix}$.

Für eine eindimensionale differenzierbare Funktion $f : \mathbb{R} \to \mathbb{R}$ ist

$$f(x_0 + \Delta x) \approx f(x_0) + f'(x_0) \cdot \Delta x$$

(vgl. Bemerkung 5.1.9, 2.). Im Mehrdimensionalen gilt die gleiche formale Be-
ziehung:

---

[1] im Falle der Existenz

943

Satz 10.2.7 (Lineare Näherung)

Für eine Funktion $f : \mathbb{R}^n \to \mathbb{R}^m$ und kleine $\Delta\mathbf{x}$ gilt[1]:

$$f(\mathbf{x}_0 + \Delta\mathbf{x}) \approx f(\mathbf{x}_0) + f'(\mathbf{x}_0) \cdot \Delta\mathbf{x}.$$

Bemerkungen 10.2.8 zur linearen Näherung

1. Bei einer Funktion $f : \mathbb{R}^n \to \mathbb{R}^m$ ist $f'(\mathbf{x}_0)$ eine Matrix und $f'(\mathbf{x}_0) \cdot \Delta\mathbf{x}$ eine Matrix-Vektor-Multiplikation. Abb. 10.5 zeigt die entsprechenden Dimensionen.

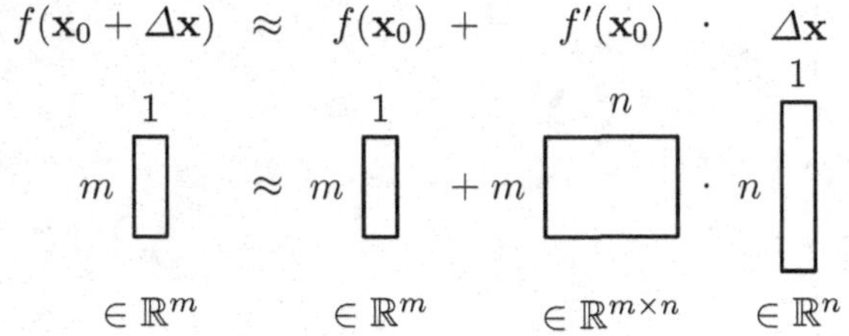

$$f(\mathbf{x}_0 + \Delta\mathbf{x}) \approx f(\mathbf{x}_0) + f'(\mathbf{x}_0) \cdot \Delta\mathbf{x}$$

$$m \underset{\in \mathbb{R}^m}{\begin{bmatrix} 1 \\[1em] \ \end{bmatrix}} \approx m \underset{\in \mathbb{R}^m}{\begin{bmatrix} 1 \\[1em] \ \end{bmatrix}} + m \underset{\in \mathbb{R}^{m \times n}}{\begin{bmatrix} n \\ \ \end{bmatrix}} \cdot n \underset{\in \mathbb{R}^n}{\begin{bmatrix} 1 \\[1em] \ \end{bmatrix}}$$

Abb. 10.5 Dimensionen bei der linearen Näherung.

2. Bei einer reellwertigen Funktion $f : \mathbb{R}^n \to \mathbb{R}$ ist speziell $f' = \operatorname{grad} f$, also

$$f(\mathbf{x}_0 + \Delta\mathbf{x}) \approx f(\mathbf{x}_0) + \operatorname{grad} f(\mathbf{x}_0) \cdot \Delta\mathbf{x}.$$

Für die Funktionsänderung Δf gilt damit

$$\Delta f = f(\mathbf{x}_0 + \Delta\mathbf{x}) - f(\mathbf{x}_0) \approx \operatorname{grad} f(\mathbf{x}_0) \cdot \Delta\mathbf{x}.$$

Betrachtet man die einzelnen Komponenten, ergibt sich

$$\Delta f \approx \left(\frac{\partial f}{\partial x_1}, \ldots, \frac{\partial f}{\partial x_n}\right) \cdot \begin{pmatrix} \Delta x_1 \\ \vdots \\ \Delta x_n \end{pmatrix}$$

$$= \frac{\partial f}{\partial x_1} \cdot \Delta x_1 + \ldots + \frac{\partial f}{\partial x_n} \cdot \Delta x_n.$$

Diese Darstellung der Änderung von f nennt man *totales Differenzial*.

3. Setzt man $\mathbf{x} = \mathbf{x}_0 + \Delta\mathbf{x}$, also $\Delta\mathbf{x} = \mathbf{x} - \mathbf{x}_0$, so erhält man aus Satz 10.2.7 die Darstellung

$$f(\mathbf{x}) \approx f(\mathbf{x}_0) + f'(\mathbf{x}_0) \cdot (\mathbf{x} - \mathbf{x}_0).$$

---

[1] unter gewissen Voraussetzungen, beispielsweise falls die partiellen Ableitungen von f existieren und stetig sind

Beispiel 10.2.8.1

Sei

$$f : \mathbb{R}^2 \to \mathbb{R}, \; f(x,y) \;=\; x^2 + y^2,$$

also

$$f'(x,y) = (2x, 2y).$$

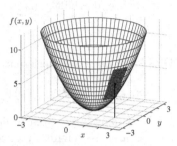

Nahe $(2, -1)$ ist dann

Abb. 10.6 Tangential-Ebene.

$$
\begin{aligned}
f(x,y) \;&\approx\; f(2,-1) + f'(2,-1) \cdot \left(\begin{pmatrix} x \\ y \end{pmatrix} - \begin{pmatrix} 2 \\ -1 \end{pmatrix} \right) \\
&=\; 5 + (4, -2) \cdot \begin{pmatrix} x - 2 \\ y + 1 \end{pmatrix} \\
&=\; 5 + 4 \cdot (x - 2) - 2 \cdot (y + 1) \\
&=\; -5 + 4x - 2y.
\end{aligned}
$$

Durch $z = -5 + 4x - 2y$ wird die Tangentialebene an den Funktionsgraf an der Stelle $(2, -1)$ beschrieben, s. Abb. 10.6.

Bemerkung 10.2.9 (Mehrdimensionales Newton-Verfahren)

Bei einem Gleichungssystem mit soviel Gleichungen wie Unbekannten kann man versuchen, die Lösung numerisch durch das (mehrdimensionale) Newton-Verfahren zu approximieren. Das Newton-Verfahren ist eigentlich ein Verfahren zur numerischen Bestimmung einer Nullstelle, aber durch entsprechende Subtraktion kann man jede einzelne Gleichung in ein Nullstellenproblem überführen (s. Bemerkung 4.2.7) und erhält so ein Nullstellenproblem für eine Funktion $f : \mathbb{R}^n \to \mathbb{R}^n$.

Mit der linearen Approximation kann man nun ähnlich dem eindimensionalen Newton-Verfahren (s. Abschnitt 5.3.3) ausgehend von einer Näherung $\mathbf{x}_0 \in \mathbb{R}^n$ versuchen, bessere Näherungen für eine Nullstelle zu finden. Dazu sucht man eine Nullstelle der linearen Näherung:

$$0 \;=\; f(\mathbf{x}_0 + \Delta\mathbf{x}) \;\approx\; f(\mathbf{x}_0) + f'(\mathbf{x}_0) \cdot \Delta\mathbf{x}$$

$$\Leftrightarrow \; f'(\mathbf{x}_0) \cdot \Delta\mathbf{x} \;=\; -f(\mathbf{x}_0). \qquad\qquad (*)$$

Im Eindimensionalen kann man durch die Zahl $f'(\mathbf{x}_0)$ teilen. Hier ist $f'(\mathbf{x}_0)$ die Jacobi-Matrix zu f, und $(*)$ entspricht einem linearen Gleichungssystem für $\Delta\mathbf{x}$. Hat man dieses gelöst, erhält man als neue Näherung $\mathbf{x}_1 = \mathbf{x}_0 + \Delta\mathbf{x}$.

Nutzt man die inverse Matrix zur Jacobi-Matrix, kann man

$$\Delta\mathbf{x} \;=\; -(f'(\mathbf{x}_0))^{-1} f(\mathbf{x}_0)$$

schreiben und erhält ganz in Analogie zum Eindimensionalen

$$\mathbf{x}_1 \; = \; \mathbf{x}_0 - (f'(\mathbf{x}_0))^{-1} f(\mathbf{x}_0).$$

Dies kann man nun iterieren:

$$\mathbf{x}_{n+1} \; = \; \mathbf{x}_n - (f'(\mathbf{x}_n))^{-1} f(\mathbf{x}_n).$$

In der Praxis nutzt man üblicherweise die Berechnung mittels Lösung eines linearen Gleichungssystems entsprechend (∗) statt der Berechnung der Inversen, da letzteres rechenaufwändiger ist.

Oft nutzt man als Schreibweise auch $\mathbf{x}^{(n)}$ statt $\mathbf{x}_n$.

Beispiel 10.2.9.1

Gesucht ist eine Lösung des Gleichungssystems

$$\begin{aligned}
x_1{}^2 + x_2{}^3 &= 4, \\
\ln(x_1) + \ln(x_2) &= 0.5,
\end{aligned}$$

also eine Nullstelle der Funktion

$$f(x_1, x_2) = \begin{pmatrix} x_1{}^2 + x_2{}^3 - 4 \\ \ln(x_1) + \ln(x_2) - 0.5 \end{pmatrix}$$

mit

$$f'(x_1, x_2) = \begin{pmatrix} 2x_1 & 3x_2{}^2 \\ 1/x_1 & 1/x_2 \end{pmatrix}.$$

Als Startnäherung wird $\mathbf{x}^{(0)} = \left(\begin{smallmatrix} 1 \\ 1 \end{smallmatrix}\right)$ genommen.

Eine neue Näherung erhält man durch $\mathbf{x}^{(1)} = \mathbf{x}^{(0)} + \Delta\mathbf{x}$, wobei $\Delta\mathbf{x}$ durch

$$f'(\mathbf{x}^{(0)}) \cdot \Delta\mathbf{x} \; = \; -f(\mathbf{x}^{(0)})$$

bestimmt wird, hier konkret $\Delta\mathbf{x} = \left(\begin{smallmatrix} \Delta x_1 \\ \Delta x_2 \end{smallmatrix}\right)$ und $f'(1,1) \cdot \Delta\mathbf{x} = -f(1,1)$, also

$$\begin{pmatrix} 2 & 3 \\ 1 & 1 \end{pmatrix} \cdot \begin{pmatrix} \Delta x_1 \\ \Delta x_2 \end{pmatrix} = -\begin{pmatrix} -2 \\ -0.5 \end{pmatrix} = \begin{pmatrix} 2 \\ 0.5 \end{pmatrix}.$$

Durch Auflösen des Gleichungssystems oder mit Satz 8.5.12 erhält man

$$\Delta\mathbf{x} \; = \; \begin{pmatrix} \Delta x_1 \\ \Delta x_2 \end{pmatrix} \; = \; \begin{pmatrix} -0.5 \\ 1 \end{pmatrix},$$

also

$$\mathbf{x}^{(1)} \; = \; \mathbf{x}^{(0)} + \Delta\mathbf{x} \; = \; \begin{pmatrix} 1 \\ 1 \end{pmatrix} + \begin{pmatrix} -0.5 \\ 1 \end{pmatrix} = \begin{pmatrix} 0.5 \\ 2 \end{pmatrix}.$$

10.3 Weiterführende Themen

10.3.1 Kurven

Eine Funktion $f : \mathbb{R} \to \mathbb{R}^n$ mit eindimensionalem Definitionsbereich kann man sich als bewegten Punkt vorstellen, der zur Zeit t an der Stelle $f(t) \in \mathbb{R}^n$ ist. Statt des Funktionsgrafen liegt dann die Vorstellung als Kurve im Zielbereich $\mathbb{R}^n$ nahe, die dieser Punkt durchläuft.

946

Man nennt die Funktion f dann auch eine *Parameterdarstellung* der Kurve.

Beispiele 10.3.1

1. Die Funktion $f : \mathbb{R} \to \mathbb{R}^2$ mit

$$f(t) = \begin{pmatrix} 2 \\ 2 \end{pmatrix} + t \cdot \begin{pmatrix} 2 \\ -1 \end{pmatrix} = \begin{pmatrix} 2 + 2t \\ 2 - t \end{pmatrix}$$

entspricht der Parameterdarstellung einer Geraden (s. Abb. 10.7, vgl. Beispiel 7.5.3).

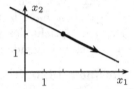

Abb. 10.7 Gerade im $\mathbb{R}^2$.

2. Ein Punkt, der zur Zeit t an der Stelle $\left(\begin{smallmatrix} \cos t \\ \sin t \end{smallmatrix} \right)$ ist, durchläuft einen Kreis. Die Bahnkurve zu

$$f : \mathbb{R} \to \mathbb{R}^2, \quad f(t) = \begin{pmatrix} \cos t \\ \sin t \end{pmatrix}$$

ist also ein Kreis, s. Abb. 10.8.

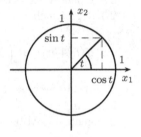

Abb. 10.8 Kreis.

3. Einen Funktionsgraf zu einer Funktion $g : \mathbb{R} \to \mathbb{R}$ kann man sich als Kurve zur Funktion

$$f : \mathbb{R} \to \mathbb{R}^2, \quad f(t) = \begin{pmatrix} t \\ g(t) \end{pmatrix}$$

vorstellen.

In Abb. 10.9 ist die Kurve zu $f(t) = \left(\begin{smallmatrix} t \\ t^2 \end{smallmatrix} \right)$, also zu $g(t) = t^2$ dargestellt.

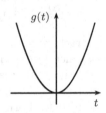

Abb. 10.9 Funktionsgraf als Kurve.

4. Die Funktion

$$f : \mathbb{R} \to \mathbb{R}^3, \quad f(t) = \begin{pmatrix} \cos t \\ \sin t \\ t \end{pmatrix}$$

beschreibt eine sich nach oben windende Spirallinie im dreidimensionalen Raum, s. Abb. 10.10.

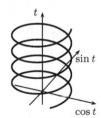

Abb. 10.10 Spirale.

947

Bemerkung 10.3.2 (lineare Näherung bei Kurven)

Die lineare Näherung (Satz 10.2.7) stellt sich bei einer Funktion $f : \mathbb{R} \to \mathbb{R}^n$ dar als

$$f(t_0 + h) \approx f(t_0) + f'(t_0) \cdot h \quad (h \text{ klein}). \tag{$*$}$$

Dabei sind $f(t_0 + h)$ und $f(t_0)$ Vektoren und h eine reelle Größe; die Jacobi-Matrix $f'(t_0)$ besitzt hier die Form $f'(t_0) = \begin{pmatrix} f_1'(t_0) \\ \vdots \\ f_n'(t_0) \end{pmatrix}$, ist also auch ein Vektor.

Die Approximation $(*)$ beschreibt also eine Gerade im $\mathbb{R}^n$ in vektorieller Form (vgl. Definition 7.5.1) mit Ortsvektor $f(t_0)$ und Richtungsvektor $f'(t_0)$. Diese Gerade ist die Tangente an die Kurve. Der Richtungsvektor $f'(t_0)$ entspricht der momentanen Bewegungsrichtung bei der Vorstellung eines sich bewegenden Punktes.

Beispiele 10.3.2.1

1. Zu der Funktion $f : \mathbb{R} \to \mathbb{R}^2$, $f(t) = \begin{pmatrix} \cos t \\ \sin t \end{pmatrix}$, die einen Kreis darstellt (s. Beispiel 10.3.1, 2.), ergibt sich

$$f(t_0 + h) \approx \begin{pmatrix} \cos t_0 \\ \sin t_0 \end{pmatrix} + \begin{pmatrix} -\sin t_0 \\ \cos t_0 \end{pmatrix} \cdot h.$$

Die rechte Seite stellt die Tangente dar. Konkret für $t_0 = \frac{\pi}{4}$ ergibt sich beispielsweise als Tangente (s. Abb. 10.11)

$$g(h) = \begin{pmatrix} 1/\sqrt{2} \\ 1/\sqrt{2} \end{pmatrix} + \begin{pmatrix} -1/\sqrt{2} \\ 1/\sqrt{2} \end{pmatrix} \cdot h.$$

Abb. 10.11 Tangente am Kreis.

2. Betrachtet man wie bei Beispiel 10.3.1, 3., zu einer Funktion $g : \mathbb{R} \to \mathbb{R}$ den Funktionsgraf als Kurve in der Form $f : \mathbb{R} \to \mathbb{R}^2$, $f(t) = \begin{pmatrix} t \\ g(t) \end{pmatrix}$, so ergibt sich die Tangente in vektorieller Form:

$$f(t_0 + h) \approx \begin{pmatrix} t_0 \\ g(t_0) \end{pmatrix} + \begin{pmatrix} 1 \\ g'(t_0) \end{pmatrix} \cdot h.$$

z.B. konkret für $g(t) = t^2$:

$$f(t_0 + h) \approx \begin{pmatrix} t_0 \\ t_0^2 \end{pmatrix} + \begin{pmatrix} 1 \\ 2t_0 \end{pmatrix} \cdot h.$$

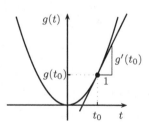

Abb. 10.12 Tangente an eine Kurve.

10.3.2 Kettenregel

Im Eindimensionalen gilt die Kettenregel (s. Satz 5.2.5)

$$(g \circ f)'(x_0) = g'(f(x_0)) \cdot f'(x_0).$$

Zwei Funktionen $f : \mathbb{R}^n \to \mathbb{R}^m$, $g : \mathbb{R}^m \to \mathbb{R}^k$ kann man verketten zu $f \circ g : \mathbb{R}^n \to \mathbb{R}^k$. Hier gilt genauso:

Satz 10.3.3 (mehrdimensionale Kettenregel)

948

Für Funktionen $f : \mathbb{R}^n \to \mathbb{R}^m$ und $g : \mathbb{R}^m \to \mathbb{R}^k$ gilt[1]

$$(g \circ f)'(\mathbf{x}) = g'(f(\mathbf{x})) \cdot f'(\mathbf{x}). \qquad \textit{(Kettenregel)}$$

Bemerkung 10.3.4 zur mehrdimensionalen Kettenregel

Die Ableitungen sind nun Matrizen und „·" bedeutet eine Matrix-Matrix-Multiplikation. Abb. 10.13 zeigt die Dimensionen der Matrizen.

$$(g \circ f)'(\mathbf{x}) \quad = \quad g'(f(\mathbf{x})) \quad \cdot \quad f'(\mathbf{x})$$

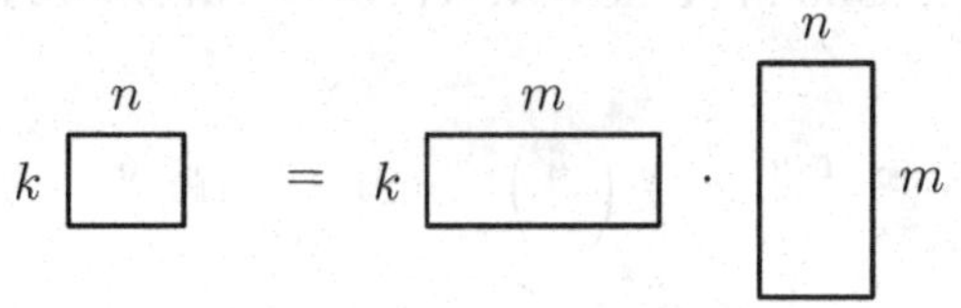

$$k\ \boxed{}^{\ n} \quad = \quad k\ \boxed{}^{\ m} \quad \cdot \quad \boxed{}_{m}^{\ n}$$

Abb. 10.13 Matrix-Dimensionen bei der Kettenregel.

Beispiele 10.3.5

1. Seien $f : \mathbb{R}^2 \to \mathbb{R}^4$ und $g : \mathbb{R}^4 \to \mathbb{R}^3$ gegeben durch

$$f(x,y) = \begin{pmatrix} 1 \\ x \\ x \\ xy \end{pmatrix} \quad \text{und} \quad g(x_1, x_2, x_3, x_4) = \begin{pmatrix} x_1 + x_3 \\ x_2 \cdot x_4 \\ \sin(x_4) \end{pmatrix}.$$

Dann ist

$$f'(x,y) = \begin{pmatrix} 0 & 0 \\ 1 & 0 \\ 1 & 0 \\ y & x \end{pmatrix} \quad \text{und} \quad g'(x_1, x_2, x_3, x_4) = \begin{pmatrix} 1 & 0 & 1 & 0 \\ 0 & x_4 & 0 & x_2 \\ 0 & 0 & 0 & \cos(x_4) \end{pmatrix},$$

also

---

[1] beispielsweise falls alle partiellen Ableitungen existieren und stetig sind

$$g'(f(x,y)) \ = \ g'(1, x, x, xy) \ = \ \begin{pmatrix} 1 & 0 & 1 & 0 \\ 0 & xy & 0 & x \\ 0 & 0 & 0 & \cos(xy) \end{pmatrix},$$

und mit der Kettenregel $(g \circ f)'(x,y) \ = \ g'(f(x,y)) \cdot f'(x,y)$ ergibt sich

$$(g \circ f)'(x,y) \ = \ \begin{pmatrix} 1 & 0 & 1 & 0 \\ 0 & xy & 0 & x \\ 0 & 0 & 0 & \cos(xy) \end{pmatrix} \cdot \begin{pmatrix} 0 & 0 \\ 1 & 0 \\ 1 & 0 \\ y & x \end{pmatrix} \ = \ \begin{pmatrix} 1 & 0 \\ 2xy & x^2 \\ \cos(xy)y & \cos(xy)x \end{pmatrix},$$

was mit der direkten Berechnung der Jacobi-Matrix aus

$$(g \circ f)(x,y) \ = \ g(f(x,y)) \ = \ g(1, x, x, xy) \ = \ \begin{pmatrix} 1+x \\ x^2 y \\ \sin(xy) \end{pmatrix}$$

übereinstimmt.

949

2. Will man die eindimensionale Funktion $h : \mathbb{R} \to \mathbb{R}$, $h(x) = x^x$, ableiten, so kann man das weder direkt mit Hilfe der Regeln für eine Potenzfunktion (da die Potenz hier nicht fest ist), noch mit Hilfe der Regeln für eine Exponentialfunktion (da die Basis hier nicht fest ist). Über eine zweidimensionale Hilfkonstruktion kann man diese Regeln aber nutzen und zusammenführen: Sei dazu

$$f : \mathbb{R}^{>0} \to (\mathbb{R}^{>0})^2, \ x \mapsto \begin{pmatrix} x \\ x \end{pmatrix} \quad \text{und} \quad g : (\mathbb{R}^{>0})^2 \to \mathbb{R}^{>0}, \ (x,y) \mapsto x^y.$$

Dann ist $h(x) = g(x,x) = g \circ f(x)$, und mit den Jacobi-Matrizen

$$f'(x) = \begin{pmatrix} 1 \\ 1 \end{pmatrix} \quad \text{und} \quad g'(x,y) = (y \cdot x^{y-1}, \ln x \cdot x^y).$$

ergibt sich

$$\begin{aligned} h'(x) \ &= \ (g \circ f)'(x) \ = \ g'(f(x)) \cdot f'(x) \\ &= \ (x \cdot x^{x-1}, \ln x \cdot x^x) \cdot \begin{pmatrix} 1 \\ 1 \end{pmatrix} \\ &= \ x^x \cdot 1 + \ln x \cdot x^x \cdot 1 \ = \ x^x(1 + \ln x). \end{aligned}$$

Bemerkung: In der Darstellung $h(x) = e^{\ln(x^x)} = e^{x \cdot \ln x}$ lässt sich die Ableitung auch rein mit den eindimensionalen Regeln aus Kapitel 5 bestimmen.

10.3.3 Richtungsableitung

Bei einer Funktion $f : \mathbb{R}^2 \to \mathbb{R}$ stellen die partiellen Ableitungen $\frac{\partial f}{\partial x}(\mathbf{p})$ bzw. $\frac{\partial f}{\partial y}(\mathbf{p})$ in einem Punkt $\mathbf{p} = (x, y) \in \mathbb{R}^2$ die Steigungen in x- bzw. y- Richtung im Punkt $\mathbf{p}$ dar.

Man kann vom Punkt $\mathbf{p}$ auch in andere Richtungen gehen und entsprechende Richtungsableitungen betrachten, s. Abb. 10.14.

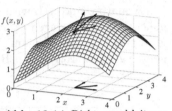

Abb. 10.14 Richtungsableitung.

Satz 10.3.6 (Richtungsableitung)

Die *Richtungsabteilung* einer Funktion $f : \mathbb{R}^n \to \mathbb{R}$ im Punkt $\mathbf{p} \in \mathbb{R}^n$ in Richtung $\mathbf{v} \in \mathbb{R}^n$, $||\mathbf{v}|| = 1$, ist

$$\frac{\partial}{\partial \mathbf{v}} f(\mathbf{p}) = \operatorname{grad} f(\mathbf{p}) \cdot \mathbf{v}.$$

Bemerkungen 10.3.7 zur Richtungsableitung

1. Die Formel für die Richtungsableitung kann man aus der Kettenregel (Satz 10.3.3) ableiten:

    Die Gerade $g(t) = \mathbf{p} + t \cdot \mathbf{v}$ beschreibt eine Bewegung im Definitionsgebiet ausgehend von $\mathbf{p}$ in die Richtung $\mathbf{v}$. Damit ist $f \circ g(t)$ das Verhalten der Funktion in dieser Richtung. Als Ableitung im Punkt $\mathbf{p}$, also für $t = 0$, erhält man

$$(f \circ g)'(t)\,|_{t=0} \overset{\text{Ketten-}}{\underset{\text{regel}}{=}} f'(g(t)) \cdot g'(t)\,|_{t=0}$$

$$= \operatorname{grad} f(g(0)) \cdot \mathbf{v} = \operatorname{grad} f(\mathbf{p}) \cdot \mathbf{v}.$$

    Für unterschiedliche Längen von $\mathbf{v}$ erhielte man unterschiedliche Werte. Für einen eindeutigen Wert fordert man die Normierung $||\mathbf{v}|| = 1$, was man als Geschwindigkeit gleich 1 interpretieren kann.

2. Satz 10.3.6 besagt insbesondere, dass die partiellen Ableitungen sämtliche Richtungsableitungen festlegen.

    Man erhält die partiellen Ableitungen wieder als spezielle Richtungsableitungen zurück, z.B. im $\mathbb{R}^2$ mit den Richtungsvektoren $\mathbf{v}_x = \begin{pmatrix} 1 \\ 0 \end{pmatrix}$ bzw. $\mathbf{v}_y = \begin{pmatrix} 0 \\ 1 \end{pmatrix}$:

$$\frac{\partial}{\partial \mathbf{v}_x} f = \operatorname{grad} f \cdot \mathbf{v}_x = \left(\frac{\partial f}{\partial x}, \frac{\partial f}{\partial y} \right) \cdot \begin{pmatrix} 1 \\ 0 \end{pmatrix} = \frac{\partial f}{\partial x}$$

    und

$$\frac{\partial}{\partial \mathbf{v}_y} f \;=\; \operatorname{grad} f \cdot \mathbf{v}_y \;=\; \left(\frac{\partial f}{\partial x}, \frac{\partial f}{\partial y}\right) \cdot \begin{pmatrix} 0 \\ 1 \end{pmatrix} \;=\; \frac{\partial f}{\partial y}.$$

3. Ein Skalarprodukt $\mathbf{a} \cdot \mathbf{b}$ wird betragsmäßig am größten, wenn $\mathbf{a}$ und $\mathbf{b}$ in die gleiche Richtung zeigen (s. Bemerkung 7.3.17, 4.). Die Richtungsableitung $\operatorname{grad} f(\mathbf{x}_0) \cdot \mathbf{v}$ wird also am größten, wenn man in Richtung von $\operatorname{grad} f(\mathbf{x}_0)$ geht, vgl. Satz 10.1.8. Ein Richtungsvektor der Länge 1 in diese Richtung ist

$$\mathbf{v} \;=\; \frac{1}{\|\operatorname{grad} f(\mathbf{x}_0)\|} \cdot \operatorname{grad} f(\mathbf{x}_0).$$

Die maximale Richtungsableitung ist dann

$$\begin{aligned}
\frac{\partial}{\partial \mathbf{v}} f(\mathbf{x}_0) &= \operatorname{grad} f(\mathbf{x}_0) \cdot \frac{1}{\|\operatorname{grad} f(\mathbf{x}_0)\|} \cdot \operatorname{grad} f(\mathbf{x}_0) \\
&= \frac{1}{\|\operatorname{grad} f(\mathbf{x}_0)\|} \cdot \big(\operatorname{grad} f(\mathbf{x}_0) \cdot \operatorname{grad} f(\mathbf{x}_0)\big) \\
&= \frac{1}{\|\operatorname{grad} f(\mathbf{x}_0)\|} \cdot \|\operatorname{grad} f(\mathbf{x}_0)\|^2 \\
&= \|\operatorname{grad} f(\mathbf{x}_0)\|.
\end{aligned}$$

4. Ist die Richtung $\mathbf{v}$ senkrecht zu $\operatorname{grad} f$, so ist das Skalarprodukt gleich Null, d.h., senkrecht zum Gradienten ist die Richtungsableitung gleich 0, vgl. Satz 10.1.8.

10.3.4 Hesse-Matrix

953

Definition 10.3.8 (Hesse-Matrix)

Zu einer Funktion $f : \mathbb{R}^n \to \mathbb{R}$ heißt[1]

$$H_f(\mathbf{x}) \;:=\; \begin{pmatrix} \frac{\partial^2}{\partial x_1 \partial x_1} f(\mathbf{x}) & \frac{\partial^2}{\partial x_1 \partial x_2} f(\mathbf{x}) & \cdots & \frac{\partial^2}{\partial x_1 \partial x_n} f(\mathbf{x}) \\[2mm] \frac{\partial^2}{\partial x_2 \partial x_1} f(\mathbf{x}) & \frac{\partial^2}{\partial x_2 \partial x_2} f(\mathbf{x}) & \cdots & \frac{\partial^2}{\partial x_2 \partial x_n} f(\mathbf{x}) \\[2mm] \vdots & \vdots & \ddots & \vdots \\[2mm] \frac{\partial^2}{\partial x_n \partial x_1} f(\mathbf{x}) & \frac{\partial^2}{\partial x_n \partial x_2} f(\mathbf{x}) & \cdots & \frac{\partial^2}{\partial x_n \partial x_n} f(\mathbf{x}) \end{pmatrix}$$

Hesse-Matrix von f.

---

[1] falls alle partiellen Ableitungen zweiter Ordnung existieren

Bemerkungen 10.3.9 zur Hesse-Matrix

1. Die Hesse-Matrix ist die verallgemeinerte zweite Ableitung.

2. Nach dem Satz von Schwarz (Satz 10.1.4) ist die Hesse-Matrix eine symmetrische Matrix.[1]

3. Bei einer Funktion $f : \mathbb{R}^n \to \mathbb{R}$ ist der Gradient $\operatorname{grad} f$ eine Funktion $\mathbb{R}^n \to \mathbb{R}^n$. Leitet man die einzelnen Komponenten von $\operatorname{grad} f$, also $\frac{\partial}{\partial x_i} f$, nach den einzelnen Variablen ab, erhält man die Spalten der Hesse-Matrix, die (wie in 2. erwähnt) gleich den Zeilen der Hesse-Matrix sind.[1] Die Hesse-Matrix ist also die Jacobi-Matrix des Gradienten.

Beispiel 10.3.10

Zu der Funktion

$$f : \mathbb{R}^2 \to \mathbb{R}, \ f(x, y) = (x + 1) \cdot e^y$$

sind die ersten Ableitungen

$$\operatorname{grad} f(x, y) = (\frac{\partial}{\partial x} f, \frac{\partial}{\partial y} f) = (e^y, (x + 1) e^y),$$

also

$$H_f(x, y) = \begin{pmatrix} 0 & e^y \\ e^y & (x + 1) e^y \end{pmatrix}.$$

In Verallgemeinerung der eindimensionalen quadratischen Taylor-Näherung

$$f(x_0 + \Delta x) \approx f(x_0) + f'(x_0) \cdot \Delta x + \tfrac{1}{2} f''(x_0) \cdot (\Delta x)^2$$

(s. Definition 5.3.19) gilt:

Satz 10.3.11 (Quadratische (Taylor-) Näherung)

Für eine Funktion $f : \mathbb{R}^n \to \mathbb{R}$ und kleine $\Delta \mathbf{x}$ ist[2]

$$f(\mathbf{x}_0 + \Delta \mathbf{x}) \approx f(\mathbf{x}_0) + \operatorname{grad} f(\mathbf{x}_0) \cdot \Delta \mathbf{x} + \tfrac{1}{2} \cdot (\Delta \mathbf{x})^T \cdot H_f(\mathbf{x}_0) \cdot \Delta \mathbf{x}.$$

954

955

Bemerkung 10.3.12 zur quadratischen Näherung

Der quadratische Anteil $\frac{1}{2} f''(x_0) \cdot (\Delta x)^2$ im Eindimensionalen wird also zur quadratischen Form $\frac{1}{2} \cdot (\Delta \mathbf{x})^T \cdot H_f(\mathbf{x}_0) \cdot \Delta \mathbf{x}$, vgl. Bemerkung 8.7.3.

---

[1] bei entsprechenden Voraussetzungen

[2] unter gewissen Voraussetzungen, beispielsweise falls die partiellen Ableitungen zweiter Ordnung von f existieren und stetig sind

Beispiel 10.3.13 (Fortsetzung von Beispiel 10.3.10)

Zu $f(x,y) = (x+1) \cdot e^y$ ist für kleine x, y

$$f\left(\begin{pmatrix} 0 \\ 0 \end{pmatrix} + \begin{pmatrix} x \\ y \end{pmatrix}\right)$$

$$\approx f\begin{pmatrix} 0 \\ 0 \end{pmatrix} + \operatorname{grad} f \begin{pmatrix} 0 \\ 0 \end{pmatrix} \cdot \begin{pmatrix} x \\ y \end{pmatrix} + \frac{1}{2} \cdot \begin{pmatrix} x \\ y \end{pmatrix}^T \cdot H_f \begin{pmatrix} 0 \\ 0 \end{pmatrix} \cdot \begin{pmatrix} x \\ y \end{pmatrix}$$

$$= \quad 1 \quad + \quad (1,1) \cdot \begin{pmatrix} x \\ y \end{pmatrix} \quad + \quad \frac{1}{2} \cdot (x,y) \cdot \begin{pmatrix} 0 & 1 \\ 1 & 1 \end{pmatrix} \cdot \begin{pmatrix} x \\ y \end{pmatrix}$$

$$= \quad 1 \quad + \quad x + y \quad + \quad \frac{1}{2} \cdot (2xy + y^2)$$

$$= 1 + x + y + xy + \tfrac{1}{2}y^2.$$

956

Satz 10.3.14 (hinreichende Bedingung für eine Extremstelle)

Die Stelle $\mathbf{x}_0 \in \mathbb{R}^n$ sei stationärer Punkt zur Funktion $f : \mathbb{R}^n \to \mathbb{R}$, also $\operatorname{grad} f(\mathbf{x}_0) = 0$. Dann gilt[1,2]:

1. $H_f(\mathbf{x}_0)$ ist $\begin{array}{l} \text{positiv definit} \\ \text{negativ definit} \end{array}$ $\Rightarrow$ f hat in $\mathbf{x}_0$ ein lokales $\begin{array}{l} \text{Minimum} \\ \text{Maximum} \end{array}$.

2. $H_f(\mathbf{x}_0)$ ist indefinit $\Rightarrow$ $\mathbf{x}_0$ ist keine Extremstelle.

Bemerkungen 10.3.15 zur hinreichenden Bedingung für eine Extremstelle

1. Im Hinblick darauf, dass die Definitheit einer Matrix die Verallgemeinerung des Vorzeichens einer reellen Zahl ist (s. Bemerkung 8.7.6, 1.), ist Satz 10.3.14, 1., die Verallgemeinerung zu Satz 5.3.7, 1.

2. Bei einer semidefiniten Hesse-Matrix ist allein mit $H_f(\mathbf{x}_0)$ keine Aussage möglich, ob die betrachtete Stelle Extermstelle ist oder nicht.

3. Satz 10.3.14 ist mit der quadratischen Approximation (Satz 10.3.11) erklärbar:

   Hat die Funktion $f : \mathbb{R}^n \to \mathbb{R}$ in $\mathbf{x}_0$ eine Extremstelle, so ist $\operatorname{grad} f(\mathbf{x}_0) = 0$ (s. Satz 10.2.1). Für kleine Abweichungen $\Delta\mathbf{x}$ gilt also mit der quadratischen Approximation

$$f(\mathbf{x}_0 + \Delta\mathbf{x}) \approx f(\mathbf{x}_0) + \operatorname{grad} f(\mathbf{x}_0) \cdot \Delta\mathbf{x} + \tfrac{1}{2} \cdot (\Delta\mathbf{x})^T \cdot H_f(\mathbf{x}_0) \cdot \Delta\mathbf{x}$$

$$= f(\mathbf{x}_0) + \tfrac{1}{2} \cdot (\Delta\mathbf{x})^T \cdot H_f(\mathbf{x}_0) \cdot \Delta\mathbf{x}. \tag{$*$}$$

---

[1] unter gewissen Voraussetzungen, beispielsweise falls f zweimal differenzierbar mit stetigen zweiten Ableitungen ist

[2] zur Definitheit von Matrizen s. Abschnitt 8.7

Es ist plausibel, dass $\mathbf{x}_0$ eine Minimalstelle ist, wenn die quadratische Form $(\Delta\mathbf{x})^T \cdot H_f(\mathbf{x}_0) \cdot \Delta\mathbf{x}$ für Abweichungen $\Delta\mathbf{x} \neq 0$ immer positiv ist. Dies ist gleichbedeutend damit, dass die Hesse-Matrix H_f positiv definit ist.

Ist die Hesse-Matrix H_f indefinit, so gibt es $\Delta\mathbf{x}_1$ und $\Delta\mathbf{x}_2$ mit

$$(\Delta\mathbf{x}_1)^T H_f \Delta\mathbf{x}_1 > 0 \qquad \text{und} \qquad (\Delta\mathbf{x}_2)^T H_f \Delta\mathbf{x}_2 < 0.$$

In der Nähe der Stelle $\mathbf{x}_0$ erhält man entsprechend der Näherung $(*)$ also größere und kleinere Funktionswerte, d.h., $\mathbf{x}_0$ ist garantiert keine Extremstelle.

Beispiel 10.3.16 (vgl. Beispiel 10.2.2)

Die Funktion $f : \mathbb{R}^2 \to \mathbb{R}$,

$$f(x,y) = \tfrac{1}{2}x^2 + y^2 - xy - x$$

mit

$$\operatorname{grad} f(x,y) = (x - y - 1, 2y - x),$$

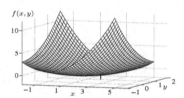

Abb. 10.15 Minimalstelle.

hat an der Stelle $(x,y) = (2,1)$ einen stationären Punkt: $\operatorname{grad} f(2,1) = (0,0)$. Da

$$H_f(x,y) = \begin{pmatrix} 1 & -1 \\ -1 & 2 \end{pmatrix}$$

für jede Stelle (x,y) positiv definit ist (s. Beispiel 8.7.10, 2.), ist $(2,1)$ eine Minimalstelle, s. Abb. 10.15.

Bemerkung 10.3.17

Es reicht nicht aus, dass an einer Stelle alle partiellen Funktionen Minimalbzw. Maximalstellen haben, um daraus schließen zu können, dass die gesamte Funktion dort eine Extremstelle hat.

Beispiel 10.3.17.1

Die Funktion $f : \mathbb{R}^2 \to \mathbb{R}$,

$$f(x,y) = x^2 + y^2 + 4xy,$$

mit

$$\operatorname{grad} f(x,y) = (2x + 4y, 2y + 4x)$$

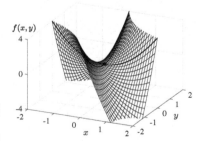

Abb. 10.16 Sattelstelle.

hat an der Stelle $(x,y) = (0,0)$ einen stationären Punkt.

Die partiellen Funktionen in x- und in y-Richtung stellen nach oben geöffnete Parabeln dar, bei denen $(0,0)$ jeweils eine Minimalstelle ist.

Die Stelle ist für f aber eine Sattelstelle: Die Hesse-Matrix ist

$$H_f(x, y) \;=\; \begin{pmatrix} 2 & 4 \\ 4 & 2 \end{pmatrix};$$

sie ist indefinit, da z.B.

$$(1 \quad 0) \cdot \begin{pmatrix} 2 & 4 \\ 4 & 2 \end{pmatrix} \cdot \begin{pmatrix} 1 \\ 0 \end{pmatrix} \;=\; (1 \quad 0) \cdot \begin{pmatrix} 2 \\ 4 \end{pmatrix} \;=\; 2 \,>\, 0$$

$$\text{und } (1 \; -1) \cdot \begin{pmatrix} 2 & 4 \\ 4 & 2 \end{pmatrix} \cdot \begin{pmatrix} 1 \\ -1 \end{pmatrix} \;=\; (1 \; -1) \cdot \begin{pmatrix} -2 \\ 2 \end{pmatrix} \;=\; -4 \,<\, 0$$

ist. Der stationäre Punkt $(0,0)$ ist nach Satz 10.3.14 also keine Extrem-stelle sondern eine Sattelstelle, s. Abb. 10.16.

11 Integration bei mehreren Veränderlichen

Dieses Kapitel behandelt die Integration reellwertiger Funktionen in mehreren Veränderlichen. Diese kann auf eindimensionale Integrale zurückgeführt werden. Bei den häufig vorkommenden Integrationen in der Ebene und im Raum sind die im Kapitel 9 eingeführten Polar-, Zylinder- und Kugelkoordinaten wichtig.

11.1 Satz von Fubini

Einführung 11.1.1

Zu einer Funktion $f : [a, b] \to \mathbb{R}$ berechnet das Integral

$$\int_a^b f(x)\,dx$$

die Fläche unter der Kurve $x \mapsto f(x)$.

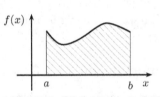

$f(x)$

Abb. 11.1 Fläche unter einer Kurve.

970

971

Bei einer mehrdimensionalen Funktion $f : D \to \mathbb{R}$, $D \subseteq \mathbb{R}^2$, z.B.

$$f : [0, 2] \times [0, 1] \to \mathbb{R}, \ f(x, y) = x + y,$$

kann man sich das Integral als Volumen unter der Fläche, die von f beschrieben wird, vorstellen.

Bei einer Funktion $f : D \to \mathbb{R}$, $D \subseteq \mathbb{R}^n$ kann man das Integral

$$\int_D f(x_1, \ldots, x_n)\,d(x_1, \ldots, x_n)$$

wie im Eindimensionalen definieren:

© Springer-Verlag GmbH Deutschland, ein Teil von Springer Nature 2020
G. Hoever, *Höhere Mathematik kompakt*,
https://doi.org/10.1007/978-3-662-62080-9_11

Man zerlegt den Definitionsbereich D in kleine Teile $D_1, \ldots, D_n$, z.B. Quadrate, sucht sich Stellen $\mathbf{x}_i \in D_i$ und bildet die Zwischensumme

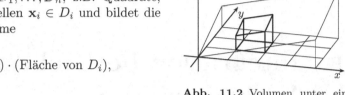
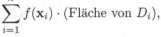

$$\sum_{i=1}^{n} f(\mathbf{x}_i) \cdot (\text{Fläche von } D_i),$$

s. Abb. 11.2.

Abb. 11.2 Volumen unter einer Fläche.

Falls diese Summen für immer feinere Zerlegungen gegen einen Wert konvergieren, heißt die Funktion f *integrierbar* und der Grenzwert wird mit $\int_D f(\mathbf{x}) \, \mathrm{d}\mathbf{x}$ bezeichnet.

972

973

Satz 11.1.2 (Satz von Fubini)

Für $D = [a_x, b_x] \times [a_y, b_y] \subseteq \mathbb{R}^2$ und eine Funktion $f : D \to \mathbb{R}$ gilt[1]:

$$\int_D f(x,y) \, \mathrm{d}(x,y) = \int_{x=a_x}^{b_x} \left(\int_{y=a_y}^{b_y} f(x,y) \, \mathrm{d}y \right) \mathrm{d}x$$

$$= \int_{y=a_y}^{b_y} \left(\int_{x=a_x}^{b_x} f(x,y) \, \mathrm{d}x \right) \mathrm{d}y.$$

Entsprechendes gilt in höheren Dimensionen.

Bemerkungen 11.1.3 zum Satz von Fubini

1. Mit dem Satz von Fubini lässt sich die mehrdimensionale Integration auf eine mehrfache eindimensionale Integration zurückführen.

2. Anschaulich beschreibt der Satz von Fubini, dass man das mehrdimensionale Integral als (äußeres) Integral über Schnittflächen (die inneren Integrale) erhält. Dabei ist es unerheblich, ob man zunächst in y-Richtung schneidet und die Schnittflächen dann in x-Richtung aufsammelt (wie in Abb. 11.3), oder ob man umgekehrt in x Richtung schneidet und die Flächen in y-Richtung aufsammelt.

Abb. 11.3 Volumen als Integration von Schnitten.

---

[1] unter gewissen Voraussetzungen, beispielsweise wenn f stetig ist

Beispiel 11.1.4

974

Sei $D = [0, 2] \times [0, 1]$ und $f : D \to \mathbb{R}$, $f(x, y) = x + y$. Dann gilt

$$\int_D f(x, y) \, \mathrm{d}(x, y) = \int_{x=0}^{2} \left(\int_{y=0}^{1} (x + y) \, \mathrm{d}y \right) \mathrm{d}x$$

$$= \int_{x=0}^{2} \left(\left(xy + \tfrac{1}{2}y^2 \right) \Big|_{y=0}^{1} \right) \mathrm{d}x = \int_{x=0}^{2} (x + \tfrac{1}{2}) \, \mathrm{d}x$$

$$= \tfrac{1}{2}x^2 + \tfrac{1}{2}x \Big|_0^2 = 2 + 1 - 0 = 3.$$

Die umgekehrte Integrationsreihenfolge bringt das gleiche Ergebnis:

$$\int_D f(x, y) \, \mathrm{d}(x, y) = \int_{y=0}^{1} \left(\int_{x=0}^{2} (x + y) \, \mathrm{d}x \right) \mathrm{d}y$$

$$= \int_{y=0}^{1} \left(\frac{1}{2}x^2 + y \cdot x \Big|_{x=0}^{2} \right) \mathrm{d}y = \int_{y=0}^{1} (2 + 2y) \, \mathrm{d}y$$

$$= 2y + y^2 \Big|_0^1 = 2 + 1 = 3.$$

Bemerkung 11.1.5 (Sätze von Fubini und Schwarz)

Die Integration ist die Umkehrung der Differenziation. Damit besteht ein Zusammenhang zwischen dem Satz von Fubini und dem Satz von Schwarz (Satz 10.1.4): Der Satz von Fubini besagt, dass bei der Integration mit mehreren Variablen die Reihenfolge vertauschbar ist. Der Satz von Schwarz drückt den Rückweg aus: Die Reihenfolge bei partiellen Ableitungen ist vertauschbar.

Bemerkung 11.1.6

Speziell bei Funktionen $f : D \to \mathbb{R}$, $D \subset \mathbb{R}^2$ beschreibt der Satz von Fubini anschaulich, dass man das Volumen des Funktionsgebirges durch die Integration von Schnitten in x- oder in y-Richtung erhält.

Mit der gleichen Idee kann man das Volumen dreidimensionaler Körper durch Integration von Schnittflächen bestimmen:

Satz 11.1.7 (Volumenberechnung)

975

Hat ein Körper eine Querschnittfläche $A(z)$ in Höhe z, $z_0 \leq z \leq z_1$, so besitzt er das Volumen $V = \int_{z_0}^{z_1} A(z) \, \mathrm{d}z$.

Beispiel 11.1.8

Gesucht ist das Volumen V einer Pyramide mit quadratischer Grundfläche, Seitenlänge 2 und Höhe 2, s. Abb. 11.4.

Ein Schnitt in Höhe z ergibt ein Quadrat mit Seitenlänge $2-z$, also mit der Fläche $A(z) = (2-z)^2$. Damit ist:

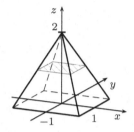

$$V = \int_0^2 (2-z)^2 \, dz$$

$$= -\frac{1}{3}(2-z)^3 \Big|_0^2$$

$$= 0 - (-\frac{8}{3}) = \frac{8}{3}.$$

Abb. 11.4 Volumenbestimmung durch Integration von Schnittflächen.

11.2 Integration in anderen Koordinatensystemen

In Abschnitt 11.1 wurde die mehrdimensionale Integration durch Schnitte parallel zu den Koordinatenachsen durchgeführt. Als entsprechende Grundflächen hat man dann beispielsweise bei einer Funktion $f : D \to \mathbb{R}$ mit $D \subset \mathbb{R}^2$ kleine Quadrate mit Flächeninhalt $\Delta x \cdot \Delta y$, s. Abb. 11.5, links. Diese werden bei der immer feiner werdenden Zerlegung zu „$dx\,dy$".

Bei Funktionen, die in Polar-, Zylinder- oder Kugelkoordinaten angegeben sind, bieten sich andere Unterteilungen an, s. Abb. 11.5, rechts. Dabei führen die geänderten Grundflächen zu anderen Berechnungsformeln.

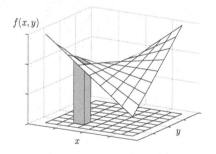
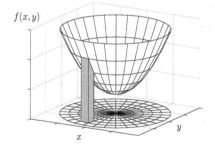

Abb. 11.5 Unterteilung der Integrationsgebiete bei kartesischen Koordinaten und bei Polarkoordinaten.

Satz 11.2.1 (Integration in Polarkoordinaten)

Sei K_R der Kreis in $\mathbb{R}^2$ um den Ursprung mit Radius R.

Für eine integrierbare Funktion $f : K_R \to \mathbb{R}$ in Polarkoordinaten dargestellt, $f = f(r, \varphi)$, gilt:

$$\int\limits_{K_R} f(x, y) \, \mathrm{d}(x, y) = \int\limits_{r=0}^{R} \int\limits_{\varphi=0}^{2\pi} f(r, \varphi) \cdot r \, \mathrm{d}\varphi \, \mathrm{d}r.$$

976

Bemerkung 11.2.2 zur Integration in Polarkoordinaten

Satz 11.2.1 wird verständlich, wenn man die Zerlegung des Definitionskreises in kleine Ringteilflächen wie in Abb. 11.6 betrachtet:

Der Flächeninhalt dieser Ringteilflächen ist ungefähr

$$\Delta A = r \cdot \Delta\varphi \cdot \Delta r.$$

Dies führt zu „$r \, \mathrm{d}\varphi \, \mathrm{d}r$", also dem zusätzlichen Faktor r im Integranden.

Abb. 11.6 Ringteilflächen.

Beispiele 11.2.3

1. Die Funktion $f : \mathbb{R}^2 \to \mathbb{R}$, in Polarkoordinaten dargestellt durch

$$f(r, \varphi) = r \cdot \sin^2 \varphi,$$

soll über einen Kreis mit Radius 2 integriert werden:

$$\int\limits_{K_2} f(x, y) \, \mathrm{d}(x, y)$$

$$= \int\limits_{r=0}^{2} \int\limits_{\varphi=0}^{2\pi} r \cdot \sin^2 \varphi \cdot r \, \mathrm{d}\varphi \, \mathrm{d}r$$

$$= \int\limits_{r=0}^{2} r^2 \cdot \left(\int\limits_{\varphi=0}^{2\pi} \sin^2 \varphi \, \mathrm{d}\varphi \right) \mathrm{d}r$$

$$= \frac{1}{3} r^3 \Big|_0^2 \cdot \left(\frac{1}{2} \cdot 2\pi \right) = \frac{8}{3} \pi.$$

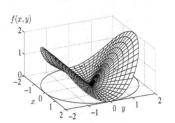

Abb. 11.7 $f(r, \varphi) = r \cdot \sin^2 \varphi$.

2. Die nur vom Abstand r zum Ursprung abhängige Funktion $f : \mathbb{R}^2 \to \mathbb{R}$, $f(r) = r$ soll über einen Kreis mit Radius 2 integriert werden:

$$\int_{K_2} f(x,y)\,\mathrm{d}(x,y) = \int_{r=0}^{2} \int_{\varphi=0}^{2\pi} r \cdot r\,\mathrm{d}\varphi\,\mathrm{d}r = \int_{r=0}^{2} r^2 \cdot \left(\int_{\varphi=0}^{2\pi} 1\,\mathrm{d}\varphi \right) \mathrm{d}r$$

$$= \int_{r=0}^{2} r^2 \cdot 2\pi\,\mathrm{d}r = 2\pi \cdot \frac{1}{3}r^3 \Big|_0^2 = \frac{16}{3}\pi.$$

Satz 11.2.4

Sei K_R der Kreis in $\mathbb{R}^2$ um den Ursprung mit Radius R.

Für eine integrierbare Funktion $f : K_R \to \mathbb{R}$, die nur vom Abstand r zum Ursprung abhängt, $f = f(r)$, gilt:

$$\int_{K_R} f(x,y)\,\mathrm{d}(x,y) = \int_{r=0}^{R} f(r) \cdot 2\pi r\,\mathrm{d}r.$$

Bemerkungen 11.2.5 zu Satz 11.2.4

1. Hängt die Funktion f nur vom Abstand r zum Ursprung ab, also $f = f(r)$, so ist der Integrand nicht mehr von φ abhängig, und die φ-Integration bei der Berechnung gemäß Satz 11.2.1 als

$$\int_{r=0}^{R} \int_{\varphi=0}^{2\pi} f(r,\varphi) \cdot r\,\mathrm{d}\varphi\,\mathrm{d}r = \int_{r=0}^{R} \int_{\varphi=0}^{2\pi} f(r) \cdot r\,\mathrm{d}\varphi\,\mathrm{d}r$$

liefert wie bei Beispiel 11.2.3, 2., den konstanten Faktor 2π.

2. Den Ausdruck $2\pi r\,\mathrm{d}r$ beim rechten Integral in Satz 11.2.4 kann man sich als Fläche eines $\mathrm{d}r$-breiten Integrationsrings im Definitionsbereich vorstellen.

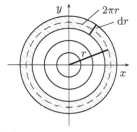

Die Formel bedeutet dann, dass das Volumen in Ringe zerlegt wird, die eine Grundfläche $2\pi r\,\mathrm{d}r$ und eine Höhe $f(r)$, also ein Volumen $f(r) \cdot 2\pi r\,\mathrm{d}r$ haben.

Abb. 11.8 Integrationsring.

Bemerkung 11.2.6 (Vorstellung der Integration im Raum)

Die Integration einer zweidimensionalen Funktion $f : D \to \mathbb{R}$, $D \subseteq \mathbb{R}^2$, kann man sich vorstellen als Bestimmung des Volumens unter dem Funktionsgebirge. Alternativ kann man sich vorstellen, dass das gesamte Definitionsgebiet D mit den entsprechenden Funktionswerten „gepflastert" ist. Die Integration zerlegt den Definitionsbereich in kleine Teilflächen und gewichtet diese mit dem entsprechenden Wert. Die Summe bei immer feiner werdender Zerlegung ist das Integral.

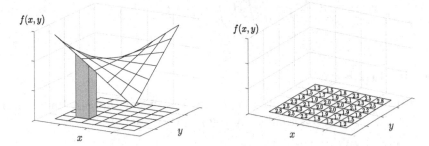

Abb. 11.9 Funktionsgebirge und „Pflasterung" mit Funktionswerten.

Die zweite Vorstellung kann man auf dreidimensionale Funktionen $f : D \to \mathbb{R}$, $D \subseteq \mathbb{R}^3$, übertragen: Der gesamte Raum bzw. das Definitionsgebiet ist mit Werten gefüllt. Die Integration zerlegt den Definitionsbereich in kleine Volumenelemente und gewichtet diese mit dem entsprechenden Wert. Die Summe bei immer feiner werdender Zerlegung ist das Integral.

In kartesischen Koordinaten betrachtet man sinnvollerweise als Volumenelemente kleine Quader entsprechend der x-, y- und z-Richtung, die das Volumen $\Delta V = \Delta x \cdot \Delta y \cdot \Delta z$ besitzen. Dies führt auf die übliche Integration mit $dx\,dy\,dz$. Wie schon bei der Integration in Polarkoordinaten teilt man bei einer in Zylinder- oder Kugelkoordinaten gegebenen Funktion den Definitionsbereich sinnvollerweise anders auf, um eine entsprechend der Darstellung passende Integration zu erhalten.

Bei der Integration in Zylinderkoordinaten betrachtet man beispielsweise kleine Volumenelemente entsprechend Abb. 11.10.

979

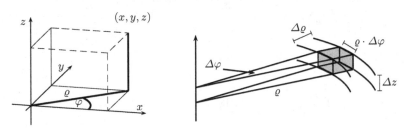

Abb. 11.10 Zylinderkoordinaten und entsprechendes Volumenelement.

Für das Volumenelement gilt dann

$$\Delta V = \varrho \cdot \Delta\varphi \cdot \Delta\varrho \cdot \Delta z.$$

Dies führt zu einem zusätzlichen Faktor ϱ im Integranden:

Satz 11.2.7 (Integration in Zylinderkoordinaten)

Für eine integrierbare Funktion $f : \mathbb{R}^3 \to \mathbb{R}$ in Zylinderkoordinaten dargestellt, $f = f(\varrho, \varphi, z)$, gilt[1]:

$$\int_D f(x, y, z)\,\mathrm{d}(x, y, z) = \int_z \int_\varrho \int_\varphi f(\varrho, \varphi, z) \cdot \varrho\,\mathrm{d}\varphi\,\mathrm{d}\varrho\,\mathrm{d}z.$$

Bespiel 11.2.8

Gesucht ist die Durchschnittstemperatur T in einem Topf mit Radius 1 und Höhe 2 (s. Abb. 11.11) und einer Temperaturverteilung

$$f(\varrho, \varphi, z) = 100 - 10z - 10\varrho.$$

Durch das Integral von f erhält man die Summe der einzelnen Temperaturwerte multipliziert mit entsprechenden Volumenelementen. Teilt man diesen Wert durch das gesamte Volumen, erhält man den Durchschnittswert:

$$
\begin{aligned}
T &= \frac{1}{V} \cdot \int_{\text{Topf}} f(x, y, z)\,\mathrm{d}(x, y, z) \\[2mm]
&= \frac{1}{\pi \cdot 1^2 \cdot 2} \int_{z=0}^{2} \int_{\varrho=0}^{1} \int_{\varphi=0}^{2\pi} f(\varrho, \varphi, z)\varrho\,\mathrm{d}\varphi\,\mathrm{d}\varrho\,\mathrm{d}z \\[2mm]
&= \frac{1}{2\pi} \int_{z=0}^{2} \int_{\varrho=0}^{1} (100 - 10z - 10\varrho) \cdot 2\pi \cdot \varrho\,\mathrm{d}\varrho\,\mathrm{d}z \\[2mm]
&= \int_{z=0}^{2} \int_{\varrho=0}^{1} ((100 - 10z)\varrho - 10\varrho^2)\,\mathrm{d}\varrho\,\mathrm{d}z \\[2mm]
&= \int_{z=0}^{2} \left(\frac{1}{2}(100 - 10z)\varrho^2 - \frac{10}{3}\varrho^3 \right)\bigg|_{\varrho=0}^{1} \mathrm{d}z \\[2mm]
&= \int_{z=0}^{2} \left((50 - 5z) - \frac{10}{3} \right) \mathrm{d}z \\[2mm]
&= \left(\frac{140}{3}z - \frac{5}{2}z^2 \right)\bigg|_{0}^{2} = \frac{280}{3} - 10 = \frac{250}{3} = 83.\bar{3}.
\end{aligned}
$$

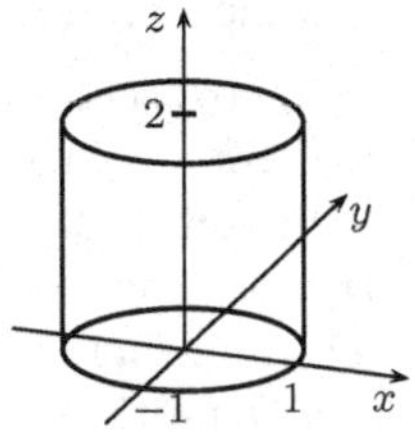

Abb. 11.11 Topf.

---

[1] bei dem Integrationsbereich $D \subset \mathbb{R}^3$ entsprechenden Integrationsgrenzen für z, ϱ und φ

980

Satz 11.2.9 (Integration in Kugelkoordinaten)

Für eine integrierbare Funktion $f : \mathbb{R}^3 \to \mathbb{R}$ in Kugelkoordinaten dargestellt, $f = f(r, \varphi, \vartheta)$, gilt[1]:

$$\int_D f(x,y,z)\,\mathrm{d}(x,y,z) \;=\; \int_r \int_\varphi \int_\vartheta f(r,\varphi,\vartheta) \cdot r^2 \sin\vartheta \;\mathrm{d}\vartheta\,\mathrm{d}\varphi\,\mathrm{d}r.$$

Bemerkung 11.2.10 zur Integration in Kugelkoordinaten

Bei Kugelkoordinaten ist das Volumenelement entsprechend Abb. 11.12

$$\Delta V \;=\; (r \cdot \Delta\vartheta) \cdot (\Delta r) \cdot (r \sin\vartheta \cdot \Delta\varphi) \;=\; r^2 \sin\vartheta \cdot \Delta r \Delta\varphi \Delta\vartheta.$$

Dies führt auf den zusätzlichen Faktor $r^2 \sin\vartheta$.

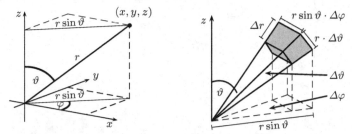

Abb. 11.12 Kugelkoordinaten und entsprechendes Volumenelement.

Beispiele 11.2.11

1. Die Integration von $f(x,y,z) = z$ über die Kugel K_1 mit Radius 1 um den Ursprung ergibt wegen der Darstellung in Kugelkoordinaten als $f(r,\varphi,\vartheta) = r\cos\vartheta$

$$\int_{K_1} f(x,y,z)\,\mathrm{d}(x,y,z) \;=\; \int_{r=0}^{1} \int_{\varphi=0}^{2\pi} \int_{\vartheta=0}^{\pi} r\cos\vartheta \cdot r^2 \sin\vartheta \;\mathrm{d}\vartheta\,\mathrm{d}\varphi\,\mathrm{d}r$$

$$= \int_{r=0}^{1} \int_{\varphi=0}^{2\pi} r^3 \int_{\vartheta=0}^{\pi} \cos\vartheta \sin\vartheta \;\mathrm{d}\vartheta\,\mathrm{d}\varphi\,\mathrm{d}r$$

$$= \int_{r=0}^{1} \int_{\varphi=0}^{2\pi} r^3 \left(\frac{1}{2}\sin^2\vartheta \right)\Big|_{\vartheta=0}^{\pi} \,\mathrm{d}\varphi\,\mathrm{d}r$$

$$= \int_{r=0}^{1} \int_{\varphi=0}^{2\pi} r^3(0-0) \;\mathrm{d}\varphi\,\mathrm{d}r \;=\; 0.$$

---

[1] bei dem Integrationsbereich $D \subset \mathbb{R}^3$ entsprechenden Integrationsgrenzen für r, φ und ϑ

Dieses Ergebnis ist auch durch Symmetriebetrachtungen klar, denn durch die Funktion f ist die Kugel K_1 mit positiven Werten (oberhalb der (x,y)-Ebene) und negativen Werten (unterhalb der (x,y)-Ebene) symmetrisch gefüllt, die sich bei der Integration genau aufheben.

2. Integriert man die konstante Funktion 1, so erhält das Volumen des Integrationsbereichs. Insbesondere kann man auf diese Weise das Volumen einer Kugel mit Radius R durch Integration in Kugelkoordinaten erhalten:

$$
\begin{aligned}
V &= \int_{r=0}^{R} \int_{\varphi=0}^{2\pi} \int_{\vartheta=0}^{\pi} 1 \cdot r^2 \sin\vartheta \; \mathrm{d}\vartheta \, \mathrm{d}\varphi \, \mathrm{d}r \\
&= \int_{r=0}^{R} r^2 \, \mathrm{d}r \cdot 2\pi \cdot \int_{\vartheta=0}^{\pi} \sin\vartheta \; \mathrm{d}\vartheta \\
&= \left. \frac{1}{3} r^3 \right|_0^R \cdot 2\pi \cdot 2 \;=\; \frac{4}{3} \pi R^3 .
\end{aligned}
$$

Sachverzeichnis

© Springer-Verlag GmbH Deutschland, ein Teil von Springer Nature 2020
G. Hoever, *Höhere Mathematik kompakt*,
https://doi.org/10.1007/978-3-662-62080-9

Willkommen zu den Springer Alerts

Unser Neuerscheinungs-Service für Sie:
aktuell | kostenlos | passgenau | flexibel

Mit dem Springer Alert-Service informieren wir Sie individuell und kostenlos über aktuelle Entwicklungen in Ihren Fachgebieten.

Abonnieren Sie unseren Service und erhalten Sie per E-Mail frühzeitig Meldungen zu neuen Zeitschrifteninhalten, bevorstehenden Buchveröffentlichungen und speziellen Angeboten.

Sie können Ihr Springer Alerts-Profil individuell an Ihre Bedürfnisse anpassen. Wählen Sie aus über 500 Fachgebieten Ihre Interessensgebiete aus.

Bleiben Sie informiert mit den Springer Alerts.

Jetzt anmelden!

Mehr Infos unter: springer.com/alert

Part of **SPRINGER NATURE**

Printed in the United States
By Bookmasters